KB147803

과학관의 탄생

과학관의 탄생

자연과 과학을 모은 지식창고의 역사

초판 1쇄 펴낸날 | 2021년 8월 31일

지은이 | 홍대길
펴낸이 | 류수노
펴낸곳 | 한국방송통신대학교출판문화원
　　　　(03088) 서울시 종로구 이화장길 54
　　　　전화 (02) 3668-4764
　　　　팩스 (02) 741-4570
　　　　홈페이지 http://press.knou.ac.kr
　　　　출판등록 1982년 6월 7일 제1-491호

출판위원장 | 이기재
편집책임 | 이두희
편집·교정 | 김수미
편집 디자인 | (주)성지이디피
표지 디자인 | 이상선

ⓒ 홍대길, 2021
ISBN　978-89-20-04070-2　03400

값 22,000원

■ 잘못 만들어진 책은 바꾸어 드립니다.
■ 이 책의 무단 복제 및 전재를 금하며 저자와 (사)한국방송통신대학교출판
　문화원 양쪽 모두의 허락 없이는 어떠한 방식으로든 2차적 저작물을 출판
　하거나 유포할 수 없습니다.

THE BIRTH OF SCIENCE MUSEUMS

과학관의 탄생

자연과 과학을 모은 지식창고의 역사

홍대길 지음

지식의날개

일러두기

1. 책에 등장하는 주요 인물의 생몰년은 인물이 책에서 주요하게 언급되는 최초에 병기되어 있습니다. 외래 인명과 지명의 표기는 외래어표기법을 준수하였으며, 원어 표기는 〈찾아보기〉에서 확인하실 수 있습니다.

2. 책에 삽입된 이미지의 저작권자와 소장처는 각 이미지에 적혀 있습니다. 저작권자가 적혀 있지 않은 이미지의 저작권자는 저자로, 이미지의 활용을 위해서는 반드시 이 책을 쓴 저자와 방송대 출판문화원 양쪽 모두의 허가를 받아야 합니다.

과학지식의 보물창고

과학은 지식을 모아서 쌓는 발견의 과정이다. 원시인들은 본능과 관찰로, 고대인들은 사유와 토론으로, 근대인들은 의심과 실험으로 과학을 발전시키고 기록해 왔다. 과학관은 인류가 후대를 위해 과학을 축적해 온 지식창고다.

과학관은 과학지식을 사물로 저장하고 표현한다. 사물은 동식물과 그 표본, 화석, 실험기구, 산업기계, 연구 노트, 모형, 도서에 이르기까지 매우 다양하다. 어떤 곳은 연구소를 두고 지금도 끊임없이 지식을 생산하고 있다. 과학원리와 미래 과학을 체험하는 곳은 늘 방문자들로 북적인다. 주말에 가족과 함께 찾아와 여가를 보내는 이들도 많다. 숨소리를 멈추게 하는 도서관, 박물관, 미술관과 다른 점일 것이다.

찰스 다윈은 1859년 인류 역사상 가장 큰 영향을 미친 《종의 기원》을 썼다. 그 내용은 책과 인터넷에서 쉽게 찾아볼 수 있지만, 그가 책을 쓰기 위해 수집한 표본과 연구 노트는 런던 자연사박물관을 찾아가야 볼 수 있다. 라이트 형제는 1903년 인류 최초로 하늘을 날았다. 그가 처음 탔던 동력 비행기는 워싱턴 스미스소니언 국립항공우주박물관에 전시돼, 보는 이의 심장을 뛰게 한다. 과학관에는 과학기술자들의 혼이 어려 있고, 책과 인터넷에서는 느낄 수 없는 과학적 영감과 경험을 제공한다.

과학관이 박물관과 다르다고 주장하는 사람들은 특별한 체험을 과학관의 특징으로 내세운다. 뮌헨 독일박물관은 밤낮을 가리지 않고 계절과 날씨에 상관없이 과거·현재·미래의 천체를 보여 주는 천체투영관을 세계 최초로 선보였다. 과학관에서만 경험할 수 있는 가상전시 시스템이다. 파리에 있는 발견궁전은 전시물보다 생물과 실험 장치를 이용한 체험교육에 더 신경을 쓰고 있다.

이 책은 이러한 과학관이 어떻게 탄생해서, 어떻게 발전해 왔는지를 살펴보는 데 목적이 있다.

과학관의 역사는 생소하다. 그동안 박물관이나 미술관에 비해 연구가 적었기 때문이다. 이 책은 과학관의 역사를 통해 인류 문명의 역사, 과학의 역사, 산업혁명의 역사, 근대화의 역사를 들춰 보려고 한다. 숨은 이야기가 과학관 역사에 들어 있기 때문이다. 국가와 권력자, 혁명지도자들은 왜 과학관을 만들려고 했을까? 순수하게 과학의 성과를 보여 주고 싶어 과학관을 만들었던 과학자도 많지만 말이다.

이 책은 4부로 구성돼 있다. 제1부 과학문화의 여명과 과학관의 시원에서는 인간이 관찰을 통해 자연 지식을 습득하고 기록하는 과정을 되돌아보고, 고대에서 중세에 이르기까지 과학이 발전하는 과정 속에서 연구기관과 과학자의 역할을 조명한다. 교육과 연구의 현장, 지식을 모았던 곳에서 과학관의 원형을 찾아볼 수 있을 것이다.

구석기인들이 그렸던 동굴벽화, 신석기인들이 이뤘던 나투프 문화, 원시적인 동물원과 노아의 방주 이야기를 끄집어 낸 뜻은 우리가 알고 있는 과학이 본능의 발로이자, 자연을 이해하려는 노력의 산물이라고 생각했기 때문이다. 수렵 채취인들은 오랜 기간 자연을 이해하려는 노력 끝에 농업혁명을 일으켰고 과학과 기술을 발명했다. 메소포타미아의 도서관에서는 천문학·수학·수리학 등을 기록하고, 동물원과 식물원에서는 야생 동식물을 전시했다. 무세이온은 과학기구를 사용해 수학·천문학·의학을 발전시켰고, 바이트 알 히크마는 그리스 과학을 흡수해 새로운 이슬람 과학을 만들어 냈다. 과학혁명은 신학 속에 잠든 중세 유럽의 지식인들을 다시 깨웠다.

근대적인 과학관이 등장하기 전까지 신전, 동물원과 식물원, 도서관은 오늘날 과학관이 수행했던 수집·연구·전시·교육·소통의 기능을 수행해 왔다. 자연철학자, 과학자들은 오늘날 학예사가 하는 일들을 함께했다. 과학이 철학에서 분리되지 않았을 때며, 직업적인 과학자가 등장하기 전이다. 과학관은 과학지식을 축적하는 과정을 기록하는 곳이라고 정의했듯이, 연구기관, 교육기관, 도서관에서 과학관 활동의 모습을 볼 수 있다.

제2부는 근대 과학관이 태동한 자연탐구 시대로 근대적인 과학관이 등장한 시기를 다룬다. 과학관이 과학자와 권력자의 손을 떠나 일반인들에게 처음 공개된 때다. 대항해시대가 열리면서 호기심 많은 모험가와 탐험가들은 세계 곳곳을 누볐다. 그 결과 애슈몰린박물관과 옥스퍼드대학교 자연사박물관, 필라델피아의 필박물관, 식물자원을 개발했던 큐왕립식물원, 영국박물관과 런던 자연사박물관이 세워졌다. 연구자들의 순수와 열정이 넘치던 시절이었다. 근대적인 과학관의 등장은 인간 사상에 가장 큰

영향을 미친 진화론이 탄생하는 배경이 됐다.

제3부 과학관과 국가 개혁은 과학관이 국가경쟁력을 높이기 위한 수단으로 동원된 역사를 다룬다. 거대한 국립과학관이 프랑스, 미국, 영국, 독일, 일본에서 혁명과 개혁의 수단으로 이용된 이야기를 담았다.

프랑스혁명은 과학사에 큰 영향을 미쳤다. 국가 주도의 과학 연구, 과학교육 체계를 만들어 낸 것이다. 그리고 근대 과학기술 교육의 요람인 파리 기술공예박물관과 자연사박물관을 낳았다. 과학기술자들은 왜 혁명정부에 과학관을 세워야 한다고 건의했을까? 기술공예박물관과 자연사박물관에 참여했던 과학자들을 만나는 것은 오늘날 과학관에서 과학자의 역할이 무엇인지 되묻게 한다.

스미스소니언은 미국이 팍스 아메리카나를 만들어 가는 과정에서 창조한 지상 최고의 과학기술 지식창고다. 이 책은 스미스소니언의 탄생과 성장과정에서 과학기술자들의 노력을 추적했다. 독자들은 국가가 쌓아온 과학기술 지식을 자산화하고 있는 스미스소니언의 역할과 그 가치를 다시 보게 될 것이다.

런던 과학박물관은 1851년 제1회 만국박람회의 산물이다. 산업혁명을 일으키고, 해가 지지 않는 식민지 시장을 만들었던 영국제국의 자부심을 드높였던 행사였다. 그러나 영국제국의 과학기술을 자랑하고자 개최했던 만국박람회는 영국인들에게 또 다른 고민을 안겨 줬다. 디자인에서 프랑스에 밀리고, 기술력에서 독일에게 밀리기 시작했던 것이다. 사우스켄싱턴박물관과 런던 과학박물관이 탄생한 배경이다. 런던 과학박물관은 오늘날 세계적인 과학기술 역사의 보고로 자리매김할 때까지 170년 가까운 세월을 보내야 했다. 런던 과학박물관의 변천사를 살펴봄으로써, 그들이 표방하는 국가를 위한 과학관을 함께 생각해 보고자 한다.

독일박물관은 독일 산업혁명이 만들어 낸 세계 최고의 산업기술박물관이다. 여기에는 한 공학자의 집념이 서려 있다. 독일박물관이 꿈꿨던 과학관은 어떤 곳일까? 나치의 집권 속에서 독일박물관이 성장한 이유는 무엇일까?

일본의 국립과학박물관은 하급 사무라이들이 일으킨 메이지유신과 함께 탄생했다. 혁명 정권은 제일 먼저 도쿄대학과 과학관을 세웠다. 일본이 강력한 천황제와 산업혁명을 바탕으로 군국주의로 치닫는 동안, 과학관이 어떤 역할을 했는지를 살펴본다. 일본 과학관의 역할은 고스란히 조선의 은사기념과학관으로 넘어왔다.

제4부 한반도 과학관의 탄생은 일제강점기에 세워진 은사기념과학관과 해방 후 국립과학관의 역사를 다룬다. 은사기념과학관은 한반도에 세워진 최초의 과학관이었지만, 일본의 과학관이었다. 식민지 과학관과 조선인 과학기술자들의 활동을 추적해 밝히는 일은 곤욕스럽지만, 일본이 왜 식민지 조선에서 과학관에 많은 신경을 썼는지 알아야 한다. 은사기념과학관이 식민 지배 이데올로기의 대표기관이었던 사실을 잊어서는 안 된다.

1945년 해방 후 은사기념과학관을 이어 받은 국립과학관은 근대화과정 속에서 성장했다. 그동안 한국 국립과학관이 무엇을 추구해 왔는지 되돌아보는 일은 앞으로 무엇을 추구해야 하는지에 대한 해답의 실마리가 될 것이다.

필자에게 과학관은 상상이 넘치는 호그와트 마법학교와 같은 곳이다. 과학관을 찾아오는 사람들에게 그 판타지의 세계를 소개하곤 했는데, 이 책은 그때 즐겁게 나눴던 이야기들이다. 과학관에서 과학지식만을 보고 과학원리만 체험하고 간다면 단조로울 것이다. 과학자, 과학사, 사회, 국가를 함께 본다면 과학관을 찾는 재미와 의미가 더 클 것이다.

과학관의 통사를 다루다 보니 내용이 많다. 그래서 내용의 흐름을 지연시키는 이야기는 미주에 담았다. 시간이 된다면, 미주에도 관심을 가져 주길 바란다.

이 책을 읽으면서 최근의 과학관 상황이 궁금한 분들도 있을 것이다. 그런 분들은 한국과학기술단체총연합회에서 발간하는 월간 《과학과 기술》에 연재됐던 〈과학관 오디세이아〉를 읽어보기를 바란다. 인터넷에서 무료로 볼 수 있다. 필자가 세계 곳곳의 과학관을 여행하면서 직접 보고 조사했던 내용을 사진과 함께 2019년 7월부터 2년 동안 소개했다. 《과학관의 탄생》이 날줄이라면, 〈과학관 오디세이아〉는 씨줄이다. 두 이야기는 과학관을 통시적通時的으로, 공시적共時的으로 보는 데 도움이 될 것이다. 그리고 두 이야기를 읽고 과학지식의 보물창고인 과학관을 직접 찾아간다면, 필자에게 더없는 기쁨이다.

2021년 8월
비슬산 아래 국립대구과학관에서
홍 대 길

차례

제1부

과학문화의 여명과
과학관의 시원

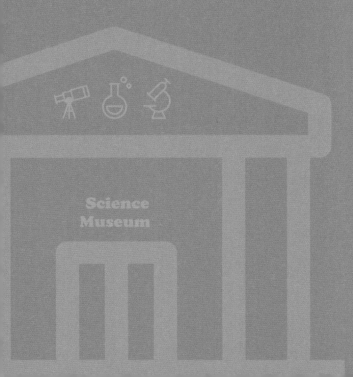

Science
Museum

제1장

자연을 담은 원시 과학관

우리 미래의 가장 큰 위험은 (멸종위기종에 대한) 무관심이다.

– 제인 구달(1934–), 동물행동학자

동굴은 우리가 살아가는 행성의 속을 들여다볼 수 있는 유일한 자연사 박물관이다. 지각운동이 만들기도 하고, 용암이나 지하수가 파 놓기도 한다. 영월 고씨굴, 단양 고수동굴, 제주 만장굴과 같은 곳이다. 때로는 인간이 지하자원을 발굴하기 위해 파기도 하는데, 그때는 동굴이 산업박물관으로 변신한다. 문경, 태백, 보령에 있는 석탄박물관이 그런 곳이다.

2016년 옛 금광을 테마파크로 조성한 광명동굴에 구경하러 갔다가 뜻밖에 횡재를 만났다. 〈라스코 동굴벽화〉특별전을 보게 된 것이다. 오래전부터 현지에 가서 보고 싶었던 것이니만큼, 정밀하게 실제 크기로 복제된 것조차 감동이었다.

라스코동굴은 프랑스 베제르계곡에 있다. 크로마뇽인 화석이 발견돼, 구석기인들이 살았던 곳으로 추정된다. 계곡에는 구석기 유적지가 147곳에 이르고, 벽화가 있는 동굴도 25곳이나 된다. 가장 유명한 곳이 몽티냐크 마을에 있는 라스코동굴이다. 1940년 호기심 많은 어린이들이 중세시대에 있었다는, 성城으로 통하는 비밀통로를 찾으려다가 발견했다는 이야기는 라스코동굴을 더욱 신비롭게 한다.

크로마뇽인은 프랑스 지질학자 루이 라테1840-1899가 1868년에 발견한 구석기인이다. 4만 년 전부터 1만 년 전까지 마지막 빙하기에 유럽에 살았으며, 3만 년 전까지는 지금은 멸종된 네안데르탈인과 공존했다. 그들은 작고 다부진 네안데르탈인보다 키가 크고 영리했다. 언어를 썼고, 머물던 동굴에 벽화를 남길 만큼 지식을 공유할 줄 알았다.

구석기 동굴벽화

라스코동굴 안에는 크로마뇽인들이 1만 7천 년 전에 그린 6천여 개의 그림이 남아 있다. 그중 800여 개가 동물 그림이다. 야생말이 가장 많고, 들소, 순록, 고양이, 새, 곰, 코뿔소가 있다. 창에 찔려 창자를 드러낸 들소가 성난 모습으로 한 남자를 넘어뜨리는 그림도 보인다. 유네스코는 라스코벽화를 세계문화유산으로 선정하면서, 묘사가 세밀하고 색상이 풍부하며 실물처럼 생동감이 넘친다고 칭찬을 아끼지 않았다.

구석기인들이 동굴에 벽화를 남겼다는 주장은 1879년 스페인 알타미라동굴에서 벽화가 발견될 때부터 시작됐다. 그러나 학계는 알타미라 동굴벽화를 사기라고 보았다. 동굴벽화에 1만 8천 년 전에서 1만 4천 년 전 사이에 살다가 멸종된 들소, 말, 암사슴, 멧돼지가 그려져 있었지만, 구석기인들의 행위라고 믿지 못했던 것이다.

유럽 구석기인들은 1만 7천 년 전부터 1만 3천 년 전까지 빙하기를 견

[그림 1-1] 라스코 동굴벽화. 구석기시대 크로마뇽인들은 사냥하던 오록스, 말, 사슴의 모습을 동굴 벽에 생동감이 넘치게 그렸다. 동굴벽화는 야생동물의 생태를 보여 주는 그 시대의 생물 교과서였을 것이다. ⓒ Wellcome Collection

려야 했다. 춥고 건조한 날씨였다. 동굴벽화는 주로 이 시기에 그려졌다. 부싯돌이 발견된 것은 구석기인들이 불을 피우는 방법을 발명했음을 보여 준다. 구석기인들은 동굴 안에서 매머드의 상아와 동물 뼈를 이용해 장신구를 만들고 벽화를 그리며 시간을 보냈을 것이다. 1만 3천 년 전부터 1만 년 전까지 기후가 다시 따뜻해지자 동굴벽화도 쇠퇴했다. 구석기인들이 동굴 밖으로 나와 생활했기 때문이다.

그런데 구석기인들이 빙하기 이전부터 동굴에 벽화를 그렸다는 증거가 나타났다. 구석기인들이 천적을 피하기 위해 일찍부터 동굴에서 생활했음을 보여 준다. 프랑스 문화부 공무원인 장-마리 쇼베는 1994년 프랑스 남부 아르데슈강의 석회암 고원지대에서 특별한 동굴 하나를 발견했다. 그곳에는 13종의 동물 그림이 수백 점 있었다. 지금 보기 힘든 동굴사자, 검은 표범, 곰, 동굴하이에나, 오록스소의 멸종된 조상와 같은 동물들이었다. 두 마리의 털코뿔소가 날카로운 뿔을 앞세워 다투는 것은 짝짓기를 선점하기 위해서였거나 영역 싸움이었을 것이다. 쇼베동굴의 벽화들은 3만 5천 년 전에서 3만 년 전 사이에 그려진 것으로 보고 있다.

구석기인들은 왜 쇼베동굴, 알타미라동굴, 라스코동굴에 많은 동물 그림을 그렸을까? 상대적으로 식물 그림이 거의 없는 이유는 아마 구석기인들이 사냥꾼이어서 관심 밖이었기 때문일 것이다.

수만 년 동안 빙하기가 계속됐지만, 구석기인들은 집을 지을 줄 몰랐다. 동굴은 그들이 나무에서 내려와 찾은 최초의 보금자리였다. 맹수와 추위를 피할 수 있는 안전하고 따뜻한 공간이었다. 불을 피워 어둡고 습한 동굴 안을 밝히고 건조시켰을 것이다.1 이곳에서 인간은 역사상 가장 위대한 발명을 했다. 석기, 언어, 그림을 발명한 것이다. 《곰브리치 세계사》와 《서양미술사》를 썼던 영국 미술사학자 에른스트 곰브리치1909-2001는 동굴생활이 인간에게 생각의 시간과 발명을 가져다주었다고 주장했다.

인류학자들은 구석기인들이 동굴에 동물 그림을 그린 것은 사냥을 잘하기 위한 주술적인 행동이었거나 사냥의 기록이었다고 해석한다. 미술사학자들은 동굴벽화에서 인간의 감성이 표현된 예술의 기원을 찾고, 진화론적 관점에서 예술이 어떻게 발전해 왔는지를 설명하려고 한다.

그렇다면 의문이 생긴다. 벽화가 그려진 동굴은 주술사가 사는 곳이었을까? 인간이 만든 최초의 제단이었을까? 그렇지 않다면, 동물을 그린 목적이 교육과 정보 전달에 있지 않았을까?

《문학과 예술의 사회사》를 쓴 헝가리 미술사학자 아르놀트 하우저 1892-1978에 따르면, 원시 수렵인들은 신이라든지, 피안의 세계 또는 내세에 대한 신앙을 가지고 있지 않았다. 실용적인 활동이 삶의 전부였던 그들은 예술이라고 해서 식량 조달이 아닌, 다른 목적을 가지고 있을 리 없었다. 그들에게 기도라는 것은 없었다. 그들은 신성한 힘이나 존재를 숭배하지도 않았다. 하우저는 구석기인들의 그림을 짐승을 잡고자 하는 소망의 표현이자 소망의 달성과 같은 마술로 보았다. 그리고 그림 속에서 창과 화살로 짐승을 사냥했듯이, 실제로 그림을 보고 짐승을 죽이는 행동을 했을 것으로 추정했다.

다시 라스코 동굴벽화를 살펴보면, 들소와 사자가 평원에 함께 있고, 사슴과 곰은 숲과 습지에 있다. 말과 사슴은 친밀하다. 들소들은 서로 싸운다. 이는 사냥해야 할 동물과 피해야 할 동물의 생태를 보여 준다. 벽화에 그려진 다양한 동물은 당시의 동물도감이었다고 할 수 있다. 들소를 사냥하다 쓰러진 남자는 사냥의 위험성을 보여 준다. 추측하건대 구석기인들은 동굴 안에서 어린아이와 가족들에게 그들의 먹이와 천적이 되는 동물을 그림을 통해 교육했을 것이다. 더군다나 문자가 발명되지 않았으니, 그림은 가장 좋은 시각정보 전달수단이었음에 틀림없다. 동굴 안에는 지금은 사라졌지만, 동물의 뿔과 가죽도 함께 전시돼 있었을 것이다.

벽화가 그려지고, 동물의 뿔과 가죽이 전시된 동굴은 생활 공간이면서, 자연을 교육하는 과학관의 시원일지 모른다. 위대한 박제사였던 칼 에이클리 1864-1926가 꾸며 놓은 뉴욕 미국자연사박물관의 동물 디오라마와 닮았다. 자연사 디오라마가 동물과 그들이 사는 환경을 묘사하고 있듯이, 라스코 동굴벽화 역시 구석기시대의 동물을 잘 묘사하고 있다.

알래스카대학교 동물학과의 데일 거슬리 명예교수는 동굴미술이 당시 사람들의 일상생활을 표현한 것이라고 주장했다. 묘사된 동물은 동굴 거주자들이 정기적으로 사냥했던 종이고, 대화와 시각적 의사소통의 대상이었다고 봤다. 그는 한 걸음 더 나아가 알타미라, 라스코, 쇼베동굴의 그림 중에 아이들의 습작이 있을 가능성을 제시했다. 동굴 안에서는 부싯돌을 만들거나 석기를 다듬는 방법을 아이들에게 가르쳤을 터인데, 이 과정에서 아이와 부모가 벽화를 그렸을 가능성이 있다. 동굴은 삶의 현장과 교육의 현장이 분리되지 않은 공간이었음에 주목해야 한다.

구석기인들이 동굴에 거주한 것은 매우 큰 의미를 지닌다. 선조들이 나무 위에서 살던 때와 달리 벽이 있는 공간을 가진 것이다. 동굴에서는 천적을 의식할 필요가 없어, 가족과 무리가 모여 자연스럽게 이야기를 나눌 수 있었다. 구석기인들은 그날의 사냥을 회고하고, 사냥했던 기술과 경험을 들려주면서 문학의 싹을 틔웠을지도 모른다. 또 옆에서 이야기를 듣던 아이들을 위해 동굴벽화를 그려 가상의 자연학습관을 만들었을 것이다. 어두운 동굴 안에서 모닥불이 아른거리면, 벽화 속 동물들은 거친 숨소리를 몰아세운다. 파리 국립자연사박물관이 큼직한 라스코벽화를 고생물학 전시관 벽에 건 이유는 구석기인들이 남긴 귀중한 동물도감이기 때문이다. 구석기인들이 그린 동굴벽화를 보면 그들이 살았던 시대의 자연 생태가 되살아난다.

동굴 밖 신석기인

도러시 개로드1892–1968는 옥스브리지옥스퍼드대학교와 케임브리지대학교를 총칭에서 여성 최초로 교수직에 오른 전설적인 고고학자다. 중요한 업적은 네안데르탈인의 골격과 도구 등 석기시대의 유물을 발굴한 것이다. 1928년 그는 팔레스타인 나투프계곡에서 수렵채취인이 살았던 동굴을 발견했는데, 그 안에는 가젤과 가축화된 개의 뼈, 사람의 뼈, 수렵이나 어로에 썼을 날카로운 세석기細石器가 있었다. 그리고 뼈 작살에 돌칼을 끼운 낫이 함께 발견됐다.

나투프인들은 농사를 짓지 않고 수렵채취로 먹고 살던 신석기인들이었다. 그들에게 왜 곡물을 거둘 때 사용하는 낫이 필요했을까? 나투프인들의 유적이 하나둘 발견되면서 그 의문이 풀리기 시작했다.

나투프인들은 이스라엘, 팔레스타인, 요르단, 레바논, 시리아 등 소위 레반트해가 뜨는 동쪽 지역에 모여 살면서 인류 최초의 주거문화라고 할 수 있는 나투프 문화를 일궜다. 그들은 처음으로 보리·귀리·밀 등 야생 곡물을 집약적으로 채취하고 가공하고 돌집을 지어 저장했다. 낫을 만들었던 것은 야생 곡물을 수확하기 위한 것이었다. 그들은 곡물을 빻은 돌 막자와 돌 막자사발을 발명해 사용했다. 농업이 시작되기 4천여 년 전이었다.

나투프 유적은 신석기인들이 농경을 시작한 후 먹을 것이 풍부해지자 마을을 만들어 모여 살았을 것이라는 기존의 학설을 뒤엎었다. 농경을 시작하면서 농기구와 토기를 만들었을 것이라는 생각도 잘못됐음을 보여준다.

나투프 문화의 등장은 빙하기가 끝난 후 건조한 스텝 지역이 사바나 지역으로 바뀌어 식량자원이 풍부해진 결과로 보고 있다. 나투프인들은 인구가 늘어 더 이상 좁은 동굴에서 살 수 없자 나무집들을 짓고 마을을 만들었다. 한반도에서 수렵채집으로 생활하던 신석기인들이 서울 암사동에 움집 마을을 이뤘던 것을 떠올리게 한다.

여기서 궁금증이 생긴다. 구석기인들은 동굴에서 교육과 소통 수단으로 벽화를 그렸는데, 신석기인들은 어떤 방식으로 교육과 소통을 했을까? 그 실마리를 조금이나마 제공하는 곳이 있다.

터키의 괴베클리 테페는 나투프인들이 1만 1천 년 전에 세웠던 유적지다. 사람들이 살았던 흔적이 없고, 가젤, 멧돼지, 붉은사슴과 같은 야생동

[그림 1-2] **괴베클리 테페의 돌기둥.** 1만 1천 년 전 신석기인들은 신전 돌기둥에 사자, 산양, 여우, 독수리, 학, 전갈 등 여러 가지 야생동물의 그림을 조각했다. 학자들은 사실적인 동물 그림이 상징적인 문자로 발전하며 신석기인들의 의사소통수단으로 이용됐을 것으로 본다.
ⓒ Sue Fleckney, 2013

물의 뼈가 다량으로 발견된 점으로 보아 종교적인 목적으로 세운 신전으로 추측하고 있다. 나투프인들은 사냥하기 전이나 사냥 후 이곳에서 지도자를 앞세워 어떤 의식을 치렀을 것이다.

괴베클리 테페는 인류가 만든 가장 오래된 건축물로, 높이가 3-6m에 이르는 T형 석회암 기둥들이 원 형태로 배치돼 있다. 20개에 이르는 기둥에는 사자·황소·멧돼지·여우·가젤·당나귀와 같은 포유류, 뱀과 같은 파충류, 거미와 같은 절지동물, 학·독수리와 같은 조류가 다양하게 양각되어 있다. 나투프인들이 돌을새김을 한 동물은 교육용이었을까? 그렇게 보기에는 그림 형태가 사실적이지 않고 단순하다.

아르놀트 하우저는 구석기에서 신석기로 넘어오면서 그림이 추상화되는 것에 대해, "구석기시대 마술 중심의 일원론적 세계관이 신석기 애니미즘 중심의 이원론적 세계관으로 대체되고 있다"고 보았다. 예리한 관찰력으로 현실을 그려 냈던 사냥꾼의 시각에서, 관념과 현실, 정신과 육체를 구별할 줄 알았던 농사꾼의 시각으로 변해 갔다고 해석했다.

괴베클리 테페의 기둥들을 다시 보면, 알 수 없는 부호와 상징적인 동물들이 일련의 질서와 규칙을 갖고 표현돼 있다. 안타깝게도 아직 그 메시지를 해석할 수 없다. 구석기인들이 벽화를 통해 정보를 제공하려 했듯이, 신석기시대에 살았던 나투프인들은 부호와 상징적인 동물들로 그들이 살았던 자연과 삶의 지식을 이웃과 나누고자 한 것은 아닐까? 신석기인들이 원시적인 상형문자를 통해 전하고자 했던 지식은 무엇이었을까?

야생동물의 가축화

수렵채취인들이 야생동물을 잡아 기르기 시작한 것은 대단한 혁명이었다. 살아 있는 야생동물은 가족의 눈요기와 아이들의 학습도구일 뿐더러, 어린 새끼들은 아이들의 놀이친구가 됐다. 식재료 측면에서 보면 장기간 신선도를 유지하는 단백질원이었다. 길들여진 야생동물은 맹수를 지키는 반려동물이 되거나 가축으로 진화하기 시작했다.

오늘날 카자흐족이 명맥을 이어가고 있는 매사냥은 야생동물을 가축화하는 중간과정을 잘 보여 준다. 카자흐족은 알타이산맥 산악지대에서 생활하는 유목민이다. 그들은 6천 년 전부터 야생의 어린 암컷 검독수리를 잡아다가 길들여 여우를 사냥한다. 하지만 검독수리가 다섯 살이 되면 짝짓기를 해서 번식할 수 있도록 야생으로 돌려보내는 것이 전통이다. 야생에서 어린 새끼를 잡아다가 먹이를 주고 길들이는 동안 검독수리는 마

[표 1-1] **야생동물의 가축화 시기.** 야생동물 중 극히 일부가 성장성, 성격, 사회성 등의 평가를 받아 가축으로 선택됐다. 선택받지 못한 나머지 야생동물은 여전히 동물원의 눈요기가 되고 있다. ⓒ Driscoll, C. A., Macdonald, D. W., & O'Brien, S. J. 2009

가축명	야생 조상	가축화 시기	지역
개	회색늑대	1만 7천-1만 3천 년 전	유럽, 아시아
양	무플런	1만 2천 년 전	서남아시아
염소	들염소	1만 1천 년 전	서남아시아
소	오록스(1627년 멸종)	1만 1천-1만 500년 전	서남아시아
돼지	멧돼지	1만 500년 전	서남아시아
고양이	들고양이	9천700년 전	비옥한 초승달지대
닭	적색야계	8천 년 전	인도, 동남아시아
당나귀	아프리카야생당나귀	4천800년 전	동아프리카
단봉낙타	단봉낙타	5천 년 전	아프리카
말	타르판(1879년 멸종)	5천-4천 년 전	중앙아시아
쌍봉낙타	쌍봉낙타	4천600년 전	이란

을의 구경거리와 학습자료가 됐다. 다 자란 검독수리를 돌려보내는 것은 아직 완전히 가축화되지 않았음을 보여 준다.

지구상에는 포유류가 4천여 종 있지만, 가축화된 것은 10여 종뿐이다. 야생동물을 길들여 가축을 삼는 것이 얼마나 어려운지를 보여 준다. 인간과 함께 살아갈 가축이 되려면 여러 가지 조건이 필요했기 때문이다. 위험하지 않아야 하고, 억류된 상태에서 사육이 가능해야 한다. 사료를 자연에서 쉽게 구할 수 있어야 하고 효율적이어야 한다. 그리고 인간에게 필요한 것들을 제공할 수 있어야 한다. 가축은 성장성, 성격, 사회성이 종합적으로 평가돼 선택된 것이다. 처음에는 적절한 대상이 없었겠지만, 인간과 함께 살면서 인간에게 유리한 방향으로 진화했다. 그 결과 노동력, 사냥, 고기, 젖, 알, 가죽, 털, 깃털 등을 제공하는 가축이 탄생했다.

개는 수렵채집인 사이에서 최초로 가축화된 동물이다. 조상은 회색늑대다. 빙하기 말기인 1만 7천 년 전에서 1만 3천 년 전 사이에 인간과 함께 살기 시작했다. 개는 수렵채취 시절 맹수로부터 인간을 보호하고, 야생동물의 사냥을 도왔다. 한국·중국·베트남 등 아시아 지역에서는 식용으로도 쓰였다.

개는 인간에게 야생동물을 가축화할 수 있다는 자신감을 심어 주었다. 이어 양, 염소, 소, 돼지가 가축화됐다. 이들은 사람들에게 고기, 가죽, 털, 젖을 제공했다. 오늘날 가장 많은 가축은 닭이다. 고기와 알을 제공한다. 190억 마리로 인류의 3배에 이른다. 소가 닭 다음으로 많다. 14억 마리나 된다.

특이한 것은 고양이다. 가축화된 시기나 장소를 보면 사람들이 농사를 짓기 시작했던 시기와 지역이 겹친다. 이러한 사실로부터 고양이가 쥐나 새로부터 농작물을 보호하기 위해 가축화됐다고 추측하지만, 다른 가축과 달리 그 쓰임새가 많지 않다. 고양이는 애완동물로서의 목적이 더 컸을지 모른다. 지금도 많은 동물이 애완용으로 길러지지만 가축화는 이뤄지지 않고 있다.

오늘날 수족관의 원형은 물고기를 가축화하는 과정에서 나타났을 것이다. 유프라테스강과 티그리스강이 흐르는 메소포타미아에서 물고기, 갑각류, 연체동물, 거북이는 식량으로 인구 증가에 기여했다. 수메르인들이 인공연못을 만들어 물고기를 길렀던 것은 6천500년 전의 일이다.

가축화 과정에서 인간과 함께 살던 동물은 야생동물과 차이가 없었다. 도망치면 다시 야생으로 돌아갈 수 있었다. 그러나 오랜 시간 인간과 같은 음식을 먹고, 인간 생활습관에 익숙해지면서 가축화된 동물은 더 이상 야생으로 돌아갈 수 없을 만큼 신체적인 변화를 갖게 됐다.

인간 또한 특정한 동물을 섭취하면서 신체적인 변화를 맞이할 수밖에 없었다. 예를 들어 어린아이에게는 모유와 우유에 들어 있는 유당분해효소가 있지만, 더 이상 젖을 먹지 않는 성인들에게는 없다. 성인들이 우유를 먹으면 설사를 하는 이유다. 그러나 소와 같은 가축의 젖을 먹게 되면서 성인에게도 유당분해효소가 생겼다. 게다가 인간들은 치즈와 요구르트를 만들어 천연세균의 도움으로 유당불내증을 해결해 냈다.

인간이 가축을 기른다는 것은 자연의 질서를 바꾸는 큰 혁명이었다. 찰스 다윈1809~1882이 말하는 자연선택natural selection이 아닌 인간선택artificial selection에 의해 진화의 패러다임이 바뀌기 시작한 것이다. 인간에게 선택받은 동물은 그 수가 크게 늘어났을 뿐 아니라, 인간에게 유리하게 진화했다. 목장이 넓어지면서 선택받지 못한 동물은 그 수가 줄거나 멸종되어 갈 수밖에 없었다.

최초의 동물원

야생동물을 가뒀던 우리에서 목장가축을 모아 놓은 동물원이 발달했지만, 동물원은 여전히 눈요기와 권력자의 힘을 과시할 목적으로 또 다른 길을 걸었다. 농업혁명으로 탄생한 도시의 권력자들은 사납고 낯선 야생동물을 길러 사냥에 사용했다. 수렵 시절을 추억하고자 했던 것일까? 어찌됐든 이 과정에서 오늘날 살아 있는 동물을 전시하는 과학관인 동물원이 탄생했다.

발견된 증거로 볼 때, 가장 오래된 동물원은 5천500년 전 룩소르 남쪽 나일강변에 자리한 고대 이집트의 수도 네크헨히에라콘폴리스에 있었다. 귀족들의 무덤에서 코끼리, 하마, 원숭이 등 112마리 동물의 뼈가 발견됐다.

이는 동물들을 산 채로 잡아 길렀을 것이라는 추측을 낳고 있다.

사카라는 카이로의 남쪽에 있다. 계단 모양의 조세르재위 BC 2668~2649 피라미드가 있는 곳이다. 이집트 최초의 피라미드다. 4천500년 전 사카라에는 영양, 비비원숭이, 하이에나, 치타, 황새, 새매를 길렀던 동물원이 있었다. 살아 있는 동물을 전시하는 동물원은 도시의 중요한 시설이었음을 짐작해 볼 수 있다. 초원과 밀림을 떠나 농사를 지으며 도시를 이룬 인간은 이제 동물원에서 야생동물을 만나게 됐다.

하트셉수트BC 1507~1458는 고대 이집트의 여성 파라오로, 누비아수단 북부, 푼트소말리아, 레반트 지역과의 무역을 통해 국가를 부강하게 했다. 또한 푼트 원정을 통해 향료의 원료로 쓰이는 유향나무와 몰약나무를 가져와 자신의 장례사원 정원에서 재배했다. 하트셉수트는 왕실에 동물원을 만들어 코뿔소, 기린, 표범, 원숭이, 소, 사냥개를 길렀다. 푼트에서 가져온 개코원숭이도 있었다. 어떤 이는 기록이 확실한 하트셉수트의 동물원을 최초의 동물원으로 보기도 한다.

메소포타미아에서도 동물원의 역사가 내려온다. 신新아시리아왕국 아슈르나시르팔 2세재위 BC 883~859는 수도를 님루드로 옮기고, 새로운 궁전을 지을 때 코끼리, 곰과 같은 외국 동물들로 동물원을 만들었다. 지중해에서 잡아온 돌고래와 물개도 있었다. 그가 사냥했던 사자는 야생에서 잡아와 우리에 가둬 놓았던 것이다. 센나케리브재위 BC 705~681는 수도를 다시 니네베로 옮기면서 아슈르나시르팔 2세처럼 동물원을 만들었다. 그가 만든 동물원은 손자인 아슈르바니팔재위 BC 669~627에 이르기까지 잘 관리됐다.

성경에 등장하는 '노아의 방주' 이야기는 메소포타미아 야생동물 전시장을 배경으로 탄생했을 가능성이 높다. 수메르 전설에 따르면, 신들은 인

[그림 1-3] 님루드궁전의 사자 부조. 아슈르나시르팔 2세는 사자를 풀어놓고 사냥을 함으로써 왕의 권위를 보여 주려고 했다. 영국박물관 소장

간을 멸망시키려고 대홍수를 일으켰다. 그때 유프라테스강 유역 슈루파크의 마지막 왕 지우수드라가 홀로 살아남았다. 그는 지혜의 신 엔키의 명령으로 큰 배를 만들어 미래의 인류와 생명체를 보호했다. 노아의 방주는 홍수[2]라는 재앙을 겪으면서, 인간이 멸망하더라도 동물만큼은 보전돼야 한다는 혁신적인 생각을 담고 있다. 어쩌면 지금의 동물원도 기후변화와 인간의 끊임없는 자연파괴 속에서 노아의 방주가 될지 모른다.

동물원을 만들어 동물을 과학적으로 연구하기 시작한 것은 기원전 4세기 그리스의 아리스토텔레스[BC 384-322]부터다. 그의 동물학 연구는 생물학 연구의 시작이기도 했다. 그리고 동물원이 연구 목적으로 세워진 것은 토머스 스탬퍼드 래플스[1781-1826]가 1826년에 세워 1828년에 개관한 런던동물원[3]이 처음이다. 학술적인 목적으로 동물을 수집하다가 1847년 일반인에게 공개했다. 최초의 파충류관[1849], 최초의 대중 수족관[1853], 최초의 곤충관1881, 최초의 어린이동물원1938을 개관하면서 대표적인 동물 연구기관이 됐다.

야생식물의 농작물화

수렵채취인들이 농사를 짓는 방법을 찾지 못했다면, 인류는 오늘날의 유목민4처럼 정처 없이 떠돌아다녔을 것이다. 수렵채집을 하던 신석기인들은 곡식이라고 부르는 야생풀의 씨앗을 뿌리면 곡식이 다시 자란다는 것을 알았다. 티그리스강과 유프라테스강 사이에 있는 메소포타미아에는 작물화가 쉬운 야생 밀과 야생 보리가 있었다. 이곳의 곡류는 비옥한 땅 덕분에 다른 지역에서보다 큰 낟알을 맺었다. 팔레스타인, 터키, 요르단에 살던 신석기인들이 메소포타미아로 이동한 이유일 것이다.

신기한 일은 농업이 대륙마다 독립적으로 시작됐다는 사실이다. 농업이 최초로 시작된 곳은 마지막 빙하기가 끝난 1만 년 전부터 9천 년 전, 인류가 아프리카를 탈출해 가장 먼저 자리를 잡은 비옥한 초승달 지역이었다. 이라크메소포타미아, 레바논, 시리아, 요르단, 이스라엘, 팔레스타인고대 가나안 지역이었다. 나투프인들이 살았던 레반트 지역과 겹친다. 중국에서는 8천500년 전 황허 중류 지역에서 농업이 시작됐고, 아메리카에서는 9천 년 전부터 4천 년 전 사이에 농업이 시작됐다.

수렵채취인들은 식물의 유전에 대해서 이해하기 시작했다. 야생 완두콩은 꼬투리를 터뜨려 그 안에 있는 씨앗을 땅바닥에 쏟아 번식한다. 야생 보리는 익으면 줄기에 붙어 있지 않고 땅에 떨어진다. 야생 옥수수는 크기가 1-2cm밖에 되지 않는다. 농작물로서 모두 불합격이다. 그런데 수렵채취인들은 익어도 꼬투리 안에 있고, 줄기에 붙어 있어 수확하기 좋은 완두

콩과 보리를 찾았다. 크기가 큰 옥수수를 찾아 계속 품종을 개량했다. 그러나 지구상에서 살아가는 20만 종의 식물 가운데서 작물이 된 것은 수백 종에 불과하다. 80%의 식량은 벼, 보리, 밀, 옥수수, 수수, 콩, 감자, 카사바마니오크5, 고구마, 사탕수수, 사탕무, 바나나 등 12종이 담당하고 있다.

2017년 세계과학관정상회의SCWS가 열리는 일본 과학미래관을 방문했을 때 조그만 기획전을 만났다. 〈아름다운 생활 — 100년을 맛있게 먹을 수 있게〉라는 벼농사 전시회였다. 아시아의 전통적인 농촌 생활을 과학적으로 조명하면서 지속가능한 농업의 미래를 고민하고 있었다.

오늘날 많은 과학관에서 희귀한 동식물과 그 표본을 연구하고 전시하지만, 가축과 농작물을 다시 조명하는 경우를 종종 본다. 기후변화 속에서 가축과 농작물은 새로운 고민을 안고 있기 때문이다. 수렵채취인들이 기후변화 속에서 찾아내 우리에게 물려준 가축과 농작물은 얼마나 지속가능할까?

제2장

메소포타미아에서 탄생한 과학기술

수메르인들은 자연적인 결점에도 불구하고
자신이 살던 땅을 진정한 에덴동산으로 만들었다.
– 새뮤얼 노아 크레이머(1897-1990), 역사학자

과학과 기술을 처음 고민하고 기록했던 고대 메소포타미아 사람들의
이야기를 책갈피로 쓰는 것은 짧은 지식 때문이다. 그들의 이야기는 영국
박물관과 루브르박물관에서 만났다. 님루드궁전을 장식했던 상상의 동물
라마수스[1]와 사자 부조, 도서관에 보관했던 점토판들은 유럽 역사에 가려
진 메소포타미아의 옛 이야기를 들려주었다.

수메르인들은 유프라테스강과 티그리스강[2] 하류에 도시를 세웠다. 농
사를 짓고 가축을 기르기 시작하면서 탄수화물과 단백질 공급원이 풍부해
지자 출산이 늘고 인구가 증가했던 것이다.

에리두는 우바이드시대BC 5000-4100의 중심도시였다. 수메르인들은
진흙 벽돌로 방이 여러 개 있는 사각형 집을 짓고 살았다. 무덤 속 수장품
들은 엘리트 계급이 탄생했음을 보여 준다. 도시를 지켰던 군인이나 지도

자는 농부의 잉여 농산물로 먹고 살았다. 도시에는 농기구와 도자기를 만드는 전문 직업인들도 생겼다. 그들은 갈색과 검정색으로 기하학적인 무늬를 새긴 담황색 또는 녹색의 도자기를 만들었다. 수메르인들은 물의 사원을 건축하고, 물, 지식, 공예, 창조를 관장하는 엔키를 신으로 모셨다. 수메르인들은 풍요를 가져다준 물을 숭배했다.[3]

기원전 4500년경 세워진 우르크는 청동기 문명을 꽃피웠다. 우르크에는 4만 명이, 외곽도시에는 8만여 명이 살았다. 수메르인들은 우르크시대에 상형문자BC 3300년경와 설형문자BC 2900년경를 발명하고, 바퀴 달린 수레 BC 3500년경도 발명했다.《길가메시 서사시》로 널리 알려진 길가메시 왕은 우르크에 성을 쌓았다.

메소포타미아 문명을 처음 일군 수메르인들은 2천500년 넘게 도시국가를 유지했다. 아카드에 살던 사르곤재위 BC 2334-2279이 메소포타미아를 통일하기 전이다. 아카드제국BC 2350-2150은 인류 역사상 최초의 제국으

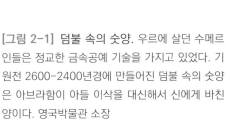

[그림 2-1] 덤불 속의 숫양. 우르에 살던 수메르인들은 정교한 금속공예 기술을 가지고 있었다. 기원전 2600-2400년경에 만들어진 덤불 속의 숫양은 아브라함이 아들 이삭을 대신해서 신에게 바친 양이다. 영국박물관 소장

[그림 2-2] 기원전 2100년경 원통인장. 수메르인들은 점토판을 만들 때 그림과 문제를 음각한 3차원 원통인장을 사용했다. 도서관은 원통인장을 만들고, 이를 이용해 점토판을 찍어내는 출판사 역할도 했을 것이다. ⓒ Steve Harris, 2005

로 65개에 이르는 도시를 지배했다. 배를 타고 가는 원통인장이 발견된 것으로 보아, 배를 만드는 기술을 가지고 있었다고 판단된다. 그들은 운하를 파서 관개시설과 뱃길로 이용했다.

항구도시인 우르에는 기원전 2000년경 달의 여신인 난나를 모시는 지구라트라는 신전이 건설됐다. 도시행정을 봤던 곳이지만, 높게 세워져 있어 홍수가 났을 때에는 대피소 역할을 했다. 신전에는 천문학, 수학, 의학, 관개기술을 설형문자로 기록한 점토판이 보관돼 있었다. 점토판들은 복제돼 이웃 나라에도 전해졌다. 점토판에는 수취인과 발신인, 주소가 표시돼 있는 것으로 보아 우편 시스템이 있었음을 짐작할 수 있다. 우르시대에 이르러서는 메소포타미아에 목공, 유리, 램프, 섬유, 술, 향수, 벽돌, 시계, 약 등이 발명되고, 아스팔트 암석을 가열해 석유를 추출하기까지 했다.

과학과 기술

메소포타미아 도시문명의 원동력은 농업혁명을 일으킨 도구와 저장 기술의 발명이었다. 곡물을 베는 낫, 껍질을 벗길 때 쓰는 절구와 공이, 맷돌, 싹이 트지 않도록 곡물을 볶거나 지하에 저장하는 기술, 파종기, 나무 쟁기BC 5000년경, 곡괭이 등이 발명됐다. 농부들은 기원전 1000년경 토양을 비옥하게 하기 위해 거름을 주기 시작했다.

수학, 천문학, 관개기술, 건축기술은 농업시대에 필요한 과학과 기술이었을 것이다. 수메르인들은 1▼, 10◀, 60▼을 기본 숫자로 삼았다. 십진법은 손가락이나 발가락을 계산기로 쓸 수 있는 이점이 있었다. 60은 시간과 원의 크기를 나타낼 때 썼다. 그들은 덧셈, 뺄셈, 곱셈, 나눗셈, 대수학, 기하학, 역수, 제곱 및 2차 방정식을 가지고 있었다. 수학은 수확량과 가축의 수를 기록하고, 거래에 사용했다.

천문학은 농사를 짓고, 농사의 풍흉과 전쟁의 시기를 점치는 데 필요했을 것이다. 수메르인들은 1시간을 60분, 1분을 60초로 정의했다. 시간은 해시계 또는 물시계로 측정했으며, 낮과 밤을 각각 12시간으로 나누어 하루를 24시간으로 만들었다. 또한 별자리를 만들어 1년을 나누어 썼다. 수메르인들이 만든 도자기와 부조에는 황소하늘, 봄, 사자왕, 여름, 전갈가을이 그려져 있다. 여기에 물의 신 에아엔키를 나타내는 물병겨울을 추가해 황도 별자리를 만들었다. 기원전 3200년경으로 추정된다.

수메르인이 만든 별자리는 함무라비 법전으로 유명한 고대 바빌로니아BC 1895-1595, 이집트를 점령했던 신아시리아제국BC 934-609, 이스라엘과 유대왕국을 정복했던 신바빌로니아BC 626-539, 페르시아BC 550-330◀ 시대를 거치며 더욱 정교해졌다.

태양과 달, 여러 별을 신으로 모셨던 바빌로니아인들은 밤하늘을 관찰하다가 놀라운 사실을 발견했다. 모든 별이 별자리를 형성하면서 천구에 붙어 움직이지 않는데, 그 사이로 움직이는 별들을 발견한 것이다. 행성을 찾아낸 것이다. 그들은 해와 달, 5개의 행성을 묶어 일, 월, 화, 수 목, 금, 토로 이뤄진 일주일을 만들었다. 해가 가장 먼저였고, 달이 두 번째였다. 그리고 화성, 수성, 목성, 금성, 토성을 차례로 배치했다.

페르시아 시절 바빌론의 천문학자들은 신전에 근무하면서 별과 행성의 움직임을 관찰하고 기록했다. 그들은 매일, 매월 관측한 기록을 왕에게 보고하고 달력을 만들었다. 나부리마누는 기원전 491년경 태양, 달, 행성의 위치를 알려 주는 천체력을 만든 천문학자다. 키디누BC ?-330는 일식이 일어나는 것을 계산했고, 수성이 태양으로부터 22도 이상 벗어나지 않는다는 것을 알았다. 그는 1년의 길이와 1삭망월을 계산해 달력을 만들었다. 바빌로니아가 망할 때 포로로 잡혀 처형됐다고 전해진다.

관개기술은 수메르인들이 티그리스강의 홍수를 막고 농사를 짓기 위해 발명했다. 님루드댐은 기원전 2000년경 바그다드 북쪽으로 180km 떨어진 곳에 건설됐다. 아시리아의 센나케리브 왕재위 BC 705-681은 수도를 니네베로 옮긴 후 도시를 양분하고 있는 테비투강의 범람을 막기 위해 니네베로부터 16km 떨어진 곳에 댐을 만들었다. 기원전 690년에는 농업용수를 공급하기 위해 제르완 근처에 석재로 물이 새지 않게 수로를 만들었는데, 이는 로마의 수로보다 500년이 앞선 것이다. 센나케리브 왕은 니네베에 150km에 이르는 수로와 운하를 세우고, 기념비를 세워 기록으로 남겼다. 센나케리브 왕은 니네베궁전을 만들면서 여러 가지 식물을 심어 정원을 꾸몄다. 정원에는 물을 낮은 곳에서 높은 곳으로 올리는 장치가 있었는데, 아르키메데스 나선 펌프와 같은 것이었다. 그의 정원은 기원전 612년에 파괴됐다.

[그림 2-3] 니네베궁전의 상상도. 기원전 7세기 센나케리브 왕은 신아시리아의 수도 니네베에 운하를 파서 물을 끌어들였고, 지상 최대의 궁전을 지었다. 센나케리브의 손자인 아슈르바니팔은 궁전 도서관을 만들고 천문학, 수학, 문학, 예술에 관한 점토판을 모았다. ⓒ Austen Henry Layard, 1853, 영국박물관 소장

최초의 식물원으로 일컬어지는 바빌론의 공중정원은 기원전 600년경 신新바빌로니아의 왕 네부카드네자르 2세BC 630-562가 왕비를 위로하기 위해 만들었다. 왕비의 고향 메디아왕국BC 679-549에는 식물이 많았지만, 건조한 사막이었던 바빌론에는 식물을 볼 수 없었던 까닭이다. 공중정원에는 갖가지 수목과 꽃이 심어졌다. 고대 로마의 군인이자 자연학자였던 대大플리니우스23?-79가 쓴 《자연사》[5]에 기록되면서 오늘날 그 존재가 전해지고 있다.

인류 최초의 도서관

메소포타미아 문명에서 중요하게 기억해야 할 것은 도서관의 건립이다. 동물원과 식물원을 만들고 동식물을 모았던 아시리아인들은 당시까

지 내려온 지식을 모으기 위해 도서관을 세웠다. 아시리아의 마지막 왕 아슈르바니팔[6]이 니네베에 세운 도서관은 인류 최초의 도서관이라고 할 수 있다. 도서관에는 메소포타미아의 천문학, 수학, 자연사, 문학 등을 기록한 수많은 점토판이 보관돼 있었다. 오늘날 메소포타미아 문명을 이해할 수 있는 것은 이 점토판 덕분이며, 영국박물관은 아슈르바니팔 도서관에서 가져온 3만 점의 점토판을 소장하고 있다. 영국 고고학자 오스틴 헨리 레이어드1817-1894와 아시리아 출신 호르무즈드 라삼1826-1910이 1845년부터 10년에 걸쳐 발굴한 것이다.

아슈르바니팔 도서관은 페르시아의 구전문학인 《아라비안나이트》의 원형으로 보이는 이야기들, 가장 오래된 책으로 알려진 《길가메시 서사시》를 전해 주었다. 100가지가 넘는 약용식물에 대한 기록도 남겼다.

메소포타미아 문명은 페르시아의 아케메네스 왕조BC 550-330에 이르러 끝을 맺었다. 아케메네스 왕조는 이집트, 인도에 이르는 대제국을 건설했다. 하지만 알렉산드로스 대왕에게 패배하면서 고스란히 그 영토를 물려주었다. 더욱 중요한 점은 신전, 동물원, 식물원, 도서관과 함께 과학과 기술을 유산으로 물려준 것이다. 알렉산드리아 무세이온에서 이 모든 유산이 되살아났다.

제3장

최초의 과학관, 무세이온

알렉산드리아 박물관에서는 천문학 뮤즈인 우라니아가
나머지 예술 뮤즈보다 더 빛났다.
– 스티븐 와인버그(1933–), 물리학자

지중해는 호수 같은 곳이다. 유럽, 아시아, 아프리카 대륙으로 둘러싸여 있다. 대서양과 연결되는 지브롤터해협이 있지만, 너비가 14km밖에 되지 않는다. 지중해 연안의 고대국가들은 지중해를 넓은 고속도로처럼 드나들었다. 그들에게는 유럽, 아시아, 아프리카가 지중해에 붙어 있는 땅에 불과했다. 그들의 세계지도 중앙에는 늘 지중해가 있었다.

기원전 4세기 지중해의 항구도시 알렉산드리아에는 무세이온Mouseion이라는 신전이 있었다. 신전은 별의 위치를 통해 미래를 예측하는 우라니아를 비롯해 9명의 뮤즈 여신을 모셨다.

알렉산드리아를 정복한 로마가 무세이온을 '뮤제움musaeum'이라고 불렀는데, 오늘날 박물관을 뜻하는 '뮤지엄museum'의 어원이다. 신전이 박물관으로 바뀐 것은 영국의 박물학자 존 트라데스칸트 부자父子[1] 때문이

[그림 3-1] 알렉산드리아의 도서관. 무세이온은 천문대, 동물원, 식물원, 해부실을 갖춘 과학관이자 연구기관이었다. 부속기관이었던 도서관은 20만 권 이상의 도서를 소장하고 있었다. ⓒ O. Von Corven, 1886

었다. 부자는 1656년 '뮤제움 트라데스칸티눔Musaeum Tradescantinum'이라는 이름으로 수집품 도록을 출판했는데, 그 뒤로 사람들은 컬렉션을 모아놓은 곳을 뮤지엄이라고 부르기 시작했다. 그래서 2천300여 년 전 무세이온이 박물관의 원조[2]가 된 것이다. 트라데스칸트 부자는 왜 무세이온을 박물관 책 이름으로 사용했을까?

천문학자 칼 세이건1934-1996은 TV 시리즈 《코스모스》에 출연해 무세이온의 부속기관이었던 알렉산드리아 도서관을 이렇게 평했다. "한때 지구상 가장 위대한 도시의 정신이자 자랑이었다. 역사상 최초의 연구기관이었다. 물리, 언어, 의학, 천문학, 지리학, 철학, 수학, 생물학, 지질학을 연구하는 과학자들이 있었다. 우리가 우주의 가장자리를 찾아갈 수 있도록 지적 여행을 시작한 장소였다."

무세이온은 도서관을 갖춘 종합연구기관이자 종합과학관이었다. 의문은 왜 그리스인들이 아테네가 아닌, 이집트 알렉산드리아에 최고의 연구기관을 세웠을까 하는 것이다.

알렉산드리아 건설

이집트 알렉산드리아의 건설은 알렉산드로스 3세 메가스BC 356-3233에 의해 시작됐다. 영어권에서 알렉산더 대왕으로 불렸던 그는 에게해 연안 마케도니아왕국의 수도 펠라에서 태어났다. 어린 시절 자연철학자 아리스토텔레스로부터 교육을 받았다. 14세부터 전쟁터에 나가 18세에 장군이 됐다. 20세에는 아버지가 암살되는 바람에 마케도니아의 왕이 됐다.

약관에 왕좌에 오른 그는 이웃국가들을 정복하기 위해 말 위에 올랐다. 오늘날 이집트, 이스라엘, 시리아, 터키, 이라크, 이란, 파키스탄에 걸친 대영토를 아우르기까지는 불과 12년밖에 걸리지 않았다. 그는 32세에 마케도니아왕국의 바실레우스군왕, 이집트의 파라오, 페르시아의 샤한사왕중왕, 아시아의 군주에 올랐다.

알렉산드로스 대왕이 순식간에 거대한 제국을 건설한 것은 페르시아 덕분이었다. 오늘날의 이란 지역에서 시작된 페르시아의 다리우스 1세 BC 550?-486는 이집트, 스키타이, 트라키아, 그리스의 마케도니아를 차지하는 대제국을 건설하고 있었다. 그는 언어가 다른 국가들을 슬기롭게 통치했고, 운하와 도로를 확장해 무역을 촉진시켰다. 하지만 그 뒤를 이은 왕들이 그의 능력을 닮지 않았다. 결국 다리우스 3세BC 380-330가 환관의 도움으로 왕위에 오르자마자, 조그만 마케도니아왕국의 젊은 왕, 알렉산드로스가 나타나 거대한 제국을 무너뜨렸다.

알렉산드로스 대왕은 정복한 곳에 자신의 이름을 붙인 도시 알렉산드리아를 건설했다. 그 수는 70개에 이르렀으며, 가장 유명한 곳이 이집트 해안에 세워진 알렉산드리아였다. 그는 나일강 삼각주에서 가깝지만 홍수를 피할 수 있고, 지중해를 통해 교역을 할 수 있는 작은 항구를 신도시로 재개발했다.

신도시 건설은 소아시아 로도스섬 출신의 건축가 디노크라테스가 맡았다. 아테네 항구를 설계했던, 도시건축의 아버지 히포다무스BC 498-408의 제자였다. 디노크라테스는 알렉산드리아에 격자 모양의 도로를 만들고, 왕궁, 신전, 시장, 아고라, 주택 등을 배치했다. 그는 스승의 영향을 받아 육지와 바다의 조화, 도시의 효율성을 생각했다. 도로는 바닷바람이 도시의 공기를 순환시킬 수 있도록 비스듬하게 설계됐다.

무세이온의 건립

전쟁터를 돌아다녔던 알렉산드로스 대왕은 신도시의 완성을 보지 못하고 죽었다. 이집트 알렉산드리아는 그의 부하였던 프톨레마이오스 1세 소테르BC 367?-2834가 완성했다. 그 또한 아리스토텔레스로부터 교육을 받았고, 알렉산드로스가 왕위에 오르자, 충실한 부하로 수많은 원정을 따라 다녔다.

[그림 3-2] 프톨레마이오스 1세 소테르. 프톨레마이오스 왕조를 만든 소테르는 알렉산드리아에 무세이온을 세워 과학기술을 바탕으로 헬레니즘을 일으켰다. 두툼한 귓불과 사다리꼴 모양의 두건(네메스)을 쓴 흉상이 온화해 보인다. 영국박물관 소장

　알렉산드로스 대왕이 죽자 마케도니아제국이 분열됐다. 왕자들이 차례로 암살되고, 정복했던 땅은 여러 장군들이 나눠 가졌다. 이집트 총독이었던 프톨레마이오스는 이집트, 리비아, 아라비아를 차지하고, 이집트의 파라오가 됐다. 알렉산드로스 대왕이 죽은 뒤 18년이 지난 기원전 305년의 일이다.

　프톨레마이오스 1세는 새로운 왕조[5]를 시작하면서 그리스 신전인 무세이온을 세웠다. 또한 페르시아에 의해 파괴된 이집트 신전도 함께 복구했다. 그의 종교적인 관용정책은 이집트인으로부터 환영을 받았고, 다른 지역의 사람들이 모여드는 효과를 거두었다. 알렉산드리아는 지중해 무역과 상업의 중심지로 떠올랐으며, 연금술사, 과학자, 수학자들이 자신들의 지적 능력을 팔기 위해 찾아왔다.

무세이온은 기원전 284년 테오프라스토스BC 371?-287?와 데메트리오스BC 350?-280?의 도움으로 완성됐다. 테오프라스토스는 아리스토텔레스와 함께 교육기관인 리케이온을 처음 만든 식물학자다. 팔레룸 출신의 데메트리오스는 마케도니아 왕을 대신해 기원전 317년부터 10년 동안 아테네를 다스렸던 정치가다. 데메트리오스는 알렉산드리아에 도서관을 갖춘 교육 센터를 설립하고, 초대 관장이 된 인물이다. 프톨레마이오스 1세는 테오프라스토스와 데메트리오스를 통해 그의 스승이 만든 리케이온을 알렉산드리아에 복제했던 것이다. 무세이온은 서양사상의 큰 기둥인 헬레니즘BC 323-AD 146[6]의 본거지로 발전했다. 헬레니즘이 그리스 본토가 아닌 이집트 알렉산드리아를 중심으로 꽃피웠다는 사실은 놀랍지만, 지중해를 중심으로 보면 이해할 만하다.

고대 그리스 자연철학

고대 그리스는 기원전 1100년경 발칸반도, 지중해 연안과 섬에 형성됐던 도시국가를 말한다. 도시국가폴리스는 통일왕국을 이루기보다 도시를 중심으로 독립적인 정치문화를 만들어 냈다.

고대 그리스의 자연철학은 신전과 아고라의 자유로운 토론문화에서 싹이 텄다. 주목할 점은 발칸반도의 도시국가보다 이오니아와 같은 소아시아 쪽에서 더욱 발달했다는 것이다. 수학과 천문학이 먼저 발달한 메소포타미아 지역과 이집트에 가까이 있었기 때문일 것이다.

이오니아의 중심도시는 밀레토스였다. 메안더강이 에게해로 흘러드는 항구도시로, 이름을 날리던 자연철학자들이 많았다. 과학의 역사에서 처음 등장하는 과학자들이다. '자연철학[7]의 시조'라고 불리는 탈레스BC

624?~546?는 밀레토스 출신이다. 아시리아의 지배 아래 있었던 이집트를 여행하면서 수학과 천문학을 배운 그는 피라미드의 높이를 계산하고 기원전 585년 밀레토스에서 일어난 일식을 예측했다. 임의의 원은 지름에 의해 이등분되며, 이등변삼각형의 두 밑각은 같다는 기하학 원리를 발견했다. 만물의 근원을 물이라고 보기도 했다. 우주의 본질을 신이 아닌 물리적 개념으로 설명한 최초의 과학자였다. 자연현상에 대한 신비적 원인을 거부하고 합리적 설명을 추구했던 탈레스를, 200여 년 뒤 아리스토텔레스는 '철학의 아버지'라 불렀다.

탈레스의 뒤를 이어 소아시아의 많은 자연철학자들이 물질과 세상의 본질을 파고들며 과학의 기초를 닦았다. 탈레스의 제자인 아낙시만드로스BC 610?~546?는 그리스인 최초로 자연에 관한 논문을 썼다. 만물의 기원, 우주의 모양과 크기, 인류의 기원, 기상에 대해 연구했다. 아낙시메네스BC 586?~526?도 밀레토스학파다. 그는 만물의 근원을 공기라고 봤다. 지금 생각하면 황당하지만, 그는 공기가 희박해지면 온기를 불러들여 불이 되고, 공기가 농후해지면 물이 되고, 땅이 되고, 암석이 된다고 주장했다. 기체, 액체, 고체를 하나의 물질로 설명하려 했던 듯하다.

피타고라스BC 570?~490?는 이오니아 도시국가였던 사모스 출신이다. 수학자로 널리 알려졌지만, 남부 이탈리아 크로톤크로토네에서 종교적인 학파를 세운 종교지도자였다. 만물의 근원을 숫자로 보았고, 현실을 이해하는 규칙을 숫자에서 찾았다.

레우키포스는 기원전 5세기경 처음으로 원자론을 제기했다. 원자를 더 이상 나눌 수 없다는 뜻으로 '아토몬'이라고 불렀다. 레우키포스의 제자로 알려진 데모크리토스BC 460?~370?는 고대 원자론을 완성했다. 모든 것은 많은 원자로 이뤄져 있고, 세계는 원자와 텅 빈 공간으로 이뤄져 있

다고 생각했다. 자연의 모든 변화는 원자들이 합쳐지거나 떨어지면서 일어난다고 봤다.[8]

　오늘날 과학의 뿌리를 만든 이오니아 자연철학자들의 주장은 아테네의 소피스트들로부터 비판을 받았다. 기원전 5세기경 민주주의와 문화를 꽃피우던 아테네가 펠로폰네소스전쟁에서 스파르타에 패하면서 철학자들의 관심이 자연으로부터 인간으로 옮겨 간 것이다. 소피스트들은 인간이 만물의 척도라고 주장하고, 인간 문제에 관심을 두기 시작했다.

　대표적인 소피스트는 소크라테스BC 470?-399로, 객관적이고 보편타당한 진리를 찾고자 노력했다. 제자인 플라톤BC 428?-348?은 이상적인 이데아를 찾고자 수학적인 세계관을 펼쳤다. 그는 조물주가 아주 지적인 설계

[그림 3-3] 〈아테네 학당〉. 라파엘로가 1511년 교황 율리우스 2세의 요청으로 그렸다. 그림에는 아낙시만드로스, 피타고라스, 소크라테스, 플라톤, 아리스토텔레스, 알렉산드로스 대왕, 에우클레이데스, 아르키메데스, 프톨레마이오스, 히파티아 등이 등장한다. 라파엘로와 율리우스 2세는 왜 성당 내 교황 서재에 그리스 학자들을 그렸을까? 바티칸박물관 소장

에 의해 합리적이고 조화롭고 질서 있는 우주를 만들었다고 생각했다. 천체의 운동을 원운동으로 설명하고, 불·공기·물·흙의 4원소들을 기하학을 통해 설명하고자 했다. 종교와 수학을 연계하려 했던 피타고라스의 영향을 받은 듯하다. 플라톤은 기원전 387년 아카데메이아를 설립해 산술, 기하학, 천문학을 가르쳤다. 오늘날 아카데미라고 불리는 학술 및 교육 기관의 뿌리다.

리케이온

소크라테스의 손제자, 플라톤의 제자인 아리스토텔레스는 소아시아와 소피스트로부터 사고의 피를 물려받은 대학자였다. 그리스 북부 스타게이라에서 태어났으며, 그의 아버지는 마케도니아 왕의 시의侍醫였다. 그 인연으로 아리스토텔레스는 알렉산드로스 대왕을 만났다. 아리스토텔레스는 기원전 340년경 소아시아 쪽에 있는 레스보스섬을 여행하면서, 제자 테오프라스토스와 함께 동물학과 식물학 자료들을 수집했다. 알렉산드로스 대왕은 원정을 다니면서도 스승을 위해 다양한 외국 식물과 동물을 수집해 왔다.

아폴론 리케이오스 신의 이름을 딴 리케이온은 알렉산드로스 대왕의 전폭적인 지원 아래 기원전 335년 아테네 숲속에서 문을 열었다. 학자를 양성하는 교육기관이었다. 아리스토텔레스는 제자들과 함께 숲속을 거닐며 토론하기를 즐겼다. 이런 연유로 리케이온 출신들은 소요학파라고 불렸다. 리케이온은 도서관, 식물원, 유럽 최초의 동물원을 갖추고 자연철학 연구기관으로서 발전하기 시작했다. 리케이온을 무세이온보다 빠른, 과학관과 박물관의 효시로 보는 학자도 있다.

[그림 3-4] **아리스토텔레스 흉상.** 기원전 330년경 그리스 조각가 리시포스가 만든 청동상을 로마시대에 대리석으로 복제한 것이다. 생물학의 아버지인 아리스토텔레스의 실제 모습에 가장 가까울 것으로 추정된다. ⓒ Jastrow, 2006, 로마 알템프스궁전 국립박물관 소장

아리스토텔레스는 관찰이나 경험을 중시했다. 500종 이상의 동물을 관찰하고 기록했을 뿐 아니라, 체계적으로 분류했다. 동물을 피가 있는 유혈동물과 피가 없는 무혈동물로 나누고, 이를 다시 새끼를 낳는 동물과 알을 낳는 동물로 나누고, 또다시 새처럼 알을 낳는 동물과 물고기처럼 알을 낳는 동물로 세분했다. 이러한 분류를 통해 새끼를 낳는 고래가 어류보다 포유류에 가깝다는 것을 아리스토텔레스는 2천여 년 전에 알았다. 그는 생물에 식물-연체동물-어류-파충류-조류-포유류-인간으로 이어지는 위계질서가 있으며, 종은 불변한다고 생각했다. 그의 연구결과와 생각은 《동물사》와 《동물의 신체 부위》라는 책에 담겼다.

아리스토텔레스의 분류법과 목적론적 자연관은 18세기 카를 폰 린네의 이명법, 19세기 찰스 다윈의 진화론이 등장하기 전까지 2천 년 이상 서양의 과학사상을 지배했다. 다윈은 지인에게 보낸 편지에서 "린나이우스린네와 퀴비에는 지금까지 제게 줄곧 신이었지만, 그들조차 아리스토텔레스에 비하면 어린 학생"이라며 칭송했다. 알렉산드로스 대왕이 기원전 323년에 죽자, 아리스토텔레스는 아테네를 떠났다. 그리고 이듬해에 어머

니 고향인 칼키스에서 위장병으로 사망했다.

아리스토텔레스의 수제자였던 테오프라스토스는 리케이온의 두 번째 관장이 됐다. 그는 다양한 식물 표본을 수집하고 연구해 식물의 분류체계를 만들었다. 그의 연구내용은 리케이온의 수업에 활용됐다.

리케이온의 세 번째 관장은 람프사쿠스^{현 터키 라프세키} 출신의 스트라톤 ^{BC 335?-269?}이었다. 그는 신학과 자연철학을 구분했다. 모든 자연현상을 무게와 운동으로 기술했고, 물체가 낙하할 때 가속운동을 한다고 밝혔다. 무세이온의 연구자이자 프톨레마이오스 2세의 가정교사였던 그는 테오프라스토스가 죽자, 아테네로 돌아가 리케이온의 관장이 됐다. 리케이온의 마지막 관장은 안드로니코스로, 기원전 60년경 아리스토텔레스의 저작물을 정리한 소요학파의 마지막 학자다.

무세이온의 자연과학자

기원전 331년 알렉산드리아가 세워지자, 그리스 철학의 중심이 아테네에서 알렉산드리아로 옮겨졌다. 지중해의 해상무역이 발달하면서 경제적으로 풍족해졌고, 프톨레마이오스 왕조의 개방적이고 관용적인 정책 때문에 전 세계의 지식인들이 모여들었다. 그 결과 에게해의 소아시아를 중심으로 꽃피웠던 자연철학이 들어왔다. 또 알렉산드로스 대왕의 정복으로 이집트 문명과 메소포타미아 문명, 즉 오리엔트 문명의 지식들까지 합쳐진 것이다.

무세이온은 거대한 도서관을 갖춘 지식의 전당으로, 세계 최고의 무역항이었던 알렉산드리아의 이점을 최대한 살렸다. 정상적으로 책을 구하려면 아테네와 로도스의 도서시장에서 구입해야 한다. 하지만 무세이온은 항구를 오가는 선박들로부터 책을 빌려 복사하고 원본을 돌려주는 방식으로 도서관의 책들을 확보했다. 때로는 선박의 책들을 모두 압수해 원본을 도서관에 두고, 복사본을 선박에게 돌려주기도 했다. 무세이온에서는 책을 출판해 운영비를 충당하기도 했다.

무세이온은 도시의 3분의 1을 차지했던 궁전 안에 있었으며, 도서와 예술작품은 물론, 동물원, 약초원, 천체관측소, 화학실험실, 해부실 등을 갖추고 있었다. 무세이온이 과학연구소이자 과학관이었다는 주장의 근거는 여기에 있다. 무세이온 학자들은 문학, 수학, 천문학, 의학 4분야에서 연구했다.

에우클레이데스는 무세이온 초기에 수학을 가르치던 학자였다. '유클리드'라는 영문 이름이 더 친숙할 것이다. 그는 당시까지 전해진 수학 이론들을 정리해《기하학 원본》13권을 집필했다. 서양 최초의 수학 교과서다.

소아시아 칼케톤 출신의 헤로필로스BC 335-280는 사람 몸을 해부한 최초의 의학자였다. 뇌를 지성이 들어 있는 자리고 신경계의 중추라고 여겼다. 그의 뒤를 이은 에라시스트라토스BC 304?-250?는 대뇌와 소뇌를 구별하고, 인간의 뇌에 주름이 많은 것은 지성과 관계가 있다고 생각했다. 그는 해부를 통해 심장에 혈액이 거꾸로 흐르는 것을 방지하는 판이 있다는 것을 처음 알았다.

사모스 출신의 아리스타르코스BC 310?-230?는 태양중심설을 처음으로 제기했다. 태양이 우주의 중심에 있다고 생각했다. 폴란드의 천문학자 니콜라우스 코페르니쿠스보다 1천800년이나 앞선 것이다. 그는 지구와 태양, 지구와 달까지의 거리, 태양과 달의 크기를 계산하기도 했다. 무세이온에 있던 천문대를 이용했을 것이다.

키레네리비아 샤하트 출신의 에라토스테네스BC 276?-194?는 무세이온의 관장이었다. 지구 둘레를 처음으로 재 '지리학의 아버지'라 불린다. 하지 정오에 시에네지금의 아스완와 알렉산드리아의 태양 고도가 7.2도 차이가 나고, 낙타가 걸어서 50일 걸린다는 사실을 이용해 두 지역의 거리를 계산하고 지구의 둘레를 계산했다. 4만 6천 km가 나왔는데, 이는 현재 잰 거리약 4만 km와 15%밖에 차이가 나지 않는다. 에라토스테네스가 썼던 방법은 오늘날에도 과학관에서 즐거운 탐구학습이 되고 있다.

시칠리아섬 시라쿠사 출신의 아르키메데스BC 287?-212?는 지레의 원리를 알았고, 아르키메데스 나선 양수기라고 불리는 스크루 펌프를 발명했다. 사거리 조정이 가능한 투석기, 톱니바퀴를 이용한 주행거리계도 만들었다. 로마의 작가 플루타르코스AD 46-120의 기록에 따르면, 아르키메데스의 비석에는 공 하나가 딱 들어가는 원통 그림이 그려져 있었다고 한다. 공의 부피가 원통 부피의 3분의 2라는 사실을 밝힌 아르키메데스의 업적을 기린 듯하다.

니카이아터키 이즈니크 출신의 히파르코스BC 190?-120?는 아스트롤라베astrolabe와 천구의를 발명한 천문학자다. 기원전 150년경 소아시아 로도스섬에서 관측기구를 갖춘 천문대를 직접 운영했다. 지구와 달까지의 거리를 측정하고, 세차운동을 발견하고, 별의 등급을 정했던 것은 자신의 관측 결과를 바탕으로 한 것으로 보인다. 기원전 129년에는 역사상 처음으로 850개의 별의 위치를 적위와 적경으로 표시한 성도를 만들었다. 그의 성도는 로마 천문학자 클라우디오스 프톨레마이오스90-170가 140년에 저술한 《수학대계》의 바탕이 됐다.

크테시비우스BC 285-222는 무세이온에서 근무하면서 물 도둑이라는 뜻의 클렙시드라clepsydra라는 물시계를 발명했다. 커다란 원통에 일정한 속도로 물이 들어가게 하고, 그 위에 인형을 단 부표를 띄워 인형의 지시봉

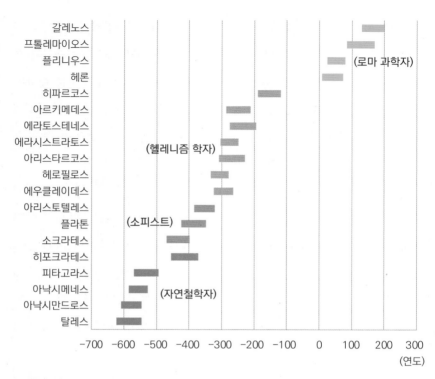

[그림 3-5] 그리스·로마 과학자 연대표. 고대 과학자들의 생애를 비교하면, 과학이 자연에 대한 의문과 사고(철학)에서 출발해 관찰과 탐구, 실용적인 지식으로 발전해 오는 과정을 볼 수 있다.

이 눈금을 가리키는 시계다. 조선 세종1397-1450 때 장영실이 발명한 자격루에도 비슷한 구조가 들어 있다. 네덜란드 천문학자 크리스티안 하위헌스1629-1695가 1656년 진자시계를 발명하기 전까지 물시계는 야간에 이용할 수 있는 가장 정확한 시계였다.

　무세이온은 지식인들이 모여 있다 보니, 정치판에 휩쓸리기도 했다. 기원전 145년 프톨레마이오스 8세가 조카인 프톨레마이오스 7세를 암살하고 왕위에 올랐다. 그는 무세이온의 학자들을 정리했다. 그때 도서관 사서였던 사모스 출신의 아리스타르코스가 사임했다. 그 자리에 창병spearman 출신인 시다가 앉았으며, 후에 도서관장이 됐다. 그는 학생들에게 주던 장학금을 크게 줄였다.

로마시대의 무세이온

기원전 60년 알렉산드리아의 인구는 30만 명에 이르렀다. 인종과 민족도 다양했다. 이집트인과 그리스인은 물론, 유대인, 시리아인, 페르시아인, 아랍인이 모여 살았다. 무세이온은 다양한 민족의 문화를 흡수하면서, 헬레니즘을 꽃피웠다.

이집트의 마지막 파라오 왕조였던 프톨레마이오스 왕조는 로마의 율리우스 카이사르BC 100-44의 등장으로 위기를 맞았다. 기원전 48년 카이사르는 그의 정적인 폼페이우스BC 106-48를 쫓고 있었다. 그러나 폼페이우스는 카이사르가 이집트에 도착하기 전에 암살됐다. 카이사르는 폼페이우스의 잔당을 없애기 위해 알렉산드리아를 불태웠는데, 이때 무세이온 도서관의 장서들도 함께 불탔다. 파피루스로 만들어진 책들이 얼마나 불에 취약한지 상상하는 것은 그리 어렵지 않다. 다행스러운 것은 무세이온의 도서관이 다른 지역에 또 있었다. 세라페움 신전이다.9 이곳을 터전으로 무세이온의 학자들은 로마의 지배 속에서도 계속 연구할 수 있었다.

카이사르는 14세의 어린 왕 프톨레마이오스 13세를 왕좌에서 내리고, 그의 누나이자 왕비인 클레오파트라 7세 필로파토르BC 69-30를 여왕으로 내세웠다. 22세의 클레오파트라는 53세의 카이사르의 연인이 됐지만, 3년 뒤 카이사르10는 암살됐다.

클레오파트라에게 새롭게 다가온 사람은 카이사르의 부하 마르쿠스

안토니우스BC 83?-30였다. 안토니우스는 자신의 입지를 강화하기 위해 이집트의 지원이 필요했고, 클레오파트라는 프톨레마이오스 왕조를 살리기 위한 군대가 필요했다. 그들의 결합은 오래가지 못했다. 원로원의 지지를 받던 옥타비아누스아우구스투스 초대 로마황제, BC 63-AD 14의 지속적인 공격으로 궁지에 몰린 안토니우스가 자살했기 때문이다. 그는 클레오파트라가 전쟁에서 죽은 줄 알고 절망했다고 한다. 이 소식을 들은 클레오파트라도 자살했다.

기원전 30년 클레오파트라의 죽음으로 프톨레마이오스 왕조는 300년 동안의 이집트 지배를 마쳤다. 로마가 이집트의 새로운 지배자가 됐지만, 그리스 문명의 상징이었던 무세이온은 여전히 그 기능을 유지했다. 클라우디우스BC 10-AD 54 황제의 경우 무세이온을 증축하고, 학자들을 지원했다. 그러나 점차 자금과 지원이 줄면서 무세이온은 쇠퇴해 갔다. 몇몇 학자들이 실용적인 연구를 하며 그 체면을 살렸을 뿐이다.

알렉산드리아 출신의 헤론10?-70?은 발명가이자 수학자였다. 월식을 이용해 로마와 알렉산드리아 사이의 거리를 계산했다. 증기 압력을 이용한 다양한 기계도 고안했다. 삼각형의 세 변의 길이에서 넓이를 구하는 헤론의 공식을 만들었다.

대大플리니우스는 네로 황제 시절에 자연계를 아우르는 《자연사》를 저술했다. 그는 베수비오 화산이 폭발할 때 이를 탐사하다가 순직한 현장 중심의 과학자였다.

페다니우스 디오스코리데스40?-90?는 소아시아 지역 출신의 의사로, 네로 황제의 총애를 받았다. 600여 종의 식물, 30여 종의 동물, 90여 종의 광물을 약물로 다룬 그의 《약물지》는 19세기 전까지 절대적인 영향을 미쳤다.

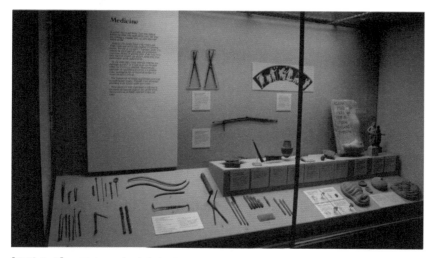

[그림 3-6] 그리스·로마 시대의 의료기구. 무세이온에서는 헤로필로스, 에라시스트라토스와 같은 의학자들이 해부실험을 통해 의학과 의료기술을 발전시켰다. 로마는 그리스 의학을 계승 발전시켰으며, 갈레노스와 같은 의학자를 배출했다. 영국박물관 소장

클라우디우스 갈레노스129?-216?는 마르쿠스 아우렐리우스 황제를 치료했던 의사로, 많은 의학 지식을 남겼다. 그는 순환계, 호흡기, 신경계를 이해하기 위해 동물을 해부하기도 했다.

클라우디오스 프톨레마이오스는 로마시대에 가장 유명한 천문학자, 지리학자, 점성술사였다. 그는 140년 《수학대계》라는 천문학 명저를 남겼다. 이슬람 국가에서 《알마게스트위대한 책》라고 번역했던 책이다. 《수학대계》는 13권으로 이뤄졌으며, 우주론, 태양·달·행성·별의 운동, 월식과 일식, 히파르코스의 관측 자료를 토대로 만든 별 1천22개의 좌표 등이 들어 있었다. 천문학에 대한 수학적 해설집이라고 할 수 있으며, 지구중심설천동설에 대해 설명했다. 그의 지구중심설은 코페르니쿠스가 태양중심설을 제기하기 전까지 1천300년 이상 유럽과 이슬람제국의 생각을 지배했다.

[그림 3-7] 프톨레마이오스의 지구중심설. 프톨레마이오스 천문도에서 지구(⊕)를 중심으로 수성(☿), 금성(♀), 태양(☉), 화성(♂), 목성(♃), 토성(♄)이 돌고 있다. 네덜란드 출신 독일의 지도제작자 안드레아스 셀라리우스(1596-1665)가 1660년에 출판한《대우주 조화》에 삽입된 그림이다. ⓒ Wikimedia Commons

알렉산드리아는 로마 집권 시에도 무역과 금융의 중심지로서 여전히 북적였다. 기독교 교구의 세력이 막강했다. 313년 콘스탄티누스 1세272-337가 기독교가톨릭를 공인하고, 380년 테오도시우스 1세347-395가 국교로 선포한 결과다. 다신을 모셨던 무세이온은 기독교와 로마의 핍박을 받을 수밖에 없었다.

수학자 히파티아355?-415는 415년 기독교 폭도[11]에게 살해당했다. 무세이온의 마지막 학자였던 테온335?-405?의 딸이었다. 아버지가 근무했던 무세이온에서 수학을 배운 뒤 자신의 집에 학교를 만들어 플라톤과 아리스토텔레스를 가르치고 있었다. 히파티아 학교에는 그의 명성을 듣고 로마제국의 전 지역에서 학생들이 찾아왔고, 이교도와 기독교인도 있었다. 제자였던 키레네 출신 시네시우스370?~413?는 주교가 됐다. 히파티아가 살해된 것은 기독교도 사이의 분쟁 때문이었다.

무세이온은 히파티아의 사망 이후 오래가지 못했다. 학자들은 대략 5세기경에 무세이온이 모두 파괴된 것으로 추정하고 있다. 그리고 헬레니즘의 본산이었던 알렉산드리아는 기독교의 새로운 중심지로 발돋움했다.

로마의 과학기술

로마는 천문학, 점성술과 같은 그리스 과학을 받아들였지만, 그 이상 발전시키지 못했다. 관심이 전쟁과 통치에 있었기 때문이다. 휴대용 해시계를 만든 것은 실용성 때문이었다. 물리학은 투석기를 만드는 데, 생물학은 농업 생산량을 높이는 데, 수학과 기하학은 돔과 아치를 만드는 데 쓰였다. 대신 실용적인 건축, 공학, 의학이 크게 발전했다.

로마는 공회당, 원형극장, 개선문, 목욕탕, 수로 등 많은 건축물을 남겼다. 현재 로마에 있는 높이 25.9m의 트레비 분수는 기원전 17년 만들어진 아쿠아 비르고라는 수로를 1762년 바로크 양식으로 복원한 것이다.

로마는 콘크리트 제조기술이 뛰어났다. 고대 로마의 신들을 위한 판테온125[12]은 철근이 들어 있지 않은, 세계에서 가장 큰 콘크리트 돔이다. 로마 콘크리트는 소석회와 포촐라나pozzolana라는 화산재를 사용해 만들어졌으며, 화학적 부패를 막고 내구성이 뛰어났다. 이런 장점 때문에 수로와 다리, 건물, 항구의 건축재로 다양하게 사용됐다.

농업기술로는 순환재배, 가지치기, 접목, 종자선택, 배수, 관개, 비료

[그림 3-8] 세르비아의 수도교. 로마인들은 뛰어난 건축술과 콘크리트 제조기술을 이용해 도로, 건물, 수도교 등을 만들었다. 50년경 건설한 세르비아의 수도교는 15km 떨어진 프리오강에서 물을 끌어왔다. ⓒ Bernard Gagnon, 2009

등이 개발됐다. 바퀴 달린 쟁기, 황소를 이용한 수확기 등의 농업기계도 발명됐다. 로마인들은 온실을 이용할 줄 알았고, 사과와 호박을 결합하는 유전학적 실험을 했다. 축산기술도 발전됐다. 양, 소, 염소, 돼지, 가금류가 길러지고, 인공호수와 바다에서 물고기가 양식됐다. 훈증, 소금, 건조, 절임 등을 통한 음식저장기술도 발전됐다.

로마의 수로기술은 대단했다. 물을 100km 넘게 보내는데, 수로의 높이 차이가 50m에 불과했다. 굴을 뚫고, 계곡을 가로지르는 다리를 놓았기 때문에 가능했던 일이다. 로마인들은 사이펀의 원리를 이용해 분수를 만들고, 정교한 바퀴와 기어를 이용해 복잡한 물방앗간water mill을 만들었다. 로마인들이 만든 수세식 화장실은 실용적이고 위생적이었다.

로마인의 가장 큰 업적은 화산암으로 만든 흙, 자갈, 벽돌 등을 바닥에

깔아 견고하게 만든 도로를 전 세계에 건설한 것이다. 곁에는 배수로를 두었다. 로마군단은 이 길을 통해 하루 40km를 갈 수 있었다. 길은 로마를 기점으로 전 세계로 뻗어 있었다. 따라서 지리학이 발전할 수밖에 없었다. 속국들의 정보를 신속하게 전달하고 제국의 군대를 보내기 위해서였지만, 이 길을 통해 문화적인 교류가 활발해졌다. 로마가 만든 이 길은 오늘날에도 대부분 사용되고 있다.

의료기술은 전쟁 부상자나 경기 부상자들을 치료하기 위해 필요했다. 로마인들은 군대 안에 우수한 장비와 의료진을 갖춘 의료부대를 두었고, 수술할 때는 양귀비에서 추출한 모르핀을 진통제로 사용했다.

기원전 46년 율리우스 카이사르는 양력인 율리우스력을 만들어 사용했다. 고대 그리스의 음력은 짝수가 불길하다고 해서 월을 29일과 31일2월만 28일 두 종류만 두어, 13번째 월27일을 둬야 하는 해도 있었다. 반면 율리우스력은 2월28일을 제외한 모든 달을 30일과 31일로 정했다. 그리고 4년마다 2월을 29일로 했다. 달력을 만들 때 무세이온 과학자들이 참여했을 것으로 추측해 볼 수 있다. 율리우스력은 1천600년간 유럽에서 사용됐다. 1582년 교황 그레고리오 13세1572~1585가 그레고리력을 만들었다. 율리우스력이 128년마다 1일의 편차가 발생했기 때문이다. 그레고리력은 율리우스력에서 발생하는 오차를 없애기 위해 100으로 나누어지는 해는 윤년으로 두고, 400으로 나누어지는 해는 평년으로 한 것이다.

알렉산드리아 무세이온에서 연구됐던 과학은 화려한 헬레니즘 문화를 만들었지만, 실용을 중시하는 로마시대에 들어서 시들었다. 그리고 로마의 지배를 받았던 유럽은 중세의 과학 암흑기로 접어들었다. 자연스럽게 도서관, 박물관, 미술관, 연구기관, 교육기관이었던 최초의 과학관 무세이온도 잊혀져 갔다.

제4장

지혜의 전당, 바이트 알 히크마

학자의 잉크는 순교자의 피보다 신성하다.
– 무함마드(570-632), 예언자

무함마드는 622년 종교박해를 피해 메카를 떠났다. 이슬람이 거대한 종교로 발돋움하는 첫걸음이었다. 무함마드가 전한 《쿠란》은 배움을 중요한 숭배행위로 삼았다. 쿠란에는 배움을 뜻하는 '일름'이란 단어가 780번 이상 나온다. 지식을 습득하는 것은 무슬림의 의무였다. 심지어 다신론자의 손에 있더라도 획득해야 한다고 무슬림들은 믿었다.

이슬람 학자들은 예언자의 상속자로, 전 세계의 지식을 모았다. 핫즈는 무슬림들이 1년에 한 번 무함마드가 태어난 메카를 순례하는 것을 말하는데, 세계 각지에서 온 다른 무슬림들과 지식을 교류하는 장이 됐다. 순례가 안겨준 또 다른 선물이었다.

무함마드가 죽은 뒤, 무슬림 군대는 사산 왕조 페르시아224-651를 멸망시키고 우마이야 칼리파국661-750을 세웠다. 중앙아시아, 메소포타미아, 페르시아, 비옥한 초승달 지역, 이집트, 이베리아반도스페인, 북아프리카 지역에 이르는 거대한 제국이었다. 자연스럽게 메소포타미아 문명, 이집트 문명, 헬레니즘 문명, 로마 문명이 이슬람제국으로 들어왔다. 동양과 서양의 문명을 아우르는 이슬람 문명이 시작된 것이다. 우마이야의 뒤를 이은 아바스750–1258도 그 전통을 이어받아 과학의 황금시대를 열었다.

도서관과 번역

7-8세기 유럽에서는 기독교의 분열로 기독교인이 기독교인을 탄압하는 일이 생겼다. 또 비잔틴제국동로마은 헬레니즘에 대한 반감이 컸다. 그러니 헬레니즘 문화를 접했거나 그 문화권에 있던 기독교인과 유대인은 아이로니컬하게도 이슬람제국으로 탈출할 수밖에 없었다. 이슬람의 최고 지도자 칼리파는 이교도들을 흔쾌히 받아들였다.

이슬람이 정복한 국가에서는 언어, 학문, 종교 활동이 비교적 자유로웠다. 이런 이유로, 다양한 지식이 이슬람 문화에 흡수될 수 있었다. 그리스어·시리아어·페르시아어 등 다국어를 구사하는 학자들이 많았던 것은 이슬람 문명을 꽃피우는 데 도움을 주었다. 우마이야의 수도 다마스쿠스현재 시리아의 수도에는 아랍 최초의 도서관이 세워졌고, 그리스어를 비롯해 여러 언어로 쓰인 과학과 의학 서적이 수집됐다.

이슬람 문명의 발전에 날개를 단 것은 종이였다. 751년 아바스 군대와 고구려 출신의 당나라 장수 고선지?–755가 맞붙은 탈라스싸움에서 아바스 군대가 승리하면서, 포로로부터 종이를 만드는 제지술을 전수받았다. 이슬람은 종이 사용을 권장하고, 양피지나 파피루스로 만들던 책을 종이로 바꾸었다. 종이책과 제지술은 실크로드를 따라 사마르칸트[1] 등 이슬람 국가 전역으로 전파됐다.

과학발전은 수도 바그다드를 창건한 2대 칼리파 알 만수르재위 754-775가 불을 붙였다. 철학과 관측천문학에 관심이 많았던 그는 그리스어, 페르시아어, 인도어로 쓰인 과학책을 번역하기 시작했다. 번역은 주로 기독교인과 유대인이 맡았다. 이들은 아리스토텔레스, 갈레노스, 에우클레이데스 등 그리스 자연철학자들의 책들을 아랍어로 번역했다. 유럽에서, 기독교에서 버림받은 헬레니즘의 유산은 아랍 속에 숨어 어두운 중세를 보냈다. 다른 문화를 포용했던 이슬람이 아니었더라면 영원히 사라졌을지도 모른다. 알 만수르는 그리스, 페르시아, 인도의 학자들이 연구할 수 있도록 왕립도서관을 건립했다.

7대 칼리파 알 마문786-833은 830년경 '바이트 알 히크마Bayt al-Hikmah'를 바그다드에 세웠다. 번역소와 도서관 기능을 했던 '지혜의 전당'이었다. 알 마문은 꿈속에서 아리스토텔레스를 만났는데, 그는 "선善은 지성을 따르는 것이며, 대중의 의견 속에 있다"고 말했다고 전해진다. 바이트 알 히크마는 플라톤이 세운 아카데메미아, 아리스토텔레스가 세운 리케이온, 프톨레마이오스가 세운 무세이온의 전통을 이었다.

바이트 알 히크마에는 메소포타미아, 이집트, 인도, 중국에서 가져온 책들이 모였다. 다양한 언어로 기록된 책들은 모두 아랍어로 번역돼, 이슬람 국가 전역으로 퍼져 나갔다. 동쪽으로는 인도, 동남아시아, 중국에서 이를 보았고, 북쪽으로는 볼가강과 스칸디나비아에서 보았다. 남쪽으로는 아프리카 내륙에서, 서쪽으로는 이베리아반도에 전달됐다. 지식의 배달꾼은 무역 선단과 해적들이었다. 바그다드의 바이트 알 히크마는 1258년 몽골이 침략해 파괴할 때까지 지상 최고의 도서관이자 지식창작소였다.

그런데 그리스어, 페르시아어, 산스크리트어로 쓰인 과학책을 아랍어

[그림 4-1] **바이트 알 히크마.** 바이트 알 히크마에서는 이집트, 시리아, 그리스, 이오니아 출신의 학자들이 모여 그리스 책들을 번역하고, 과학을 연구했다. 이곳에서 연구했던 천문학, 수학, 의학, 문학 등은 유럽에 전해져 르네상스와 과학혁명의 발판이 됐다. ⓒ Laura Blanchard, 2017, 펜실베이니아대학교 인류고고학박물관 소장

로 번역하는 일은 만만치 않았다. 외국 언어, 더군다나 새로운 과학용어에 맞는 적당한 아랍어가 없었기 때문이다. 번역자들이 겪는 엄청난 고통이었다. 가장 좋은 번역 방법은 학자가 그리스나 인도의 과학책을 공부해 완전히 이해한 뒤, 아랍어로 새로 쓰는 것이다. 기독교 분파인 네스토리우스파의 후나인 이븐 이스하크809-873가 썼던 방법이다. 결국 번역자는 여러 언어를 자유롭게 구사하는 그 분야의 최고의 학자가 될 수밖에 없었다.

후나인 이븐 이스하크는 히포크라테스와 갈레노스의 의학서들, 에우클레이데스의 《기하학 원본》, 페다니우스 디오스코리데스의 《약물지》, 아리스토텔레스의 《물리학》, 클라우디오스 프톨레마이오스의 《수학대

계》등을 아랍어로 번역했다. 모국어인 시리아어는 물론, 그리스어와 아랍어에 능통했던 대단한 학자였다. 내과의사였던 그는 그리스 의학자 갈레노스에 관심을 갖고,《정맥과 동맥의 해부에 관하여》,《신경의 해부에 관하여》등을 번역하면서 자신의 독창적인 연구결과를 추가했다. 860년경에 쓴 눈에 관한 논문은 인간의 눈을 관찰해 그린 최초의 해부도를 담고 있었다. 최초의 안과학 교재였다. 갈레노스는 후나인 이븐 이스하크의 덕을 톡톡히 봤다고 할 수 있다. 갈레노스의 의학은 이슬람 세계와 유럽 기독교 지역을 오랫동안 지배했다.

이슬람 천문학

천문학은 무슬림에게 가장 중요한 학문이었다. 무역 상인들은 항해하기 위해, 순례자들은 여행하기 위해, 매일 기도하는 사람들은 메카의 방향과 시간을 알기 위해 천문학을 배워야 했다. 무슬림은 달을 기준으로 이슬람력을 만들어야 했고, 라마단 금식기간을 정해야 했다. 따라서 지역마다 천문학자들이 필요했다. 그들은 곳곳에서 아스트롤라베, 사분의를 가지고 태양, 달, 행성, 별을 관측했다.

이슬람 최초의 천문대는 828년 문을 연 바그다드의 스함마시야천문대다. 칼리파 알 마문의 지시로 세워졌다. 알 마문은 그리스의 천문학자 프톨레마이오스의 천문학 이론을 관측을 통해 확인하고 싶었다. 천문대에서는 태양과 달을 관측하고, 24개 별의 경도와 위도를 포함하는 천체관측표를 작성했다. 그 결과물이 《실증된 천체표》로 알려지고 있다. 알 마문은 천문대를 관리할 과학자로 유대인인 사나드 빈 알리?-864?를 임명했다. 지구의 지름을 계산했던 학자다. 《실증된 천체표》를 썼던 점성술사 야흐야 이빈 아비 만수르?-830?와 행성의 운동과 위치를 계산했던 알 자활리800-860도 천문대에서 함께 일했다. 알 마문은 831년 다마스쿠스가 내려다보이는 카시운산에 천문대를 또 세웠다. 카시운천문대의 과학자로는 동남아프리카 노예 출신인 알 마우루드히를 임명했다. 그는 지구 둘레의 길이, 자오선 1도의 길이를 정확히 계산했다.

바이트 알 히크마의 학자들은 천문학을 연구하고 제자를 기르고 책을 집필했다. 여기서 교육받은 천문학자들은 여러 지역에 흩어져 사설 천문대를 세우고 천체를 관측했다. 바이트 알 히크마 출신으로는 알 파르그하니와 알 투시1201-1274가 유명하다. 알 파르그하니는 833년 프톨레마이오스의《알마게스트》를 바탕으로《천체운동에 관한 천문학 요소》라는 책을 썼다. 이 책은 12세기 라틴어로 번역돼 프톨레마이오스 천문학을 연구하는 자료로 쓰였다. 알 투시는 서남아시아를 정복한 몽골의 훌라구 칸1218-1265을 설득해 1259년 카스피해 근처 마라그헤에 천문대를 건립했다.

마라그헤천문대는 쿠빌라이 칸1215-1294의 동방원정을 통해 중국에까지 영향을 미쳤다. 허난성 가오청천문대정저우시 덩펑는 원나라를 세운 쿠빌라이 칸의 지시로 1276년 곽수경1231-1316이 세웠다. 곽수경이 아랍의 천문학을 익혀 1270년에 만든 수시력은 17세기까지 400년 동안 중국에서 쓰였다. 조선 세종이 1432년 출판한《칠정산》은 곽수경의 수시력을 바탕으로 조선의 독자적인 역법체계를 세운 것이다. 곽수경은 혼천의가 관측자의 시야를 가리는 문제를 해결하기 위해 1279년 간의를 만들었는데, 조선 세종은 1432년 이천과 장영실에게 지시해 똑같은 간의를 만들었다.

티무르제국의 제4대 술탄 울루그베그1394-1449가 1428년 세운 사마르칸트천문대 또한 마라그헤천문대의 영향으로 만들어졌다. 울루그베그는 사마르칸트에 마드라사를 짓고 천문학자와 수학자를 초빙해 학문을 발전

[그림 4-2] 사마르칸트천문대. 울루그베그는 1428년 사마르칸트에 천문대를 세우고 천체를 관측했다. 현재까지 남아 있는 천문대의 육분의는 대리석으로 만들어졌으며, 호의 길이가 63m에 이른다. ⓒ Igor Pinigin, 2007

시켰다. 또 천문대를 건설해 매일 천체를 관측했다. 울루그베그가 만든 천문표는 매우 정확해 유럽에서 라틴어로 번역해 사용했다.

수학과 의학

이슬람의 천문학 연구는 자연스럽게 수학의 발전으로 이어졌다. 8세기 칼리파 알 만수르 시절에 인도 수학책《브라마 스푸타 싯단타》528가 아랍어로 번역됐다. 우자인천문대 대장이었던 브라마굽타598-665?가 인도의 수학적 성과를 집대성한 것이다. 싯단타에는 사인 함수가 포함돼 있었다.[2] 아랍인들은 인도에서 개발된 삼각함수를 바탕으로 코사인, 탄젠트, 코탄젠트, 시컨트, 코시컨트 등을 만들었다.

페르시아 출신인 무함마드 이븐무사 알 콰리즈미780?-850?는 바이트 알 히크마에서 근무했던 수학자이자 천문학자였다. 그는 인도와 바빌로

[그림 4-3] **콰리즈미의 조각상.** 우즈베키스탄 히바에 있는 무함마드 아민 마드라사 앞에 콰리즈미 조각상이 있다. 콰리즈미는 그리스, 인도의 수학을 연구해 십진수를 만들었다. 그가 아니었더라면 유럽은 아직도 로마자로 수를 길고 복잡하게 표기하고 있었을 것이다. ⓒ Dan Lundberg, 2014

니아의 수학을 토대로 십진수를 만들고, 이를 아랍인들에게 알려 주었다. 오늘날 쓰는 대수학algebra과 알고리듬algorithm은 그가 쓴 책에서 비롯됐다. 알 콰리즈미의 책은 라틴어로 번역돼 유럽 대학의 교재로 쓰였다.

　이슬람 의학자들은 페르시아와 그리스·로마의 의학서적을 번역하고 의술을 받아들이면서 임상을 도입했다. 유럽에서 아비센나라고 부르는 이븐 시나980-1037는 대표적인 의학자였다. 그가 쓴 《의학정전》은 생리학·위생학·병리학·치료학·약물학 등을 다룬 백과사전이었다. 12세기부터 17세기까지 600년 동안 프랑스, 이탈리아와 같은 유럽의 대학에서 의학 기본서로 쓰여 '의학 성경'이라고 불린다. 그는 정신과 육체를 밀접하게 보았다따라서 영혼은 분리할 수 없다. 소변검사와 맥진을 진단 방법으로 이용했으며, 알코올을 소독제로 추천한 최초의 의사였다.

이슬람 의학 중에는 독창적인 연구도 있다. 알람브라궁전[1358]으로 유명한 그라나다는 1348-1349년 흑사병으로 도시 인구의 3분의 1을 잃었다. 그러나 누구도 예방하거나 치료하는 방법을 몰랐다. 피를 뽑거나 기도하면 나을 것이라고 생각했지만 성공하지 못했다. 그들은 전염병에 대해 전혀 몰랐던 것이다. 그때 시인이자 의학자인 이븐 알 카팁[1313-1374]이 흑사병을 관찰해, 환자가 병을 옮기고 있다는 사실을 알아냈다. 그는 환자를 격리해야 한다고 주장했다. 그의 연구는 독보적이었지만, 19세기 말까지 뒤를 이어 연구하는 학자가 없었다.

마드라사와 대학

바이트 알 히크마는 시간이 흐르면서 번역기관에서 학문 보급기관의 역할을 했다. 그리고 다마스쿠스, 카이로, 사마르칸트, 페스, 코르도바 등

[그림 4-4] 사마르칸트의 마드라사. 마드라사에서는 종교교육은 물론 수학, 천문학, 의학, 지리학 등 다양한 학문을 가르쳤다. 왼쪽은 1420년 완성된 울루그베그의 마드라사이고, 정면과 오른쪽의 마드라사는 17세기에 완성된 것이다. ⓒ Gustavo Jeronimo, 2011

에 대규모 도서관을 건립하고, 도서관 네트워크를 만들었다.

한편, 이슬람 국가에서는 마드라사라는 교육기관이 세워졌다. 마드라사는 수학·천문학·의학·지리학·지구과학·철학 등을 가르쳤으며, 일부는 고등교육기관인 대학으로 발전했다. 대학이 이슬람에서 먼저 시작됐다는 것은 지금까지 알려지지 않은 사실이다. 세계 최초의 대학교인 카라위인이 859년 북아프리카 모로코의 페스에 세워졌다. 이집트 카이로에는 970년 알아즈하르대학교가 세워졌다. 두 대학은 모스크와 함께 세워졌다. 유럽 최초의 대학인 이탈리아 볼로냐대학교1088보다 200년 이상 앞선 것이다.

이슬람 과학의 유럽행

유럽인들이 아랍어로 쓰인 이슬람 과학책을 라틴어로 번역하기 시작한 곳은 무슬림이 지배했던 이베리아반도였다. 기독교 세력이 스페인의 바르셀로나, 톨레도, 세비야를 재정복한 뒤에는 더욱 가속화됐다. 아랍 과학책을 읽기 시작한 유럽 학자들은 그때서야 그리스 과학과 아랍 과학의 위대함을 깨닫기 시작했다.

이슬람 국가 알안달루스711-1492는 유럽에 이슬람의 과학을 전하는 중계소 역할을 하고 있었다. 8세기 중반 수도 코르도바는 바그다드와 당나라의 장안과 맞먹는 세계적인 문화 중심지로 성장했다. 인구는 50만 명에 이르렀다. 당시 유럽 주요 도시의 인구가 1만 명을 넘지 않을 때였다. 도로는 잘 포장돼 있었고, 가로등도 갖추고 있었다. 주택은 다른 유럽 도시에서 볼 수 없는 화장실과 하수 시설을 갖췄다. 도서관에는 44만 권의 장서가 있었다. 프랑스의 전체 도서관이 보유한 장서보다 많았다.

이븐 루슈드1126-1198는 코르도바에서 플라톤과 아리스토텔레스에 대한 주해서를 집필했다. 그는 정통 기독교에서 비난을 받았지만, 유럽의 르네상스에 크게 기여했다. 코르도바의 바이트 알 히크마에는 마이모나디스1135-1204 같은 유대인 학자가 고대 그리스의 철학과 과학 서적을 아랍어로 번역했다. 그의 번역서는 다시 라틴어로 재번역돼 유럽의 르네상스를 이끄는 지식의 컨베이어 벨트 역할을 했다.

이슬람의 지배를 받다가 1085년 십자군에 의해 탈환된 톨레도는 아랍의 과학 문헌을 라틴어로 번역하던 중요한 도시였다. 톨레도의 도서관에서 일했던 이탈리아 크레모나 출신의 제라드1114?-1187는 1175년 프톨레마이오스의 《알마게스트》를 번역했다. 제라드의 번역본은 1515년 베네치아에서 독일 출판업자에 의해 처음으로 인쇄됐다.

톨레도대성당의 주교인 라우문두스 룰루스1235-1315는 번역학교를 세우고, 이슬람 과학에 흥미를 느끼는 유럽의 학자들을 끌어들였다. 그들은 그리스 자연철학자의 저서는 물론 콰리즈미, 이븐시나 등 아랍 학자의 책들을 번역했다.

이슬람 문화를 받아들였던 또 다른 곳은 이탈리아 반도의 해상공화국이었다. 베네치아697-1797, 제노바11세기-1815, 피사공화국11세기-15세기은 북아프리카, 흑해 지역, 이집트, 시리아와의 교역을 통해 부를 축적했다. 아라비아 숫자를 서양에 도입했던 곳이다. 무슬림 상인들이 작성한 교역문서와 계약서 덕분이었다. 오늘날 사용하는 수표check, 관세tariff, 운수업traffic, 병기창arsenal 등과 같은 용어는 아랍어와 페르시아어에서 왔다. 도시국가들은 은행업을 통해 자본을 축적하면서 독립적인 주권을 행사하기 시작했다.

피사 상인의 아들이었던 레오나르도 다 피사1170?-1240는 아랍 학자에

[그림 4-5] 톨레도대성당. 13세기 가톨릭 성당이 이슬람의 지배를 받았던 톨레도에서, 유대인, 기독교인, 무슬림이 함께 참여하는 번역학교를 운영했다. 이슬람의 과학 서적은 라틴어로 번역돼 유럽 전역으로 퍼져 나갔다. ⓒ Nikthestunned, 2012

게 계산법을 배웠다. 그는 1202년 인도와 아랍의 수학을 소개한 《계산책 *Liber Abaci*》을 썼다. 이 책이 등장하기 전까지 유럽은 라틴어로 숫자를 표기하고 있었다. 레오나르도 다 피사는 아라비아 숫자0을 포함한 10개의 숫자를 도입해 일상생활의 복잡한 계산을 얼마나 쉽게 할 수 있는지 보여 줬다. 피보나치수열을 만든 레오나르도 피보나치는 레오나르도 다 피사의 또 다른 이름이다.

시리아 지역의 안티오키아는 그리스, 로마, 비잔틴, 우마야드의 지배를 받는 동안 다양한 문화가 섞이고, 여러 언어가 쓰였던 곳이다. 지중해 동부에서 기독교 군대가 탈취한 아랍 문서들이 서적 시장에 흘러넘치면

[그림 4-6] 고대·중세의 도시. 대항해시대가 열리기 전까지 지중해는 메소포타미아 문명, 이집트 문명, 레반트 지역, 에게 문명, 그리스 문명의 교류의 장이었다. ⓒ Google Earth

서, 안티오키아는 이슬람 과학의 집산지로 등장했다.

비잔틴제국동로마제국, 395-1453에 속했던 시칠리아는 827년부터 200여 년 동안 아랍의 지배를 받았다. 그럼에도 불구하고 수도 팔레르모는 이탈리아의 기독교 상인들이 아프리카와 중동의 무슬림 상인과 만나던 문화의 교차로 역할을 했다. 1072년 노르만족이 무슬림을 몰아내고 시칠리아왕국을 세운 이후에도 교류가 계속됐다. 노르만 용병의 아들이었던 로제르 2세1095-1154는 인종과 종교를 떠나 능력 있는 그리스와 아랍의 학자들을 불러들여 학문을 발전시켰다.

중세 천 년을 주도한 이슬람이 종이와 제지술, 아랍의 과학을 서양에 전파하지 않았다면, 유럽은 구텐베르크 인쇄술, 종교개혁, 르네상스와 같은 혁명을 일으킬 수 없었을 것이다. 과학지식을 수집하고, 보존하고, 전파하던 지혜의 전당 바이트 알 히크마는 헬레니즘과 르네상스, 과학혁명 사이의 가교 역할을 했다.

제5장

대항해시대와 과학혁명

실험하는 자들은 개미처럼 오로지 수집하고 사용한다.
추론하는 자들은 거미를 닮아 자신의 물질로 거미줄을 만든다.
그러나 꿀벌은 중간 과정을 취한다.

– 프랜시스 베이컨(1561–1626), 과학철학자

이슬람이 과학 전성기를 누릴 무렵, 기독교를 믿던 유럽에서 새로운 고등교육기관이 등장했다. 수도원과 대성당이 성직자를 양성할 목적으로 만든 성당학교라는 것이었다. 성당학교에서는 문법·수사학·논리학을 묶은 3학과Trivium, 산술·기하·천문학·음악을 묶은 4학과Quadrivium 등 2개의 교육과정을 운영했다.

산술과 기하학은 교회의 재산과 수입을 관리하고, 교회 건물을 짓기 위해 필요했던 교육이다. 천문학은 부활절 날짜를 알려 주는 달력을 만들고, 일식을 예측하는 데 필요했다. 이러한 학문을 제대로 공부하려면 이슬람을 통해 들어온 숫자 표기법과 주판, 아스트롤라베, 사분의 등의 사용법을 익혀야 했다.

성당학교와 달리, 학자들과 학생들이 조합의 형태로 운영하는 학교도

[그림 5-1] **소르본대학교의 예배당.** 1200년 설립된 파리대학교는 중세 성직자와 기독교 학자들의 요람이었으나, 1789년 프랑스혁명으로 폐교됐다. 시계가 있는 건물 중앙에 2명의 뮤즈가 왕권을 강화했던 리슐리외 추기경의 문장을 받들고 있다.

생겨났다. 스투디움Studium은 학생들로부터 수업료를 받아 운영했으며, 명성이 높은 학자가 있는 곳에는 유럽 전역에서 학생들이 몰려들었다. 졸업하면 교사 자격을 주었다.

스투디움 내의 학교 길드, 즉 교수와 학생들의 조합은 우니베르시타스 universitas라고 불렸다. 파리대학교의 초기 이름은 '파리의 교수와 학생의 우니베르시타스'였다. 13세기 우니베르시타스는 스투디움 대신에 고등교육기관의 대명사가 돼 유럽 전역으로 퍼지기 시작했다. 여기서 유래된 대학university은 교황이나 국왕의 특허장을 받아 법적 지위와 자율권을 보장받았고, 교구장의 간섭을 받지 않았다. 볼로냐대학교가 1158년, 파리대학교가 1200년, 옥스퍼드대학교가 1215년에 특허장을 받았다. 1220년 특허장을 받은 몽펠리에대학교는 의학으로 이름을 날렸다.

유럽 대학은 13세기 이슬람 서적으로부터 아리스토텔레스를 접하면서 지적 열병을 앓았다. 문제는 아리스토텔레스 세계관과 기독교 세계관의 충돌이었다. 아리스토텔레스의 자연법칙이 옳다면, 신의 섭리라는 기적은 일어나지 않는다. 영혼과 육체가 분리될 수 없다면, 사후에 구원을 받을 수 없다.

　1215년 파리대학교에서 아리스토텔레스에 대한 강의가 금지됐다. 강의금지 조치는 역설적으로 학자들이 아리스토텔레스의 굴레에서 벗어나 새로운 학문을 찾는 계기를 만들어 주었다. 아리스토텔레스가 끝까지 남긴 것이 있다면, 그것은 실험하고 관찰하는 탐구정신이었다. 아리스토텔레스는 감각 경험을 일으키는 대상을 관찰함으로써 진정한 지식을 얻을 수 있다고 생각했다. 그의 과학적 탐구는 관찰에서 출발해 보편적인 원리를 수립한 다음 다시 관찰로 돌아오는 귀납-연역의 절차였다.

　13세기 아리스토텔레스의 영향을 받은 대표적인 과학자는 로버트 그로스테스트1175?-1253와 로저 베이컨1220?-1292이다. 그로스테스트는 옥스퍼드대학교의 초대 총장에 올랐던 링컨 대교구의 주교였다. 아리스토텔레스의 저작물을 번역하고, 옥스퍼드대학교에 과학적 연구방법이 자랄 수 있는 기반을 닦았다. 그의 관심사는 빛의 본질이었다. 빛은 성경에서 최초로 만들어진 무엇인데, 그는 자연과 몸의 형상 자체가 빛이라고 생각했다. 빛이 모든 방향으로 흩어지면서 공간을 채운다고 생각했다. 그에게 빛은 우주의 기원이었다. 《빛에 대하여》라는 저서는 다양한 광학현상을 관찰과 수학으로 풀어냈다. 그는 물을 담은 유리용기에서 빛이 어떻게 굴절되는지를 보여 주기도 했다.

　로저 베이컨은 그로스테스트의 제자였다. 프란체스코 교단의 수도사로 생계를 이어가면서, 1266년 빛의 반사와 굴절, 눈과 뇌의 해부학 등의

[그림 5-2] 이슬람의 아스트롤라베. 1427년경 티무르 왕조 시대에 마흐무드 이븐 잘랄이 제작한 것이다. 앞면은 별자리, 황도 등의 눈금을 이용해 달과 날짜를 알아내는 장치이고, 뒷면은 알라다데라는 막대를 이용해 별의 고도를 재서 시간을 알아내는 장치이다. ⓒ The David Collection

내용을 담은 《대저작》을 썼다. 그는 학생들과 실험을 즐겼는데, 교실에서 유리구슬에 빛을 통과시켜 무지개를 만드는 실험을 보여 주기도 했다. 일식을 관측할 때는 보기 편하게 바늘구멍 투영기를 만들었다. 과학교육을 개선하기 위해 실험실을 만들어야 한다며, 교황 클레멘스 4세1190-1268에게 편지를 썼던 일도 있다.

유럽은 이슬람 도서를 번역함으로써 고대 그리스 문명과 이슬람 문명을 동시에 얻었다. 그리고 신학과 철학의 논쟁을 통해 그리스 철학이 가진 한계, 신학이 가진 모순을 하나씩 벗겨냈다. 이 사이에 알게 모르게 이슬람의 과학기술을 받아들였다. 종이를 만드는 제지술, 항해를 돕는 아스트롤라베와 나침반, 수학과 천문학 등과 같은 것들이다.

중세 대항해시대

이슬람 과학이 전파되면서 유럽에서는 새로운 해양시대가 열렸다. 아스트롤라베는 이슬람에서 넘어왔다. 기원전 2세기 그리스의 히파르코스가 발명한 것을 이슬람학자들이 정교하게 개량한 것이다. 아스트롤라베가 전해지면서, 유럽의 선원들은 바다에서 방향을 쉽게 찾을 수 있었다.

중국에서 발명된 나침반[1]은 12세기에 유럽으로 들어왔다. 나침반은 낮에 태양을, 밤에 별을 이용해 자신의 위치와 방향을 파악했던 사람들에게 큰 선물이었다. 아스트롤라베는 구름이 끼거나 비가 내리면 사용할 수 없었기 때문이다. 영국의 자연과학자 알렉산더 네캄[1157-1217]이 쓴 《기구에 관해서》를 보면 뱃사람들이 바늘을 자석에 댄 다음 물 위에 띄워 북극성을 보지 않고도 북쪽을 찾았다고 기록되어 있다.

나침반을 가장 잘 활용한 사람들은 베네치아 무역업자들이었다. 그들

[그림 5-3] 수저 모양의 중국 고대 나침반. 중국에서 발명된 나침반은 12세기에 유럽으로 들어왔다. 뱃사람들은 자성을 가진 바늘을 얇은 나무에 꽂아 접시 물에 띄워 나침반으로 사용했다. 유럽인들은 나침반의 도움으로 먼 여행을 떠날 수 있었다. 홍콩 우주박물관 소장

은 나침반을 사용해 지중해를 자유롭게 누빌 수 있었다. 오늘날 사용하는 방위표시가 된 그림판 위에 자침을 핀으로 고정하는 방식의 나침반은 1302년경 이탈리아 아말피에 살던 플라비오 조야가 발명했다고 전해지지만, 확실한 증거는 없다.

나침반은 항해지도의 제작을 촉진했다. 과거의 항해는 경험이 많은 선원에 의지했다. 그들은 눈에 익숙한 해안, 천체의 위치, 몬순 바람과 같은 경험을 가지고 항해했다. 항해지도가 생기면서 항해방법은 과학적으로 발전했다.

조선술의 발전은 지중해 시대를 마감하고, 대양의 시대를 열었다. 노대신 돛을 사용하는 대형선박 카라벨이 등장하면서 일어난 사건이었다. 이전까지 남유럽의 대표적인 배는 돛을 쓰고 노 젓기를 보조 동력으로 쓰는 갤리였다. 사람이 노를 저어 움직였으므로, 노수가 많이 필요했다. 날씨가 좋지 않아도 운항이 가능하고, 전투가 벌어지면 노수가 곧 전사가 된다는 장점이 있었다. 반면, 돛을 쓰긴 하지만 사람이 노를 젓기 때문에 장거리를 운항하기 힘들다는 단점이 있었다. 선체가 작고 선원이 많아 화물을 많이 싣지도 못했다. 포르투갈의 엔히크 왕자1394-1460가 북아프리카의 이슬람 기지였던 세우타를 점령하고, 아프리카 서쪽 해안을 탐사할 때 돛이 하나인 배를 탔다는 사실은 놀라운 일이다.

새롭게 등장한 카라벨은 아랍의 다우선으로부터 삼각형 돛을 채용했다. 북유럽의 코그라는 배로부터 판재를 이어 붙여 방수효과를 높이는 방법과 중앙타를 도입했다. 3개의 돛대마스트에는 2개의 사각돛과 1개의 삼각돛을 달았다. 삼각돛은 배의 회전을 쉽게 하고, 사각돛은 뒤에서 부는 바람을 잡아 속도를 높여 주었다. 카라벨은 조정성이 뛰어나고, 속도가 빨랐다. 흘수배가 잠긴 깊이가 커서 안정성이 높아 대항해시대를 여는 선박으

[그림 5-4] 산살바도르섬에 도착한 콜럼버스. 조선술과 항해술의 발전이 없었다면, 콜럼버스는 인도를 찾아나설 용기를 내지 못했을 것이다. 콜럼버스는 1492년 100t급 카라크인 산타마리아호를 타고, 카라벨 범선 2척을 이끌고 나가 아메리카 대륙을 발견했다. ⓒ Prang Educational Co., 1893, 미국 의회도서관 소장

로 각광받기 시작했다. 엔히크 왕자는 라고스 항구에 조선소를 세우고 카라벨을 만들었다. 선체의 길이는 16-17m, 총톤수는 60-70t가량 됐다.

카라크는 카라벨을 더욱 크게 만든 것이다. 선수와 선미가 매우 높고 중간이 낮은 형태였다. 스페인에서는 이를 나오라고 불렀다. 대표적인 나오는 크리스토퍼 콜럼버스1451-1506가 1492년에 탔던 100t급 산타마리아호다. 길이는 약 19m, 승선 인원은 약 40명이었다. 바스쿠 다가마1460?-1524가 1497년 아프리카를 돌아 인도를 향해 갈 때 탔던 상 가브리엘호25.7m, 100t, 페르디난드 마젤란1480-1521이 1519년 세계일주를 나설 때 탔던 빅토리아호21m, 85t도 카라크였다. 카라크는 규모가 작은 카라벨과 팀을 이뤄 항해를 떠났다. 연안 안으로 들어갈 때는 카라벨이 유리했기 때문이다.

먼 거리를 항해할 때 남은 문제는 바람이었다. 범선은 바람이 불 때만 항해가 가능하므로, 바람의 방향을 이해하는 것이 필요했다. 포르투갈 선원들은 중요한 기상학적 사실을 알아냈다. 대서양과 인도양에서 위도와 계절에 따라 바람이 일정한 순환체계를 가지고 있다는 사실이었다. 북위 20도와 남위 20도에서는 동쪽에서 적도 쪽으로 강한 무역풍이 분다. 또 적도로부터 멀어지면 서풍이 분다. 콜럼버스는 이런 원리를 이용해 대서양을 건너 아메리카 대륙을 찾아갔다. 만약 나침반, 조선술, 해양기상학이 발전하지 않았다면, 콜럼버스는 결코 신대륙을 발견하지 못했을 것이다. 어쩌면 나침반, 조선술, 해양기상학이 콜럼버스와 같은 탐험가의 욕망을 자극했을지 모른다. 더 넓은 세계를 알기를 원했던 탐험가들은 지금까지 알려지지 않은 자연을 수집해 돌아왔다. 오늘날 자연사박물관의 토대를 만든 이들이다.

과학혁명

니콜라우스 코페르니쿠스1473-1543가 이탈리아에 찾아온 이유는 천문학 때문이었다. 폴란드 최초의 대학인 크라쿠프대학교1364, 현 야기에우워대학교에서 수학과 천문학을 공부했지만, 신학문의 중심이었던 볼로냐대학교에서 더 깊게 공부하고 싶었다. 그는 그곳에서 프톨레마이오스의 지구중심설에 비판적인 시각을 가졌던 도메니코 마리아 드 노바라1454-1504 교수의 영향을 받았다. 파도바대학교[2]에 가서는 의학을 공부했다. 당시 파도바대학교는 의약과 해부학이 아닌 점성술의학을 가르치고 있었다. 점성술의학은 임신했을 때 점성학적 출생 징후, 천체의 조건에 따른 치료방법, 질병에 걸린 날의 교리, 행성 움직임과 혜성의 출현이 전염병에 미치

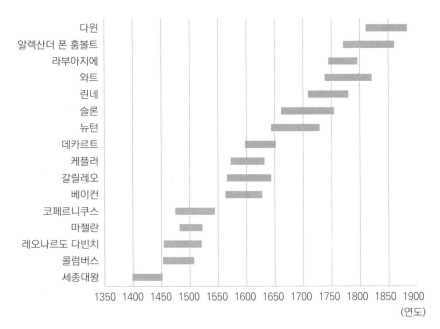

다윈
알렉산더 폰 훔볼트
라부아지에
와트
린네
슬론
뉴턴
데카르트
케플러
갈릴레오
베이컨
코페르니쿠스
마젤란
레오나르도 다빈치
콜럼버스
세종대왕

1350 1400 1450 1500 1550 1600 1650 1700 1750 1800 1850 1900
(연도)

[그림 5-5] 중세의 과학기술자. 과학기술자들은 자연에 대한 발견, 기술과 도구의 발명을 통해 지리혁명, 문예혁명, 과학혁명, 산업혁명을 일으켰다.

는 영향 등을 연구하는 학문이었다. 그는 무슨 일이 있었는지 볼로냐대학교와 파도바대학교에서 박사학위를 받지 못하고, 페라라대학교에서 교회법으로 법학박사를 받았다.

폴란드로 돌아온 코페르니쿠스는 대성당에서 의사 겸 변호사로 일했다. 그러나 천문학에 대한 열정이 식지 않았는지, 1513년 근무하던 프라우엔부르크성당의 옥상에 천문대를 세우고 천체를 관측하기 시작했다. 그리고 관측 결과와 자신의 생각을 연구 노트에 정리했다. 내성적이었던 그는 1543년 죽음을 목전에 둔 순간에서야 《천구들의 회전에 관하여》라는 저서를 출판의 도시인 뉘른베르크에서 인쇄했다. 이 책은 1천400년 가까이 세상 사람들의 우주관을 지배해 온 프톨레마이오스의 지구중심설을 무너뜨리고, 태양중심설을 주장하는 내용을 담고 있었다. 과학혁명[3]의 첫 신호탄을 올린 것이다. 튀코 브라헤1546-1601는 코페르니쿠스를 '두 번째 프톨레마이오스'라고 불렀다.

　1543년은 안드레아스 베살리우스1514-1564가 《인체의 구조에 관하여》를 출판한 해이기도 하다. 의학계의 과학혁명은 공교롭게도 코페르니쿠스의 천문학 혁명과 같은 해에 이뤄졌다. 벨기에 출신인 그는 파리에서 공부한 후, 코페르니쿠스가 공부했던 파도바대학교에서 23세에 해부학 전담 교수가 됐다. 전쟁터에서 많은 해부학 지식을 쌓은 덕분이었다. 그가 쓴 《인체의 구조에 관하여》는 고대 로마의 의학자 갈레노스가 1천400년 가까이 가르쳐 온 의학을 무너뜨렸다. 인체를 해부한 적이 없는 갈레노스는 원숭이, 돼지, 개를 해부해 얻은 지식을 인간의 몸에 적용했다. 그러나

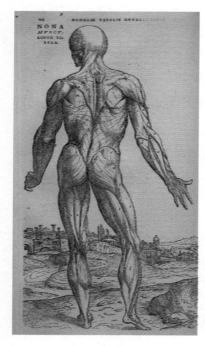

[그림 5-6] 베살리우스의 인체 해부도. 베살리우스는 1543년 《인체의 구조에 관하여》를 출판함으로써 1천400년 동안 지배해 오던 로마의 갈레노스 의학을 무너뜨리고 근대의학을 세웠다.
ⓒ Wikimedia Commons

베살리우스는 인체를 직접 해부했던 경험을 토대로 정교한 인체 해부도를 그렸다. 그는 남자와 여자의 갈비뼈 수가 같다는 것을 처음으로 가르쳤다. 《성경》을 믿는 사람들은 남자의 갈비뼈가 여자보다 하나 적다고 생각했던 시절이었다.

파도바대학교는 베살리우스 이후 해부학의 메카가 됐다. 베살리우스로부터 해부학교수직을 이어받은 가브리엘 팔로피우스1523-1562는 난소에서 자궁에 이르는 나팔관을 발견하고, 태반·질·음핵·달팽이관과 같은 이름을 지었다. 영국 출신의 윌리엄 하비1578-1657는 파도바대학교에서 의학박사를 받았다. 그는 1628년《심장과 혈액의 운동에 관하여》를 저술해 혈액순환설을 완성했다. 갈레노스는 음식물이 피로 바뀌어 정맥을 통해 온몸으로 전달되면서 영양분으로 소멸된다고 봤지만, 하비는 피가 없어지지 않고 순환한다는 것을 실험을 통해 밝혀냈다.

이탈리아에 나타난 또 다른 천재는 갈릴레오 갈릴레이1564-1642였다. 토스카나대공국의 피사에서 태어난 그는 아버지의 뜻에 따라 의사가 되기 위해 피사대학교에 들어갔지만, 수학과 자연철학에 더 흥미를 느꼈다. 피사대학교 교수 시절 실시한 낙하실험은 아이작 뉴턴이 만유인력 법칙을 발견하는 데 토대가 됐다. 파도바대학교 수학과 학과장 시절인 1609년 망원경을 만들어 달을 관찰했고, 1610년 1월 15일에는 목성의 4개 위성을 처음으로 발견하는 성과를 거두었다. 그는 목성 위성들을 '메디치의 별들'[4]이라고 불렀다. 메디치 가문 출신의 토스카나 대공인 코시모 2세1590-1621가 그를 대공의 수학자이자 철학자로 임명했기 때문이다. 1610년 가을, 그는 어린 시절을 보냈던 피렌체로 돌아가 토성의 고리, 태양의 흑점, 금성의 위상 변화 등을 발견했다.

1632년 갈릴레오는 이탈리아어로《프톨레마이오스와 코페르니쿠스,

[그림 5-7] 종교재판을 받는 갈릴레오. 갈릴레오는 태양중심설을 주장한 코페르니쿠스를 옹호했다는 이유로 1616년과 1633년 두 번의 종교재판을 받았다. 그림에서 갈릴레오는 오른손을 접고, 왼손을 《성경》에 대고 맹세하고 있다. © Joseph Nicolas Robert-Fleury, 1847

두 우주체계에 관한 대화》라는 책을 써서 출판했다. 세 사람이 등장해 아리스토텔레스의 철학, 프톨레마이오스 우주체계, 코페르니쿠스의 우주체계를 이야기하면서 코페르니쿠스의 지동설을 옹호하는 내용을 담고 있었다. 이 때문에 갈릴레오는 1633년 종교재판을 받았다.

알려진 바와 달리, 그는 지하 감옥에 갇히거나, 고문을 당하지 않았다. 종교재판을 받는 동안에는 바티칸에 있는 토스카나 대사관저에 머물렀다. 후원자인 메디치 가문의 덕을 봤던 것이다. 종교재판에서 책의 판매를 금지하고 평생 가택연금 하도록 하는 판결을 내렸지만, 갈릴레오는 1638년 지식인들의 천국이었던 네덜란드에서 《두 새로운 과학에 대한 논의와 수학적 증명》을 출판했다.

갈릴레오의 제자들도 중요한 업적을 남겼다. 파도바대학교 출신의 베네데토 카스텔리1578-1643는 1639년 서양 최초로 우량계를 만들었다. 에반젤리스타 토리첼리1608-1647는 카스텔리의 제자로 갈릴레오 밑에서 잠깐 조수 생활을 했다. 그는 1643년 기압을 측정하는 수은기압계를 최초로 만들었다. 그는 망원경 렌즈를 만드는 기술이 탁월했는데, 그가 제작한 렌즈들은 피렌체의 갈릴레오박물관에 소장되어 있다.

과학혁명은 이탈리아에서 북유럽으로 옮겨가면서 튀코 브라헤, 프랜시스 베이컨1561-1626, 요하네스 케플러1571-1630, 르네 데카르트1596-1650, 아이작 뉴턴1643-1727과 같은 과학자들을 배출했다.

튀코 브라헤는 망원경이 발명되기 전 맨눈으로 별을 관측해 정확한 성도를 만든 최고의 관측천문학자였다. 덴마크 헬싱보르그 총독의 아들로 태어나, 코펜하겐대학교에서 법학을 공부했다. 1560년 개기일식을 봤던 것이 그에게 새로운 인생길을 안내했다. 천문학과 수학에 빠진 것이다. 독일 라이프치히대학교와 로스토크대학교로 유학을 떠났지만, 그의 머릿속은 온통 천문학과 수학으로 채워져 있었다. 그는 유럽을 여행하면서 천문학과 수학 도구를 구입했고, 덴마크로 돌아와서는 작은 천체관측소를 세웠다. 1572년 그곳에서 금성보다 밝은 초신성을 발견했다. 1576년에는 프레데리크 2세의 도움으로 벤섬5에 천문의 신 우라니아의 이름을 딴 우라니엔보르라는 천문대를 세웠다. 유럽 최초의 근대적인 천체 관측 시설이었다. 3층 건물에는 천문학도와 연구자들이 숙식을 하면서 사분의 등을 이용해 천체를 관측했다. 브라헤는 20여 년 동안 엄청난 천체 관측 기록을 쌓았는데, 그의 자료를 기다리는 천문학자가 있었다.

요하네스 케플러는 독일 튀빙겐대학교에서 신학과 천문학을 공부했다. 졸업 후 루터교 신학교에서 수학을 가르치면서, 돈을 벌 목적으로 점성술 달력을 만들어 팔았다. 그의 예측은 잘 맞아떨어져 점성술사로 이름이 나기 시작했다. 그런데 가톨릭을 옹호하는 새로운 황제가 루터교 교사를 쫓아내면서 그의 일자리도 날아갔다. 케플러는 튀코 브라헤를 찾아가 조수 자리를 얻은 후, 브라헤가 관측했던 자료를 활용해 행성들의 운동법칙을 발견했다. 행성들이 태양을 초점으로 원운동이 아닌 타원 운동을 한다는 사실을 찾아낸 것이다.

튀코 브라헤와 요하네스 케플러가 서로의 장점을 활용해 새로운 우주 체계를 만들어 냈다면, 프랜시스 베이컨과 르네 데카르트는 유럽의 과학 사상에서 경쟁했다.[6]

케임브리지대학교를 졸업한 프랜시스 베이컨은 사회문제와 정치에 관심이 많았다. 제임스 1세 밑에서 법무관, 재무관, 법무부장관 등 요직을 거쳤다. 1617년에는 아버지가 맡았던 국새보관인 자리를 물려받았고, 다음 해에는 총리가 됐다. 놀랍게도 그의 대표작이라고 할 수 있는 《신기관》을 1620년에 발표했다. 1621년 뇌물사건으로 몰락하기 한 해 전이었다. 이때부터 1626년 육류가 추위 속에서 부패하는지 실험하다가 기관지염으로

[그림 5-8] 프랜시스 베이컨 초상화. 국새보관인이 됐을 무렵의 모습이다. 베이컨은 정치인이면서도, 아리스토텔레스를 뛰어넘으려는 새로운 과학적 방법을 연구한 특이한 과학자다. 그는 실험, 자료의 수집과 분류, 자연관찰을 중요시했다. ⓒ Paul van Somer I, 1617, 영국 국립초상화박물관 소장

사망할 때까지 불과 6년 동안 그의 과학 열정은 크게 타올랐다.

베이컨의《신기관》은 관습, 가정, 편견, 선입견에 의한 우상들_{종족, 동굴,} _{시장, 극장}을 극복하기 위한 귀납적 추론이 핵심내용이다. 관찰이나 실험에 바탕을 두지 않은 명제는 우상일 뿐이라는 주장이었다. 영국왕립학회의 문장에는 '누구의 말도 듣지 말라Nullius in verba'라고 적혀 있다. 이는 권위의 지배를 견뎌 내고, 실험으로 결정된 사실만을 말하겠다는 회원들의 의지를 나타낸다. 그 정신은 경험을 통해 진리를 찾으려고 했던 프랜시스 베이컨의 경험론을 따른 것이라 할 수 있다.

베이컨이 영국 과학사가들에 의해 만들어진 신화일지 모르나, 그 신화는 베이컨이 경험과 관찰을 중시하는 경험론과 귀납법을 통해 과학과 학문의 발전에 기여했다. "아는 것은 힘이다"라는 그의 말은 과학을 바탕으로 한 지식사회를 예언했다고 할 수 있다. 한편으로는 산업혁명의 이데올로기를 제공했다는 주장도 있다.[7]

이 책에서 베이컨을 특별히 주목하는 이유는 과학기술박물관과 과학센터의 아이디어를 낸 과학자였기 때문이다. 1627년 출판된《새로운 아틀란티스》라는 소설은 그의 유고집이다. 평소 사치를 즐겼던 그 자신의 욕망을 만족시켜 주는 과학적 유토피아였다. 과학적 유토피아는 과학자들이 중심이 된 이상사회를 말한다. 소설 속 벤살렘섬에는 살로몬하우스라는 연구소가 있었다. 운동역학을 연구하고, 천체를 관측하고, 빛과 색을 연구하고, 소리를 연구하고, 동물을 실제보다 크거나 작게 만들고, 식물을 빨리 성장시키고 과일을 크게 만드는 것을 연구하는 곳이었다. 냉장고, 잠수함, 레이저, 물 정화장치, 하늘을 나는 사람들도 등장한다. 300년 뒤에나 이뤄질 일들을 그의 소설은 그리고 있었다.

베이컨은《새로운 아틀란티스》에서 무엇보다 전시와 실험을 통해 과학을 배울 수 있는 교육공간을 생각했다. 벤살렘섬에는 두 개의 길고 깔끔한 갤러리가 있었다. 한 곳은 희귀하고 우수한 발명품들이 전시돼 있었고, 다른 곳에는 발명가들의 동상들이 서 있었다. 기술자들을 훈련시킬 목적으로 발명품을 계통화한 컬렉션과 발명가의 상을 전시한 것이다. 이는 과학기술박물관의 등장을 예언한 것이다. 바로크 시절 이성주의, 경험주의, 중상주의 정신에 바탕을 둔 실용적인 교육기관을 그렸던 것이다. 베이컨이 상상한 과학기술박물관, 과학센터는 프랑스혁명과 산업혁명 이후 파리 기술공예박물관, 런던과학박물관으로 실현됐다.

베이컨의 위대한 상상력을 바탕으로 만들어진 과학센터가 있다. 1832년 영국 런던에 설립된 아델레이드갤러리가 그 예다. 정확한 명칭은 국립실용과학전시관이었다. 설립자는 냉장고를 처음 발명한 미국인 기계공학자 제이콥 퍼킨스1766-1849다. 아델레이드갤러리에는 휴대용 온도계, 살아 있는 전기뱀장어, 1분에 1천 발을 쏠 수 있는 증기총 등 250개의 기계와 기구가 전시됐다. 21m의 수조에는 소형 보트Model Boat가 떠다니며, 오락장 기능도 했다. 과학실험을 보여 주는 시연과 관람객들이 직접 작동해 보는 전시물을 가지고 있었다는 점에서 과학센터의 원조로 뽑고 있다. 과학 강연은 영국왕립연구소[8]의 마이클 패러데이가 1825년부터 크리스마스 강연을 시작했으니, 그 영향을 받았을 것이다. 그러나 오락 위주의 실용과학관으로 출발한 아델레이드갤러리는 춤, 콘서트, 쇼와 같은 공연에 밀려 단명하고 말았다.

르네 데카르트는 프랑스 푸아티에대학교에서 법학, 수학 등을 배웠지만, 주요 활동지는 네덜란드였다. 파리가 로마 가톨릭의 영향권에 있었기에, 학문의 자유를 누리기 위해 유럽 학자들이 몰려들던 곳으로 찾아간 것이다.

[그림 5-9] 르네 데카르트의 초상화. 데카르트
는 프랑스 파리를 떠나 학문의 자유가 있었던 네
덜란드에서 활동했다. 그는 기술공예박물관을 만
들어 기술자를 양성해야 한다고 생각했으며, 그의
꿈은 프랑스혁명으로 이뤄졌다. ⓒ Frans Hals,
1649, 덴마크 국립미술관 소장

　　어릴 적부터 수학적 재능이 뛰어났던 데카르트는 직교좌표계를 만들
고, 방정식 미지수를 처음으로 엑스(x)라고 표기했다. 그는 굴절법칙을 발
견하고, 눈에서 빛이 망막에 맺히는 과정을 현미경과 망원경과 연계하기
도 했다. 동물의 머리를 해부해 기억장소의 위치를 찾으려고 했고, 인체를
해부했다. 그는 의심을 통해 절대적인 진리를 찾아가는 방법을 학문에 도
입했다. 코페르니쿠스와 갈릴레오의 영향을 받았던 그는 1637년 과학사
에 빛나는 《방법서설》을 펴냈다. 《방법서설》에 등장하는 "나는 생각한다,
고로 존재한다"라는 말은 그의 방법적 회의를 표현한 것이다. 자신의 존
재조차 의심해 그 존재를 증명하려 했던 것이다. 그의 이름은 유럽에 널리
알려졌으며, 스웨덴 여왕은 그를 스톡홀름으로 초청해 스승으로 모셨다.

　　데카르트는 과학교육과 과학관 발전에도 공헌했다. 과학교육의 제도
적 변화가 필요하다고 본 그는, 대학의 대안기관으로 철학과 과학적 과제
를 해결할 학회와 한림원아카데미을 생각해 냈다. 1648년에는 기술박물관
과 병설 기술학교를 만들 것을 제안했다. 그는 교육의 목적이 자연의 주인
이자 지배자가 되는 것이며, 이를 위해 장인학교가 필요하다고 생각했다.

공예는 과학지식의 산물이 아니라 경험의 축적에 따른 단순한 노하우라고 보고, 과학지식이론과 공예실제를 연결하고 싶어 했다. "과학지식이 없는 기술은 맹목적이며, 실제 응용이 안 되는 과학지식은 공허하다"는 임마누엘 칸트1724-1804의 말은 데카르트의 생각을 이어받았다.

데카르트는 과학지식을 실제와 연결하는 사람을 장인으로 보았다. 수학과 물리학에 능한 교수와 이를 현실세계의 인공물로 만드는 장인이 함께 일하는 곳, 교수와 장인에게 필요한 실험실과 공작실을 갖춘 곳은 1789년 프랑스혁명이 해결했다. 데카르트의 제안을 혁명정부가 에콜 폴리테크니크, 파리 기술공예박물관을 만들어 실현한 것이다.

그런데 왜 베이컨과 데카르트는 과학관의 설립을 주장했을까? 학문의 중심, 연구의 중심인 대학이 있지 않았던가? 이를 이해하려면 17세기 대학의 모습을 다시 돌아봐야 한다.

12세기 대학이 처음 생긴 이후 이슬람에서 많은 과학기술 자료가 넘어왔다. 유럽의 대학들은 번역을 통해 그들의 지식을 습득하고, 점차 아리스토텔레스, 갈레노스의 그늘에서 벗어났다. 이슬람 과학에 대한 이해와 비판이 두드러지지 않았던 것은 과학기술의 뿌리를 유럽 문화의 뿌리인 헬레니즘에 두고자 했던 까닭일 것이다.

유럽 대학의 한계는 코페르니쿠스, 케플러, 베이컨 등 수많은 과학자의 이성을 거치면서도 기본적으로 신학에 근간을 두고 과학을 이해하려고 했기 때문이다. 신학과 과학의 갈등은 매번 있었지만, 늘 타협책을 찾곤 했다.

또 하나의 한계는 파도바대학교와 같은 일부 대학을 제외하고는 실험실, 식물원, 천문대를 두지 못했다. 의학 분야에서만 일부 대학에서 해부실을 갖추고 있었다. 대학이 과학시설과학관을 갖추지 않은 이유는 경제적인 이유가 있었겠지만, 기본적으로 신학을 가르치기 위해 설립돼 보수적이었기 때문이다. 대학은 과학을 토론할 만한 분위기조차 되지 않았다. 신학은 늘 과학을 공격했고, 타협한 과학자만이 대학에 남아 있었다. 데카르트의 경우 대학을 졸업한 이후 아예 대학 근처에 가질 않았다. 프랜시스 베이컨이 살로몬하우스라는 과학교육의 유토피아를 그렸던 이유는 대학의 한계 때문이었다.

이탈리아의 철학자 톰마소 캄파넬라1568-1639도 과학적 유토피아를 꿈꿨다. 그가 1602년에 쓴 《태양의 도시》에서는 모든 사람이 분업에 의해 하루 4시간만 일한다. 수성부터 토성에 이르는 행성, 별, 기계예술과 발명가들을 그린 벽화가 있었다. 그는 하늘을 성전으로 만들고 별을 제단으로 만들겠다며, 성전을 천구와 태양으로 묘사했다. 성전의 가장 높은 곳에 설치한 천문대에서는 24명의 사제들이 천체 관측도구를 사용해 별을 관찰했다.

17세기 독일, 영국 등에서는 개신교를 중심으로 비밀 유토피아 운동이 번졌다. 유토피아 운동가들은 가톨릭과 개신교의 경직된 문화를 비판하며, 국가의 번영이 교육과 과학에 있으므로 장려해야 한다고 믿었다.

과학적 유토피아는 1516년 영국의 철학자 토머스 모어1478-1535가 발표한 《유토피아》의 영향일 수 있다. 유토피아를 꿈꾸는 사회는 무언가 불만이 있다는 뜻이다. 모어의 유토피아는 누구나 공평하게 나누는 것을 전제했던 반면, 과학적 유토피아는 해결방법에 관심을 두었다. 17세기 말에 과학교육과 과학연구를 위해 과학학회, 과학한림원 같은 곳들이 생겨났던 것은 필연이었다. 과학자들은 학회와 한림원을 중심으로 활동하기 시작했다.

수많은 과학혁명의 주자들이 쌓아온 업적들은 아이작 뉴턴 시대에 이

[그림 5-10] 아이작 뉴턴의 초상화와 조각상. 60세 때의 모습으로 이듬해 왕립학회 회장이 됐다. 그가 묻힌 웨스트민스터사원의 조각상은 1731년 윌리엄 켄트가 디자인하고 리스브랙이 조각했다. 뉴턴 조각상은 소설 《다빈치 코드》가 성공회 신자였던 뉴턴을 예수의 자손을 지키는 비밀조직의 회장으로 꾸미면서, 전 세계적으로 화제가 된 바 있다. (좌) ⓒ Godfrey Kneller, 1702, 영국 국립초상화박물관 소장, (우) ⓒ Javier Otero, 2005

르러 정점에 이르렀다. 그가 활동했던 시절은 영국의 과학이 극대로 발전할 때였다. 찰스 2세1630-1685는 1660년 왕정복고로 왕위에 올랐다. 그는 왕권을 강화하기 위해 비국교도를 탄압했지만, 과학과 예술은 적극 지원했다. 그는 1662년 자연에 관한 지식을 향상시키라는 칙령을 왕립학회에 내렸다.

천문학자 에드먼드 핼리1656-1742는 1676년 남반구 천체목록을 작성하기 위해 세인트헬레나섬으로 항해를 떠났다. 식물분류학을 만든 존 레이1627-1705는 영국과 유럽을 돌면서 동식물을 채집했다. 그는 종species이라는 개념을 만들었고, 쌍떡잎식물과 외떡잎식물을 구분한 최초의 생물학자였다. 화학자 로버트 보일1627-1691은 독일의 오토 폰 게리케1602-1686가 실시한 반구실험 이야기를 듣고, 물리학자 로버트 훅1635-1703과 함께 진공펌프 실험을 하는 중에 압력이 증가하면 공기의 부피가 준다는 보일의 법칙을 발견했다. 1675년에는 그리니치천문대가 세워져, 존 플램스티드1646-1719가 초대 천문대장 겸 왕실천문관에 임명됐다. 모두 다 찰스 2세 때의 일이요, 뉴턴이 활동하던 시절에 일어났다.

아이작 뉴턴은 이론과 실험을 겸비한 학자였다. 케임브리지대학교 트리니티칼리지를 졸업한 그는 흑사병을 피해 고향인 울즈소프에 머물면서 수학, 광학, 천문학, 물리학을 연구했다. 1666년 그는 우연히 구한 프리즘을 가지고 자신의 방에서 '결정적 실험'을 했다. 창문에 조그만 구멍을 내고 그 사이로 들어온 태양 빛을 프리즘에 통과시켰더니, 태양 빛은 여러 가지 색깔로 분리됐다. 그는 분리된 빛을 다시 두 번째 프리즘에 통과시켰는데, 이번에는 굴절만 이뤄졌을 뿐 첫 번째 프리즘을 통과한 빛과 다르지 않았다. 그는 이 실험에서 백색광이 단일한 빛이 아니라, 굴절률이 다른 여러 가지 색깔의 빛이 혼합됐다는 사실을 발견했다. 케임브리지로 돌아온 그는 프리즘 실험에서 얻은 지식을 바탕으로, 1668년 반사망원경을 만들었다. 색수차를 줄이기 위해서 굴절망원경보다 반사망원경이 더 좋다고 생각했던 것이다.

뉴턴은 대학을 졸업하고 4년 뒤인 27세에 루카시안 수학교수가 됐다. 이후 미적분학을 연구하고,《물체의 궤도운동에 대하여》1684,《자연철학의 수학적 원리》1687,《광학》1704 등 17세기 과학혁명을 완성한 논문집을 써냈다.

호기심의 방

해양시대, 과학혁명의 시대에 무세이온과 같은 대형 과학관이 나타나지 않은 것은 그 역할을 해야 할 대학이 신학의 무대였기 때문이다. 실험실도 연구소도 없었다. 이때 호기심의 방Cabinet of Curiosities은 중세시대에 새로운 과학지식에 대한 갈증을 풀어 주던 곳이었다. 지리상의 발견으로 풍성한 수집품을 확보하면서, 자연계와 인간이 만들어 낸 창조물의 세계를 함께 보여 줬다. 다만, 호기심의 방은 영주나 귀족이 가지고 있어 신분이 있는 사람이 아니면 볼 수 없었다.

신성로마제국의 루돌프 2세1552-1612는 1576년 미술작품, 시계, 수학기구를 모은 호기심의 방을 만들었다. 튀코 브라헤가 사용했던 천체 관측기구도 있었다. 학자와 예술가, 기술자를 지원했던 피렌체의 메디치 가문도 호기심의 방을 미술품과 과학기구들로 채웠다. 메디치 가문의 과학기구들은 1775년 설립된 왕립물리자연사박물관을 거쳐 현재 갈릴레오박물관9에 소장돼 있다.

1650년경 리옹에서는 프랑스의 발명가 니콜라 그로이에 드 세비에1596-1689가 모은 컬렉션이 유명했다. 그는 자신의 발명품과 함께 시계, 수차, 권양기, 전쟁기계 모형을 전시한 호기심의 방을 일주일에 한 번 일반

[그림 5-11] 윌리엄 콘그레브의 롤링볼 시계. 정교한 시계의 발명은 해상국가들에게 중요한 이슈였다. 태엽, 추를 이용한 많은 시계가 발명됐으며, 롤링볼을 이용한 것도 있었다. 영국박물관 소장

인에게 공개했다. 그는 움직이는 다리, 양수기, 주행계, 휠체어 등 많은 발명품을 남겼다. 경사진 면이나 나선형 트랙을 따라 움직이는 볼을 이용한 롤링볼 시계도 발명했다. 롤링볼 시계는 19세기까지 사용됐는데, 영국박물관에서는 윌리엄 콘그레브1772-1828가 발명한 것을 볼 수 있다.

1660년 설립된 영국왕립학회와 1666년 설립된 프랑스과학한림원 역시 호기심의 방을 운영했다. 영국왕립학회의 컬렉션은 1781년 영국박물관으로 이전됐다. 프랑스과학한림원은 특허를 내기 위한 기계의 시험을 행하면서 많은 기계모형을 보유하고 있었지만, 일반인에게 공개하지는 않았다. 컬렉션들은 프랑스혁명 후 국립공예원으로 옮겨진 후 일반인에게 공개됐다.

제2부

근대 과학관이 태동한
자연탐구 시대

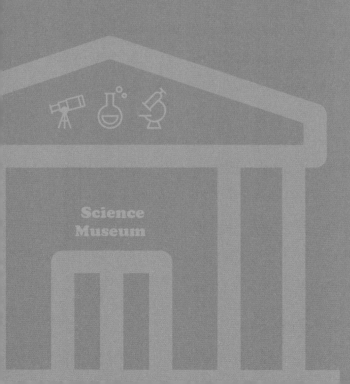

Science
Museum

제6장

애슈몰린박물관과
옥스퍼드대 자연사박물관

도도는 멸종되기 위해 발명된 듯했다.
크고 구부러진 부리를 가진 얼굴은 추했고
끄리는 나쁜 위치에 있었으며, 날개는 작았다.
배는 유난히 튀어나왔다.

- 윌 커피(1884-1949), 풍자작가

옥스퍼드는 템스강 상류에 있는 대학도시다. 1073년 옥스퍼드성이 세워지고, 1096년부터 영어권 최초로 대학교육이 시작됐다. 파리대학교에서 유학을 마치고 돌아온 학자들이 교습소를 만든 것이 시초다. 프랑스와 관계가 좋았던 노르만 왕조1066-1154 시절이었다.

옥스퍼드대학교는 노르만 왕조를 물리친 플랜태저넷 왕조1154-1485의 헨리 2세1133-1189가 파리대학교에서 공부하는 것을 금한 것이 오히려 성장의 발판이 됐다. 그리고 1201년 총장이 임명되면서 체계를 잡았다. 학생들이 숙식하며 개별지도tutorial를 받는 칼리지로는 유니버시티칼리지1249가 가장 오래됐다.

영국 지식인들은 왜 런던이 아닌, 런던에서 꽤 떨어진 곳에 최초의 대학을 세웠을까? 학자들은 옥스퍼드가 템스강을 통해 런던에 오고 가기 쉽고, 교구의 가장자리에 있어 간섭이 적고, 쾌적한 자연환경과 상업이 발달했던 것을 이유로 들고 있다.

11세기부터 13세기까지 유럽은 성직자들이 모두 라틴어를 쓰는 기독교라는 하나의 정신적 제국으로 통일돼 있었다. 십자군은 기독교도인 왕들의 집단사업이었다. 마르세유, 제노바, 베네치아 등 십자군의 승선지는 대도시로 발전하면서, 국제적인 상업과 해운업의 중심지로 발돋움했다.

이때 볼로냐, 살레르노,• 파리에 대학이 설립돼 민법, 교회법, 라틴어를 가르쳤다. 십자군이 이슬람으로부터 가져온 아리스토텔레스의 철학, 의학, 수학 등도 교육내용에 포함됐다. 대학은 고대 교육기관처럼 토론 기술을 가르치거나, 아리스토텔레스 철학을 기독교 교리와 합치시키려고 노력했다.

옥스퍼드대학교의 과학 전통

십자군은 성직자를 양성하던 옥스퍼드대학교에도 이슬람 과학을 전해 줬다. 초대 총장이었던 로버트 그로스테스트와 그의 제자인 로저 베이컨이 과학 전통을 세우기 위해 노력했다. 하지만 그들의 노력은 잠시였고, 옥스퍼드대학교는 신학의 울타리를 벗어나지 못했다.

옥스퍼드대학교가 새로운 과학 전통을 세운 것은 17세기 중엽에 이르러서다. 1649년 와드햄칼리지의 교수이자 성직자였던 존 윌킨스1614-1672는 옥스퍼드철학회를 조직했다. 과학기구를 갖춘 실험 중심의 학술

• 살레르노는 세계 최초로 의과대학을 설립한 중세 이탈리아 도시다.

모임이었다. 로버트 보일, 크리스토퍼 렌1632–1723, 로버트 훅1635–1703과 같은 젊은 학자들이 참여했다. 이들은 1660년 11월 28일 크리스토퍼 렌이 강의하던 런던 그레셤대학교에 모여 '자연 지식의 증진을 위한 런던왕립학회'를 탄생시켰다. 오늘날 과학자의 이름 뒤에 적어 권위와 명예를 상징하는 FRS는 런던왕립학회영국왕립학회의 회원Fellow of Royal Society을 일컫는다.

17세기 옥스퍼드에서 실험 중심의 과학 모임이 가능했던 이유는 무엇일까? 우선은 런던의 워크숍에 접근이 쉽고, 지역 기능공의 도움으로 측정기구, 해시계, 망원경과 같은 장비를 쉽게 만들 수 있었다. 도시에는 커피하우스가 있어 카페인을 곁들이며 논쟁을 벌이기에 좋았다. 커피하우스는 왕립학회 회원들이 자주 애용했으며, 과학의 모판seed bed 역할을 했다. 옥스퍼드대학교의 과학 전통은 기하학교수였던 에드먼드 핼리1656–1742로 이어졌다. 1682년 핼리혜성을 발견하고, 혜성의 궤도를 계산해 다시 돌아올 것이라고 예견해 유명세를 탔다.

애슈몰과 존 트라데스칸트 부자

17세기 옥스퍼드에서 일어난 중요한 사건은 세계 최초의 근대적 박물관이자 과학관인 애슈몰린박물관이 설립된 것이다.

설립자인 엘리어스 애슈몰1617–1692은 골동품 수집가였다. 아버지는 마구馬具를 팔았고, 어머니는 포목상의 딸이었다. 어머니 친척이었던 재무장관의 도움으로 법무사 일을 배웠고, 왕실과 가까워지면서 병기창 책임자와 왕의 수입을 담당하는 책임자가 됐다. 그의 가계와 직업만 보면 큰 부를 가졌을 것 같지 않다. 그런데 그는 무슨 돈으로, 어떻게 박물관의 컬렉션을 모았을까?

[그림 6-1] 엘리어스 애슈몰 초상화. 애슈몰은 현자의 돌과 같은 연금술에 관심이 많아 과학자들과의 교류가 많았다. 광물과 식물을 수집했던 존 트라데스칸트 부자를 만나고, 왕립협회 창립회원이 됐던 이유일 것이다. ⓒ John Riley 1687-1689, 영국 국립초상화박물관 소장

　　어떤 학자는 결혼에서 그 이유를 찾는다. 애슈몰은 소득이 괜찮은 직업을 가지고 있었지만, 사회적 지위를 높이고 취미생활이었던 컬렉션 수집과 연금술에 투자할 돈을 얻기 위해 결혼을 이용했다는 주장이다. 첫 결혼 상대는 귀족의 딸이었다. 그에게 귀족과 어울릴 수 있는 기회를 가져다주었다. 두 번째 결혼 상대는 세 번이나 남편을 잃은 돈 많은 연상의 과부였다. 넓은 영지를 가지고 있어서 그가 원하는 컬렉션을 구입하는 재정적인 후원자가 됐다. 세 번째는 15세 연하의 젊은 여자와 결혼했다. 애슈몰은 수학·연금술·점성술·천문학·식물학·실험기구·로마동전 등 온갖 것을 모았다.

　　애슈몰 컬렉션의 대다수는 존 트라데스칸트 부자父子가 수집한 것들이었다. 도도새 표본과 같은 희귀 수집품도 들어 있었다. 도도새는 마다가스카르 동쪽 모리셔스에 살았던 날지 못하는 새로, 1598년 유럽인에게 처음 발견됐다. 그러나 1680년 무분별한 사냥으로 지구상에서 모습을 감췄다. 트라데스칸트 부자가 수집한 도도새는 마지막 남은 표본이었다. 도도새

는 수학자였던 루이스 캐럴1832-1898에게 영감을 주었으며, 소설《이상한 나라의 앨리스》1865에서 부활했다.

아버지 존 트라데스칸트1570-1638는 정원사였고, 아들 존 트라데스 칸트1608-1662는 식물학자였다. 부자는 영국은 물론 여러 나라에서 식물 과 광물 표본을 수집했다. 그리고 런던 남쪽 램버스에 노아의 방주를 뜻 하는 '아크Ark'라는 가족 호기심의 방을 만들었다. 애슈몰은 아크가 보유 하고 있던 컬렉션을 도록으로 만들어 '트라데스칸티아눔박물관Musaeum Tradescantianum'이란 이름으로 팔았다. 뮤지엄이라는 용어가 이때부터 쓰 였다는 이야기는 앞서 소개한 바 있다.

아들 트라데스칸트가 죽자, 컬렉션 소유권에 대한 법적 다툼이 일어났 다. 애슈몰은 자신이 투자했다며 트라데스칸트 부자가 모은 컬렉션을 가 져갔고, 아들 트라데스칸트의 부인은 이를 돌려달라고 소송을 했던 것이 다. 애슈몰은 어떤 의도였는지 모르겠지만, 트라데스칸트 부자의 컬렉션 을 포함해 자신의 컬렉션을 자신이 근무했던 옥스퍼드대학교에 모두 기 증하겠다고 밝혔다. 옥스퍼드대학교가 컬렉션을 보존하고 전시할 건물을 지어 주고, 대중들에게 공개하는 조건이었다. 소유권 분쟁은 1678년 트라 데스칸트 부인이 정원 우물에 빠져 죽으면서 끝이 났다. 애슈몰의 컬렉션 은 곧바로 옥스퍼드대학교로 인계됐다. 마차 12대 분량이었다.

애슈몰린박물관은 1683년 5월 24일 트리니티칼리지 옆에 새롭게 지 은 건물에서 개관했다. 초대 키퍼keeper●는 옥스퍼드대학교의 초대 화학교 수였던 로버트 플롯1640-1696이 맡았다. 플롯은 박물관 1층을 자연사학교

● 영국의 키퍼는 도서관, 미술관, 박물관, 과학관 등 문화유산을 관리하는 기관에서 수집품 관리를 맡은 전문가를 말한다. 큐레이터(curator)와 같은 역할을 한다.

[그림 6-2] 애슈몰린박물관의 구 건물. 1683년에 지어진 세계에서 가장 오래된 박물관 건물이다. 현재는 옥스퍼드대학교 과학사박물관으로 활용되고 있다. 천체를 관측했던 아스트롤라베 수집품이 많은 것으로 유명하다. ⓒ Wikimedia Commons

로, 지하실을 화학실험실로 만들었다. 애슈몰이 기증한 컬렉션은 2층에 전시했다. 애슈몰린박물관은 수집품 전시를 기본으로, 교육과 실험을 곁들인 연구소 겸 교육시설의 성격을 지닌 과학관이었다.

17세기 영국에서는 아마추어는 물론 학계에서 자연사 연구가 유행하고 있었다. 플롯은 자연사 연구에 빠졌던 한 사람으로, 《옥스퍼드의 자연사》1677라는 책을 썼다. 책에는 영국 콘윌 지역의 석회암 채석장에서 발견한 메갈로사우루스의 상세한 뼈 그림과 설명이 들어 있었다. 당시 사람들은 메갈로사우루스의 뼈가 육식공룡의 뒷다리 뼈라는 사실을 알지 못하고, 거인의 고환이 화석화된 것이라고 생각했다.

플롯에 이어 식물학자 에드워드 루이드1660-1709가 애슈몰린박물관의 키퍼로 임명됐다. 루이드는 웨일스와 스코틀랜드 지역을 여행하면서 식물

생태와 화석 등을 연구해 많은 박물관 자료를 수집했다. 연구 결과는 아이작 뉴턴의 재정적인 도움으로 출판됐다. 루이드는 늑막염으로 세상을 떠날 때까지 18년 동안 애슈몰린박물관을 지켰다. 그는 박물관 연구직으로 장기간 근무하면서 전공 분야를 심화하여 연구실적을 쌓는 선례를 남기고 떠났다. 하지만 박물관 운영에는 그다지 관심이 없었던 듯하다.

연구와 교육에 치중하고자 했던 애슈몰린박물관이 뒤뚱거리기 시작했다. 옥스퍼드대학교에서 제대로 지원하지 않은 것이다. 초대 키퍼였던 플롯이 사임했던 이유도 지원이 미흡했기 때문이다. 루이드 시절에는 관리 미숙으로 전시품의 도난사고가 일어나고, 자연사 컬렉션들이 곰팡이와 벌레 때문에 부패하기 시작했다. 트라데스칸트 부자가 수집한 도도새의 마지막 표본도 머리와 발톱만 남기고 엉망이 됐다. 보존기술이 발전하지 않았던 까닭이다. 이러한 문제는 훗날 자연사박물관으로 출발한 영국박물관에서도 마찬가지로 드러났다. 루이드 이후 임명된 책임자들은 예술과 고고학 전공자로, 그들의 관심은 자연사와 멀었다. 자연사 표본들은 하나둘 다른 자연사박물관으로 넘어갔다.

박물관이 망가지고 있는 와중에도 1층 강의실과 지하 연구소를 활용한 학자가 있었다. 윌리엄 버클랜드1784-1856는 1813년 옥스퍼드대학교의 첫 광물학교수로 임명됐다. 그는 박물관의 광물과 화석 표본들을 활용해 강의했다. 전시품 노릇을 못하던 표본들이 그나마 활용되는 계기가 됐다.

1823년 존1769-1844과 필립 던컨1772-1863 형제가 들어와 박물관을 보수하고 전시품을 체계적으로 재배열해 박물관을 살리려고 노력했다. 도도새의 머리가 주물로 떠져 세계적으로 퍼진 것은 존 던컨이 영국박물관에 주기 위해 캐스팅casting하면서부터다.

애슈몰린박물관의 마지막 키퍼는 지질학자인 존 필립스1800-1874였다. 1841년 고생대, 중생대, 신생대와 같은 세계지질연대를 처음으로 정의한 학자다. 그는 필립 덩컨이 떠나자, 애슈몰린박물관을 맡았다. 그가 한 일은 자연사박물관 기능을 상실한 애슈몰린박물관을 옥스퍼드대학교의 다른 박물관과 합치는 일이었다. 애슈몰린박물관은 이후 세 갈래로 분리됐다. 자연사 전시물은 옥스퍼드대학교 자연사박물관으로, 애슈몰린이라는 이름은 예술고고학박물관으로, 건물은 과학사박물관이 됐다.

옥스퍼드대학교 자연사박물관

1850년 옥스퍼드대학교 자연사박물관이 설립됐다. 해부학자 헨리 애클랜드1815-1900의 노력 덕분이었다. 그는 교육과 연구 목적으로 대학 내에 흩어져 있는 과학 컬렉션을 한곳에 모아 보관할 새로운 박물관을 만들기 위해 박물관위원회를 만들었다. 대학 내에 있던 지질학박물관, 애슈몰린박물관, 해부학박물관을 합치려는 목적이었다. 애클랜드는 해부학박물관에서 일하고 있었다. 물리과학과 자연사를 전시할 새로운 박물관에 대한 협약서가 작성되고, 명칭은 옥스퍼드대학교박물관으로 정해졌다. 옥스퍼드대학교 자연사박물관으로 이름이 바뀐 것은 140여 년 뒤인 1996년에 이르러서다.

옥스퍼드대학교박물관은 빅토리아시대에 유행하던 신고딕 양식으로 건축됐다. 애클랜드는 박물관을 신의 창조에 감사하는 마음을 일으키는 과학의 성당cathedral으로 만들고 싶어했다. 또한 건축은 자연 세계의 에너지에 의해 형성돼야 한다는 예술 평론가 존 러스킨1819-1900의 아이디어를 채용했다. 건축 설계는 3만 파운드의 상금을 걸고 공모했는데, 더블린 트리니티대학박물관을 설계했던 아일랜드 출신의 건축가 토머스 네윈햄

[그림 6-3] 옥스퍼드대학교 자연사박물관 내부. 돌 기둥은 각각 다른 지역에서 채취한 다른 재질의 암석을 사용했다. 기둥 앞에는 과학발전에 기여한 과학자 흉상과 조각상이 있다. ©
David Iliff, 2015

딘1828-1899과 벤저민 우드워드1816-1861가 당선됐다.

옥스퍼드대학교박물관은 자연 세계의 에너지를 담기 위해 중앙 뜰을 당시 유행했던 철제 구조와 유리 지붕으로 설계했다. 1851년 런던 만국박람회장으로 건설했던 크리스털팰리스와 같은 구조였다. 철제 주조물은 단풍나무, 호두나무, 종려나무와 같은 형태로 장식됐다. 30개의 기둥은 재질이 각각 다른 영국산 암석으로 세워졌다. 기둥 장식도 각각 다른 식물로 표현했다. 지질학자였던 존 필립스의 아이디어였다. 중앙 뜰에는 과학발전에 기여한 아리스토텔레스, 갈릴레오, 린네, 뉴턴, 다윈 등 28명의 조각상과 흉상이 세워졌다. 국적이나 전공을 가리지 않았다. 박물관이 성당이라면, 이들은 과학 분야의 성자일 것이다.

옥스퍼드대학교는 박물관 건축비를 《성경》을 팔아 마련했고, 조각상이나 흉상은 기부를 받아 세웠다. 빅토리아 여왕은 350파운드를 내 5명의 조각상을 세웠다. 조각상 중에는 남편 앨버트 공도 있었다. 옥스퍼드대학교 박물관의 초대 키퍼는 애슈몰린박물관의 키퍼였던 존 필립스가 지명됐다.

옥스퍼드대학교박물관이 1860년 문을 열자마자, 다수의 과학 분야 학 과들이 입주했다. 천문학·기하학·실험물리학·광물학·화학·지질학·동 물학·해부학·생리학·의학 등이었다. 각 학과는 강의실, 연구실, 실험실을 갖추었다. 옥스퍼드대학교박물관 건물은 중앙 뜰에 마련한 대형 전시관이 아니었더라면, 과학연구소 건물로 착각할 만했다. 박물관은 초기에 애슈몰 린박물관의 소장품을 중심으로 전시관을 꾸몄지만, 시간이 지나면서 다른 컬렉션들이 합류했다. 초기에 입주한 학과들은 규모가 커지면서 하나둘씩 다시 빠져나갔고, 대학박물관은 박물관으로서의 역할만 담당하게 됐다.

옥스퍼드대학교박물관에서는 개관하자마자 영국을 떠들썩하게 한 사 건이 발생했다. 찰스 다윈이 《종의 기원》을 출판하고 7개월이 지나서다. 왕립학회 회장 벤저민 브로디1783-1862, 큐왕립식물원의 원장 조지프 달 턴 후커1817-1911, 비글호의 선장 로버트 피츠로이1805-1865 등 저명한 과 학자와 인사들이 왕립학회 연례회의에 참석하기 위해 1860년 6월 30일 옥 스퍼드대학교박물관에 모였다. 그런데 토머스 헉슬리1825-1895와 새뮤얼 윌버포스1805-1873가 진화론을 두고 맞붙었다. 영국 성공회 옥스퍼드 주 교며 왕립학회 회원이었던 윌버포스는 진화론자인 헉슬리에게 "원숭이의 후손이라면 할아버지 쪽인가, 할머니 쪽인가?"라고 물었다. 헉슬리의 답 변은 "원숭이 조상을 둔 것이 부끄러운 것이 아니라, 진실을 왜곡하는 데 뛰어난 재능을 사용하는 사람과 관계를 맺는 것이 부끄럽다"는 것이었다. 다윈은 그 자리에 참석하지 않았다.

도도새를 로고로 사용하는 옥스퍼드대학교 자연사박물관은 지구과학 부문, 생명 부문, 도서관으로 구성돼 있다. 가장 유명한 컬렉션은 DNA 연

[그림 6-4] 도도새의 머리. 인도양 모리셔스섬에 살았던 도도새는 1507년 유럽인에게 발견됐으며, 1681년 멸종됐다. 전 세계에서 실제 표본을 가지고 있는 곳은 옥스퍼드대학교 자연사박물관이 유일하다. ⓒ gnomonic, 2015

구를 할 수 있는 도도새의 실제 표본이다. 박물관은 1833년 런던곤충학회를 설립한 프레더릭 윌리엄 호프1797-1862의 곤충학 컬렉션, 찰스 다윈 컬렉션 등을 포함해 700만 점의 동물학 표본을 가지고 있다. 지구과학 컬렉션 중에서는 애슈몰린박물관의 키퍼로 일했던 에드워드 루이드, 윌리엄 버클랜드, 존 필립스, 《지질학의 원리》1830를 썼던 찰스 라이엘1797-1875이 수집한 컬렉션이 유명하다.

예술고고학박물관

자연사 소장품을 옥스퍼드대학교박물관에 넘긴 애슈몰린박물관은 고고학자 아서 에번스1851-1941가 1884년 키퍼로 부임하면서 고고학박물관으로 완전히 탈바꿈했다. 에번스는 1900년 크레타섬에서 크노소스 왕궁을 발견해 유명해졌다. 애슈몰린박물관은 1908년 미술관과 합병해 예술

고고학박물관으로 발전했다. 애슈몰린박물관 소장품들은 옥스퍼드 버몬트 거리에 세워진 새 건물로 옮겨졌다.

박물관의 운영은 1973년 관장체제로 바뀌기 전까지 키퍼 중심으로 이뤄졌다. 개관부터 1973년까지 290년 동안 14명의 키퍼가 근무했다. 재직 기간은 평균 21년이나 되었다. 키퍼에서 관장으로 운영방식이 변경된 후에도 임기는 길게 보장됐다. 안정적인 연구, 저술, 교육에 몰두할 수 있도록 환경을 마련해 준 것이라고 이해할 수 있다.

박물관 키퍼를 연구자로 임명하는 것은 영국의 특징이다. 영국은 이웃 나라 프랑스와 달리 왕실이나 귀족들의 수집품이 전쟁이나 폭동 등으로 망실되는 경우가 상대적으로 적었다. 그렇기 때문에 소장품의 복구를 위해 화가들이 미술관의 큐레이터 역할을 맡았던 이웃 나라들과는 달리, 영국은 연구 성과가 뛰어난 학자가 박물관 키퍼를 맡는 경우가 많았다.

과학사박물관

애슈몰의 컬렉션이 모두 옮겨진 뒤 구 애슈몰린박물관 건물은 1924년부터 옥스퍼드대학교 과학사박물관으로 사용되고 있다. 현존하는 가장 오래된 과학관 건물에 과학사박물관이 들어선 것은 뜻깊은 일이다.

옥스퍼드대학교 과학사박물관은 아서 에번스의 동생인 과학기기 수집가 루이스 에번스1853-1930가 해시계, 아스트롤라베, 수학기구 등을 기증하면서 설립됐다. 루이스 에번스는 영국박물관보다 많은 아스트롤라베를 수집하고 있어, '아스트롤라베 맨'이라는 별명을 얻었다. 그가 수집한 것 중에는 페르시아의 무함마드 아비바크르가 1221년경 이스파한에서 만든 것도 있다. 앞면은 일반적인 아스트롤라베지만, 뒷면에는 날짜와 달의 위상을 보여 주는 장치, 황도상의 태양과 달의 위치를 표시하는 장치가 있다. 모두 기어로 작동된다. 루이스 에번스의 컬렉션 중 백미로 꼽힌다.

옥스퍼드대학교 과학사박물관에는 루이스 에번스의 컬렉션을 중심으로, 알베르트 아인슈타인1879-1955이 1931년 옥스퍼드대학교에서 강의했던 칠판, 노벨 생리학·의학상 수상자인 도러시 호지킨1910-1994의 계산기 등 과학사적으로 의미 있는 소장품이 많다. 세계에서 가장 오래된 과학관 건물로서의 역사도 지켜가고 있다.

과학사박물관의 초대 키퍼는 과학사학자이자 동물학자인 로버트 군터1869-1940였다. 두 번째 키퍼는 화학자이자 과학사학자인 프랭크 셔우드 테일러1897-1956로, 나중에 런던 과학박물관의 관장을 역임했다. 현재의 관장은 2014년 부임한 실케 아커만 박사다. 옥스퍼드대학교 박물관에서 처음으로 임명된 여성 관장으로 독일 프랑크푸르트대학교에서 과학사를 전공했다.

제7장

세계 식물자원의 보고, 큐왕립식물원

도서관에 정원까지 갖춘다면,
전부를 소유한 것이다.

– 마르쿠스 툴리우스 키케로(BC 106–43), 로마 작가

식물원의 역사는 수렵채취인들이 식량이 될 만한 식물을 시험 삼아 길러 볼 때 이미 시작됐다. 야생식물들의 유전자적 특성을 이해하고, 농작물로 적당한 것들을 찾아내는 과정이었다. 메소포타미아인들은 관상용으로, 약용으로 쓸 식물들을 모아 길렀다.

식물을 체계적으로 연구하기 시작한 학자는 아리스토텔레스의 제자 테오프라스토스였다. 그는 리케이온 식물원에서 식물학을 연구했다. 그는 500여 종의 식물을 기록했고, 식물을 식용이나 약용이 아닌 연구의 대상으로 삼았다. 식물 사이의 연관성을 따지고, 성장 습관, 줄기와 잎, 뿌리와 열매로 분류했다. 알렉산드리아 무세이온에서는 향수를 만들거나 치료 목적으로 허브와 약용식물을 기르고 연구했다. 중세에 이르러서는 전염병을 치료할 목적으로 많은 국가에서 약초원을 두었다.

연구와 교육 목적으로 세워진 최초의 근대적인 식물원은 루카 기니1490-1556가 1544년 피사대학교 안에 세운 식물원이다. 기니는 볼로냐대학교 출신의 내과의사로, 메디치 가문의 초청을 받아 피사대학교에서 의학과 식물학을 가르쳤으며 식물을 수집해 건조시킨 다음 종이 위에 붙인 식물 표본집을 처음으로 만든 학자로 알려지고 있다. 그는 피렌체식물원1545의 설립에도 도움을 주었다.

그렇지만 현존하는 식물원 중 가장 오래된 곳은 유네스코 세계유산으로 등재된 이탈리아의 파도바식물원이다. 파도바식물원은 1545년 파도바대학교 약초학교수였던 프란체스코 보나파데1474-1558의 청원으로 식물 표본실과 함께 만들어졌다. 영국에서는 1621년 옥스퍼드대학교 안에 최초의 대학 식물원이 들어섰다.

실용식물학과 경제식물박물관

런던의 남서쪽 템스강변에는 아름다운 왕립식물원이 자리하고 있다. 지역 이름을 따서 큐가든이라고도 부른다. 식물 다양성과 실용식물학 연구에 큰 업적을 남겨 유네스코 세계문화유산으로 등재된 곳이다.

큐가든은 조지 3세1738-1820[1]의 어머니 아우구스타 공주가 남편을 잃은 후, 약용식물을 재배하기 위해 왕실정원을 만들면서 시작됐다. 왕실정원이 식물원으로 바뀐 것은 조지 3세가 윌리엄 에이턴1731-1793과 조지프 뱅크스1743-1820의 도움으로 정원을 확장하면서부터다.

스코틀랜드 출신 에이턴은 1759년 큐가든 초대 책임자로 임명되어 죽을 때까지 일했다. 그는 큐가든의 식물 목록을 작성해 1789년 출판했다. 윌리엄 에이턴의 아들 윌리엄 타운센트 에이턴1766-1849은 아버지의 뒤를 이어 큐가든에서 일하면서 런던원예학회[1804]2 창립에 참여했다.

조지프 뱅크스는 영국의 식물학을 개척한 학자다. 23세 때 뉴펀들랜드 래브라도현 캐나다의 동북부 주의 자연사 탐사로 그 이름을 알리기 시작했다. 25세 때는 제임스 쿡[1728-1779] 선장의 첫 항해에 따라나서 3년 동안 브라질 · 타이티 · 뉴질랜드 · 호주 등을 돌았다. 35세에 왕립학회 회장인 된 그는 농업과 상업적인 식물에 관심이 많아 '농부 조지'로 불리던 조지 3세를 도왔다. 그는 세계 각국의 식물을 수집하기 위해 남아프리카 · 에티오피아 · 인도 · 중국 · 호주 등에 원정대를 보냈다. 비록 큐가든의 공식 직함은 없었지만, 큐가든을 국제식물원으로 만든 일등공신이다.

큐가든은 런던원예학회 회장이었던 제6대 데번셔 공작 윌리엄 캐번디시[1790-1858]의 도움으로 1840년 왕립식물원이 됐다. 캐번디시 바나나는 그의 공적을 기린 명칭이다.

조지프 뱅크스와 윌리엄 타운센트 에이턴이 떠난 뒤, 큐가든은 윌리엄 후커[1785-1865]와 그의 아들 조지프 후커[1817-1911]가 책임을 맡았다. 윌리엄 후커는 17년 동안, 조지프 후커는 20년 동안 큐가든을 가꾸었다.[3]

윌리엄 후커는 리처드 스프루스[1817-1893]를 남미에 파견했다. 그는 말라리아를 치료할 수 있는 기나나무 재배방법을 연구해 퀴닌을 생산했다. 진화론을 연구했던 앨프리드 러셀 월리스[1823-1913]와 헨리 월터 베이츠[1825-1892]를 아마존 열대우림으로 보낸 이도 윌리엄 후커다.

1847년 윌리엄 후커는 큐가든 내에 세계 최초로 경제식물박물관을 세웠다. 컬렉션은 섬유, 껌, 염료, 전분, 기름, 목재, 탄닌, 약물, 식품, 바구니 재료 등으로 쓰일 것들이었다. 상업적인 목적과 종에 따라 목재, 나무껍질, 잎, 열매를 분류했다. 윌리엄 후커는 경제식물박물관이 과학을 연구하는 식물학자, 약제사, 염색업자, 목수, 가구 제작자, 장인 등 다양한 관람객에게 이용되기를 원했다. 경제식물박물관은 민족지학 컬렉션도 함께 수집했는데, 식물자원이 어디에 쓰이는가를 알려 주는 정보가 됐다. 수집된 민족지학 자료들은 1960년 영국박물관으로 이전됐다.

윌리엄 후커 시절 큐가든은 우리나라와도 인연을 맺었다. 1859년 표본관 조수인 찰스 윌포드?-1893가 서양인으로는 처음으로 거문도와 부산에서 조선 식물을 채집해 갔다. 1863년에는 리처드 올드햄1837-1864이 일본의 식물을 채집하면서 조선의 거문도, 고흥 시산도, 완도 백일도, 여수 광도, 고흥 외나로도 등지를 방문해 채집활동을 했다. 비록 영국에서 실시했지만, 한국의 근대 식물 연구의 시초로 보고 있다. 큐가든의 마지막 식물표본 수집가였던 올드햄은 채집활동 중 이질에 걸려 27세에 요절했다.

조지프 뱅크스와 윌리엄 후커가 외국에서 식물자원을 확보하려던 이유는 기후변화와 관련이 있다. 유럽에서 소빙기13세기 말-19세기 중엽에 많은 식물이 사라졌기 때문이다. 대항해시대가 열리자, 유럽 국가들은 식물 사냥꾼을 외국으로 보냈다. 영국은 차·고무·커피·카카오 등 경제적 가치가 높은 식물들을 수집해 와 식물원에서 품종을 개량했다. 대규모 농장은 식민지에서 운영했다. 일례로 1876년 아마존에서 가져온 파라고무나무는 큐가든 온실에서 키운 다음, 이듬해 모종을 싱가포르식물원4에서 다시 키워 말레이반도에 이식했다.

싱가포르식물원의 역사는 영국 동인도회사에서 근무하던 토머스 스탬퍼드 래플스1781-1826가 싱가포르를 만들면서 시작됐다. 그는 자신이 살던 포트캐닝 언덕에 1822년 식물원과 실험정원을 만들었다. 식물원은 1859년 탕린 지역으로 옮겨져 열대 유용식물을 재배하고 연구하기 시작했다. 식물원의 관리는 큐가든에서 훈련받은 식물학자들이 맡았다. 큐가든과 싱가포르식물원이 공동 연구한 대표적인 성공 사례가 파라고무나무

[그림 7-1] **큐왕립식물원의 팜하우스**. 팜하우스는 큐가든을 상징하는 건물로 1848년 세워진 세계에서 가장 오래된 온실이다. 빅토리아시대 식물학자들이 다른 나라에서 수집해 온 야자나무, 고무나무, 커피, 코코아 등 경제식물을 길렀다. ⓒ David Iliff, 2009

로 동남아 경제에 많은 영향을 미쳤다.

큐가든은 중국에서 차를 수입하기 어려워지자, 차의 모종을 영국에서 육성한 다음, 영국령 인도의 다르질링과 스리랑카에 이식했다. 인도산 최고급 다르질링 홍차는 큐가든이 만들어 낸 것이다. 뱅크스가 큐가든을 국제식물원으로 키우고자 했던 이유가 여기에 있다. 왕실정원을 식물원으로 만들어 국가 프로젝트로 운영했던 점에서 뱅크스의 공이 컸다.

큐왕립식물원에는 현재 6개의 온실과 26개의 정원이 있다. 1848년에 지은 팜하우스는 세계에서 가장 오래된 온실이다. 빅토리아 여왕 시대에 탐험가들이 가져온 야자나무, 고무나무, 코코아, 커피, 후추, 사탕수수와 같은 경제작물을 포함해 다양한 열대식물을 길렀다. 유리로 만든 온실 건물로 당시 최대였다. 조선기술을 이용해 지었는데, 배를 엎어 놓은 모양이다. 지금도 사용하는 것을 보면 얼마나 견실하게 지었는지 놀라지 않을 수 없다. 무수한 판유리를 모아 곡률을 정확하게 유지하게 하여, 물방울이 표면장력으로 팽창하듯이 보이는 것은 뛰어난 건축기술을 자랑한다. 더구나 온실 이름에 에덴동산에서 지혜와 생명을 상징하는 '야자palm'를 붙였다. 열대식물의 상징인 야자를 내세워 열대 식민지를 지배하는 영국제국을 상징하려는 이데올로기도 작용했을 것이다.

큐가든에는 팜하우스 외에도 아마존빅토리아수련을 키우기 위해 만든 수련온실1852, 온대식물 온실1863, 고산지대 식물을 모아놓은 데이비스알파인하우스1887와 같은 역사가 깊은 온실이 있다. 가장 최근에 만든 온실은 1987년 다이애나 비1961-1997가 아우구스타 공주를 기념해 10개의 기후대에 맞춰 꾸민 웨일스공작부인 온실이다.

큐가든의 정원 또한 역사가 깊다. 조지프 후커가 히말라야 등지에서 구해 조성한 진달래 골짜기, 17세기 양식을 살려 만든 퀸즈가든, 1천200종의 대나무 종을 키우는 뱀부가든 등이 있다. 큐가든의 3분의 2를 차지하는 수목원에는 초대 왕립식물원장이었던 윌리엄 후커가 수집해 심어 놓은 나무들을 비롯해, 2천여 종, 1만 4천 그루의 나무가 있다.

식물화가 마리안 노스1830-1890의 갤러리1879, 전 세계 작가들이 그린 20만 점 이상의 식물 그림을 모아 놓은 셜리셔우드갤러리2008, 런던을 조망해 볼 수 있었던 10층 높이의 중국 탑1762, 조지 3세가 살았던 큐궁전 등은 인기가 높은 관람 목록이다.

영국 환경식품농무부DEFRA의 지원을 받는 큐왕립식물원은 과거와 미래의 식물을 연구하는 연구기관이다. 하버드대학교 식물원, 호주 국립식물원과 함께 식물 데이터베이스인 국제식물명목록을 운영한다. 식물의 이름은 1867년 파리에서 개최된 제1회 국제식물학회에서 정한 국제식물명명규약에 따라 정해진다. 또 큐왕립식물원은 식물표본, 균류표본, 경제

[그림 7-2] 큐왕립식물원에 있는 마리안 노스의 갤러리. 마리안 노스는 식물 그림을 그리기 위해 남북 아메리카, 아프리카, 아시아를 여행했던 화가다. 노스가 기증한 800여 점의 작품은 1882년부터 독립된 갤러리 안에 전시되어 있으며, 레이아웃을 변경하지 않는다는 조건이 붙어 있다. ⓒ Patche99z, 2008

식물 컬렉션, DNA와 조직 은행, 현미경 슬라이드, 도서, 그림 등 세계 식물자료를 모으는 일을 한다.

　서섹스주 웨이커허스터에는 국제적으로 유명한 큐왕립식물원의 밀레니엄종자은행2000이 있다. 전 세계의 저장 가능한 종자의 75%를 수용할 수 있는 시설을 갖추고, 현재 4만 종에 이르는 식물 씨앗을 보유하고 있다. 큐왕립식물원은 18세기 제국주의 식물 사냥꾼에서 21세기 생태계를 보전하려는 식물보호자로 거듭나고 있다.

　큐왕립식물원을 방문하면 색다른 체험이 기다리고 있다. 21세기 식물원의 대한 새로운 발상이다. '하이브Hive'는 높이 17m의 벌집 모양 조형물이다. 17만 개의 알루미늄 조각으로 이뤄진 벌집 안에 들어서면 벌집 안에서 이뤄지는 벌들의 활동을 소리와 빛으로 체험할 수 있다. 왕립식물원

[그림 7-3] **나무 위 산책로.** 인간이 나무 위에서 살던 시절을 돌이켜 보게 한다. 큐왕립식물원은 2008년 평소 볼 수 없는 나무 위 생태계를 보여 주기 위해 높이 18m, 길이 200m에 이르는 산책로를 세웠다. ⓒ Ashley Van Haeften, 2017

내 벌집에서 실제 벌들이 활동하면서 일으키는 진동과 소리를 센서로 수집해 1천 개의 LED 조명과 음향으로 재해석한 것이다. 벌은 진동으로 소통하는데, 골전도장치를 이용해 체험해 볼 수 있다. 볼프강 버트레스1965-가 2015년 밀라노 엑스포 영국관에서 처음으로 선보였던 작품이다. 버트레스는 자연과의 교감을 과학자, 음악가와 협력해 작품으로 표현하는 작가다.

큐왕립식물원에는 나무 위를 걷는 산책로가 있다. 지상에서 볼 수 없는 새로운 생태계를 내려다볼 수 있다. 길을 걷다 보면 토양과 생물의 관계를 살펴볼 수 있는 지하공간인 리조트론Rhizotron5에 이른다. 런던아이를 설계한 스웨덴 출신 건축가 데이비드 마크스1952-2017와 부인인 줄리아 바필드1952-가 피보나치수열에서 영감을 얻어 설계했다고 한다.

제8장

제국주의 유산,
영국박물관과 런던 자연사박물관

삶의 위대한 마무리는 지식이 아니라 행동이다.

– 토머스 헉슬리(1825–1895), 진화생물학자

런던 영국박물관*을 둘러볼 때마다 엄청난 인류의 유산이 단순한 구경
거리가 아님을 깨닫는다. 박물관이 자료를 수집하고 전시하는 것은 누군
가가 찾아와 배우고 연구하는 데 도움을 주기 위해서다.

영국박물관이 자연사를 중심으로 출발했다는 사실을 아는 이는 드물
다. 설립자가 자연사를 연구한 의사였다는 사실은 더 생소하다. 영국박물
관이 자연사박물관을 분리 독립시킨 것은 얼마 되지 않았다. 지난 250여
년 동안 자연사박물관, 역사박물관, 도서관이 한몸을 이루고 있었다.

* 영국박물관은 한글 및 일본어 안내서에서 대영박물관(大英博物館)으로 표기하고 있
  지만, 이 책에서는 제국주의 냄새를 지우기 위해 영국박물관으로 표기한다.

영국박물관은 1753년 설립되어, 1759년 일반인에게 공개됐다. 해양제국을 건설한 영국이 과학혁명을 거쳐 산업혁명을 시작할 무렵이었다. 생물학 혁명을 일으킨 찰스 다윈1809-1882이 태어나기도 전이다. 영국박물관은 한스 슬론1660-1753이 모은 7만 1천여 점의 수집품을 중심으로 설립됐다. 그는 어떤 사람이었을까?

한스 슬론, 영국박물관의 아버지

한스 슬론은 영국왕립학회가 만들어졌던 1660년 아일랜드의 작은 도시 킬릴리에서 태어났다. 가족은 제임스 1세1566-1625가 청교도를 박해하자, 스코틀랜드에서 아일랜드로 피했다.

슬론은 16세 때 몸이 심하게 아파 1년 동안 방 안에 갇혀 있었는데, 이일이 의학을 공부한 계기가 됐다고 한다. 19세 때 런던으로 유학을 와 화학과 약학을 공부했다. 당시 학문의 중심이었던 프랑스 파리에서 박사학

[그림 8-1] 한스 슬론의 흉상. 마이클 리스브랙(1694-1770)이 조각한 테라코타 흉상으로, 왼쪽 뺨 아래 점, 정교한 가발, 레이스가 있는 재킷을 잘 표현한 수작이다. 슬론의 흉상은 부인이 자메이카에서 노예를 부리는 농장을 소유했다는 이유로 2020년 전시대에서 내려왔다.

위를 받고 싶었으나, 청교도라는 이유로 입학을 거부당했다. 청교도에게 대학 문을 개방한 곳은 프랑스 남쪽에 있던 오랑주공국의 대학이었다. 원하던 의학박사학위는 그곳에서 받았다. 25세에 런던으로 돌아온 그는 젊은 나이에 왕립학회 회원이 됐다.

27세가 되던 1687년, 그의 운명을 바꿔 놓은 사건이 발생했다. 왕립내과의대학College of Physicians의 교수가 되자마자, 2대 앨버말 공작인 크리스토퍼 몽크1653-1688가 자메이카 총독으로 가면서 그에게 주치의 자리를 제안한 것이다. 평소 가깝게 지냈던 식물학자 존 레이1627-1705가 표본조사를 부탁한 것이 그의 마음을 움직였다. 어린 시절 자연사에 관심이 많았던 슬론은 앨버말 공작의 제안을 받아들였다.

자메이카는 아라와크 인디언 말로 '물과 나무가 많은 나라'다. 카리브해에서 쿠바섬, 히스파니올라섬도미니카공화국과 아이티가 있음에 이어 세 번째로 큰 섬이다. 1493년 크리스토퍼 콜럼버스[1]의 눈에 띄어 스페인의 지배를 받다가, 1655년 영국의 식민지가 됐다. 이때부터 1962년 영연방국가로 독립할 때까지 300년 넘게 영국의 지배를 받았다. 원주민인 아라와크 인디언들은 스페인인들이 가져온 전염병과 전쟁으로 거의 전멸했다. 그래서 영국인들은 노동력을 확보하기 위해 아프리카에서 잡아 온 강인한 흑인 노예들을 사탕수수[2] 농장에 투입했다.

영국이 자메이카를 지배하자, 영국 해적들도 자연스럽게 자메이카를 기지로 삼았다. 헨리 모건1635-1688과 같은 해적은 스페인군을 공격한 공으로 기사 작위를 받고 자메이카 부총독에 올랐다. 영국인들은 그들의 적을 상대하는 사람이라면, 해적이라 해도 영웅시했다. 자메이카의 포트로열은 17세기 해운업의 중심지로 막대한 부가 집중됐다. 영화 〈캐리비안의 해적〉은 이런 배경을 토대로 제작됐다.

자메이카는 아프리카 노예들을 노동력으로 활용해 사탕수수, 담배, 면화 등의 농작물을 길러 영국에 부를 가져다주었다. 슬론이 찾아갈 때는 자메이카가 해적의 기지에서 상업적인 노예농장으로 거듭나던 시점이었다.

슬론은 자메이카를 찾아가는 3개월의 항해 중에도 바닷물의 인광성, 바닷새의 습관 등을 관찰했다. 자메이카에 머무는 15개월 동안에는 동물과 식물에 대한 광범위한 관찰일지를 작성했다. 지진과 같은 자연현상도 기록했다. 그는 자메이카에서 영국으로 돌아올 때 800여 종의 식물과 살아 있는 표본을 가져왔다. 그리고 항해 기록과 관찰일지를 바탕으로 자메이카 자연사에 관한 책을 출판했다. 스웨덴의 식물분류학자 칼 폰 린네 1707-1778는 1753년 《식물의 종》을 펴내면서 슬론의 책에 나온 정보와 그림을 참고했다.

슬론이 자메이카에서 기록한 이야기에는 노예와 악기가 등장한다. 노예들은 아프리카에서 아메리카로 배를 타고 오는 길고 긴 시간 동안 뱃멀미와 굶주림, 노동의 피로와 우울증에 시달렸다. 노예선 선장과 농장주는 노예들에게 악기를 주고 억지로 춤을 추게 했다. 그러나 악기는 세관에서 반입이 금지됐다. 고향 아프리카에서 전쟁에 사용했다는 사실 때문에 반란을 자극할지 모른다는 우려가 커진 것이다. 슬론이 영국박물관에 전시한 악기 중에는 노예들이 울분과 설움으로 두드렸던 북이 있다.

슬론이 자메이카에서 얻은 최대의 수확은 코코아였다. 코코아는 구역질이 나서 그냥 먹기 힘든데, 슬론이 우유와 섞어 마시는 방법을 찾아냈다. 그는 영국으로 돌아와 초콜릿 우유를 의약품인 양 약국에서 팔았다.[3] 초콜릿 우유는 슬론에게 많은 돈을 벌어 주었다. 지금도 한스슬론초콜릿 회사가 남아 있다.

슬론이 부를 쌓을 수 있었던 또 다른 이유는 앤 여왕의 주치의가 됐기 때문이다. 그는 앤 여왕뿐 아니라, 조지 1세, 조지 2세에 이르기까지 3대에 걸쳐 주치의를 맡았다. 이런 인연으로 내과의사협회 회장이 됐다. 자연스레 그의 병원을 찾아오는 환자들은 부유한 상류층이었다. 그의 의학적 업적도 대단했다. 천연두와 말라리아 치료를 위한 퀴닌 치료 등을 들 수 있다. 1727년 아이작 뉴턴이 죽자, 왕립학회 회장 자리는 슬론에게 찾아왔다. 그는 14년 동안 그 자리를 지켰다.

슬론이 쌓은 부는 아내 덕도 있었다. 슬론은 자메이카에서 노예무역과 설탕 농장으로 크게 성공한 농장주 부인이었던 여성과 결혼했다. 35세의 늦은 나이였다. 슬론의 부인은 농장주가 남긴 설탕 농장에서 노예들이 생산한 수익의 3분의 1을 받았다. 부인에게는 아버지가 물려준 토지도 있었다. 두 사람은 딸 셋과 아들 하나를 낳았는데, 딸 둘을 빼고는 어린 시절에 세상을 떠났다.

슬론은 막대한 재산을 수집품을 모으는 데 쏟았다. 윌리엄 코튼1572-1636과 같은 수집가들이 모은 수집품도 사들였다. 수집품이 늘어나자, 런던 첼시에 집을 사서 옮겨 놓았다. 첼시에 있는 슬론스퀘어는 슬론의 이름을 딴 것이다.

슬론은 어렸을 때 아팠던 사실을 의심할 만큼 오래 살았다. 92세가 돼서야 눈을 감았다. 7만 1천여 점의 수집품을 남겼는데, 자연사 표본이 가장 많았다. 수집품을 2만 파운드만 받고 정부에게 넘기라는 유언을 남겼다. 구매가액10만 파운드로 추정보다 매우 저렴했다. 유언을 보면, 그가 왜 평생 모은 수집품을 정부에 넘겼는지 알 수 있다.

나는 어린 시절부터 창조물에 나타나는 전능한 신의 위대한 능력, 지혜, 고안을 관찰하고 경외감을 느껴 왔다. 나는 여행과 항해, 다른 사람들을 통해 많은 것들을 수집해 왔다. … 이제 신의 영광을 나타내고, 무신론과 그 결과를 반증하고, 의약physic과 예술arts과 과학sciences을 증진하고, 그리고 인류의 이익을 위해 이것들이 다양하게 쓰이고, 함께 있어 흩어지지 않고, 많은 사람들이 모이는 장소에서 널리 쓰이기를 바란다.

영국의회는 1753년 6월 7일 박물관을 세우기 위한 법을 만들었고, 한스 슬론의 두 딸에게 2만 파운드를 지불하고 수집품을 사들였다. 한스 슬론은 영국박물관, 영국도서관, 런던 자연사박물관의 설립자로서 그 이름을 남길 수 있었다.

영국박물관

영국박물관은 1759년 1월 15일 문을 열었다. 세계에서 최초로 생긴 국립 대중 박물관이었다. 건물은 임시로 몬태규하우스를 사용했는데, 처음부터 무료 입장이었다.[4] 개관 첫해 5천 명이 입장했지만, 지금은 매년 600만 명이 입장하고 있다. 개관 초기에 관람객이 적었던 이유는 학자에게만 개방하는 등 입장을 철저하게 통제했기 때문이다.

영국박물관은 1756년 고대 이집트 미라가 합류하면서 그 규모를 불리기 시작했다. 19세기 초 로제타석, 파르테논과 같은 것들이 들어오면서 영국박물관의 명성을 크게 높였다. 골동품 수집가 찰스 타운리1737-1805가 수집한 그리스·로마의 고대 유물은 유언에 따라 저렴한 가격으로 영국박물관에 넘겨졌다. 한스 슬론의 가족에게 지급했던 금액과 동일한 2만 파운드였다. 전시품은 해외 발굴을 통해 끊임없이 늘어났으며, 중동 지역에서는 고고학자 오스틴 헨리 레이어드와 호르무즈드 라삼이 님루드와 니네

[그림 8-2] 로제타석. 프톨레마이오스 5세 시절(재위 BC 204-181)에 법령을 새긴 석판으로 상형문자, 이집트 원주민 문자, 고대 그리스어가 새겨져 있다. 1799년 7월 나폴레옹 군대에 의해 발견됐으며, 나폴레옹과 싸워 이긴 영국이 이를 소유했다. 영국박물관은 복제품을 만들어 직접 만져 볼 수 있도록 전시하고 있다.

베에서 발굴한 아시리아 컬렉션이 들어왔다. 님루드 궁전을 지키던 라마수스 조각상은 곧바로 영국박물관의 대표 전시물 반열에 올랐다.

1857년 로버트 스머크1780-1867가 설계한, 원형의 도서관을 품은 새로운 사각형 건물이 완성됐다. 지금의 영국박물관이다. 한편 가장 큰 영역을 차지하고 있던 자연사 부문은 전시공간을 확보하기 위해 하이드파크 남쪽 사우스켄싱턴에 새 건물을 지어 1881년에 옮겨갔다.

영국박물관의 관장은 초기에 도서관장으로 부르다가, 1898년부터 관장 겸 도서관장 그리고 도서관이 독립한 1973년부터 관장으로 부르고 있다. 도서관장이 영국박물관의 관장을 맡아 왔기 때문이다. 이는 영국박물관 내에서 도서관의 위상을 보여 준다.

영국박물관의 초대 관장은 고원 나이트1713-1772였다. 철을 강하게

[그림 8-3] **영국박물관 건물.** 로버트 스머크가 그리스 건축양식을 모방해 설계했으며, 1857년에 완성됐다. 건물 위쪽 오목한 삼각형 공간에는 무지한 인간이 종교의 천사를 만나 땅을 경작하고 동물을 기르기 시작해 건축, 조각, 회화, 과학, 기하학, 연극, 음악, 시의 8개 문명의 진보를 이루는 과정이 조각되어 있다.

[그림 8-4] **영국박물관의 원형 독서실.** 영국도서관은 1753년에 영국박물관 부속 도서관으로 설립돼, 1973년에 독립했다. 초기 도서관장은 영국박물관 관장을 겸임했을 만큼 위상이 높았다.

자화시키는 방법을 알아내 나침반 바늘을 만들었던 물리학자다. 1756년 43세에 영국박물관의 초대 관장도서관장이 됐으며 사망할 때까지 16년 동안 자리를 지켰다.

　두 번째 관장은 네덜란드 출신 의사 매튜 마티1718-1776, 세 번째 관장 역시 의사 출신의 찰스 모턴1716-1799이었다. 영국박물관 관장들은 대부분 기사 작위를 받았다. 현재는 독일 함부르크 출신의 예술사 박사인 하르트비크 피셔1962-가 관장을 맡고 있다.

런던 자연사박물관

　빅토리아시대1837-1901는 영국 자연사 연구의 황금기로 불린다. 세계 각국에서 수집한 대규모 컬렉션이 호기심에서 과학적인 탐구로 바뀌는 시대였다. 왕립학회는 자연사를 체계화하는 데 중심에 섰다. 사람들은 자연사 컬렉션을 미신적인 믿음에서 객관적인 과학의 눈으로 바라보기 시작했다. 돈 많고 호기심이 많은 사람들이 자연사 컬렉션으로 '호기심의 방'을 꾸미는 것이 유행했던 시절이다. 특히 곤충에 대한 관심이 높아서 아마추어 곤충학자들이 채집망을 들고 곳곳을 누볐다.

　영국박물관의 컬렉션은 한스 슬론의 수집물이 기본이 됐지만, 많은 탐험가들의 컬렉션이 뒤이어 찾아왔다. 제임스 쿡5 선장은 대항해시대의 마지막 탐험가였다. 1766년 영국 군함 인데버호를 타고 태평양, 호주, 하와이, 뉴질랜드를 탐험했다. 표면상의 목적은 왕립학회의 요청으로 금성의 태양 통과를 측정하기 위해 타히티에 가는 것이었다. 금성의 태양 통과를 측정하면, 금성의 공전주기를 알 수 있었기 때문이다. 그리니치천문대의 천문학자가 따라간 이유다. 그러나 속셈은 남태평양의 미지의 땅을 개척

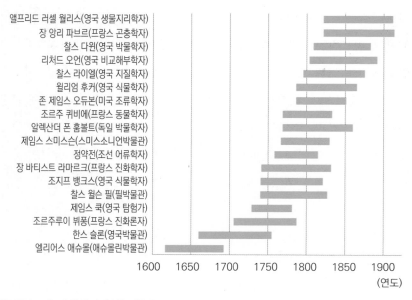

앨프리드 러셀 월리스(영국 생물지리학자)
장 앙리 파브르(프랑스 곤충학자)
찰스 다윈(영국 박물학자)
리처드 오언(영국 비교해부학자)
찰스 라이엘(영국 지질학자)
윌리엄 후커(영국 식물학자)
존 제임스 오듀본(미국 조류학자)
조르주 퀴비에(프랑스 동물학자)
알렉산더 폰 훔볼트(독일 박물학자)
제임스 스미스슨(스미스소니언박물관)
정약전(조선 어류학자)
장 바티스트 라마르크(프랑스 진화학자)
조지프 뱅크스(영국 식물학자)
찰스 윌슨 필(필박물관)
제임스 쿡(영국 탐험가)
조르주루이 뷔퐁(프랑스 진화론자)
한스 슬론(영국박물관)
엘리어스 애슈몰(애슈몰린박물관)

1600 1650 1700 1750 1800 1850 1900
(연도)

[그림 8-5] 대항해시대 박물학자. 16세기부터 19세기까지 항해의 발달로 자연 탐험이 크게 늘었다. 동식물과 지질에 대한 박물학자의 관심은 호기심의 방과 자연사박물관을 만들어 냈다.

하는 데 있었다.

리처드 오언1804-1892은 1827년부터 29년 동안 런던 헌테리안박물관[6]의 큐레이터로 근무하면서 비교해부학 연구와 수집자료 분류에 기여한 바가 크다. 화석 뼈로부터 멸종된 종들을 복원했던 작업은 그의 이름을 널리 알렸다. 1855년에는 런던 린네학회가 처음으로 제정한 린네 메달을 수상했다. '영국의 퀴비에'로 불리며 프랑스로부터 레지옹 도뇌르 훈장을 받기도 했다. 그에게는 대중강연 요청이 많아졌고, 정부는 그의 해박한 지식에 자문을 구하는 경우가 늘었다. 그에게 새로운 기회가 왔다. 영국박물관 자연사 부문의 책임자가 된 것이다. 그는 1856년부터 27년 동안 자연사 부문 책임자 자리를 지켰다.

영국박물관이 설립된 지 100년이 지나자, 한스 슬론이 애써 모았던 자연사 표본들은 거의 망실돼 가고 있었다. 팔려 나가기도 했지만, 관리 부실이었다. 그러나 빅토리아 탐험가들이 세계 각국에서 수집해 온 자연사 표본은 계속 늘었다. 자연사 표본을 보관하고 전시할 새로운 공간이 필요했다.

[그림 8-6] 리처드 오언. 의사이자 해부학자였던 오언은 공룡을 파충류와 다른 새로운 생물로 분류했다. 그는 자연사박물관을 자연의 경이로움을 느끼고 학습할 수 있는 공간으로 만들었다.
ⓒ Wellcome Collection

오언은 자연사 컬렉션을 위한 독립 건물을 짓고자 영국박물관 이사회를 설득했다. 1864년 앨버트홀과 빅토리아앨버트박물관을 설계했던 프랜시스 포크1823-1865가 자연사박물관 설계공모에서 우승했다. 오언은 자연사박물관을 자연을 위한 대성당으로 꾸미고 싶었다. 독실한 기독교 신자였던 그는 천지창조의 신화조차 건물에 담고자 했다.

프랜시스 포크가 갑자기 사망하자, 신예 건축가 앨프리드 워터하우스 1830-1905가 포크의 설계를 참고해 독일 로마네스크 스타일로 개성이 넘치는 자연사박물관을 설계했다. 곳곳에 동물과 식물 장식을 넣었다. 동쪽 건물에는 멸종된 종들을, 서쪽에는 살아 있는 종들을 배치했다. 현재와 과거를 연결시켰던 다윈의 진화론을 의식해, 오언이 둘을 분리할 것을 요구했기 때문이다. 건물의 외벽은 런던 기후에도 오래 견딜 수 있도록 테라코타를 사용해 더욱 아름다워졌다. 새롭게 지은 영국박물관 자연사박물관은 1881년 4월 18일 문을 열었다. 오언은 자연사박물관을 건축한 공로로 기사 작위를 받았다. 그러나 77세의 고령이었다.

[그림 8-7] **런던 자연사박물관.** 자연을 위한 성당을 만들고자 했던 리처드 오언의 꿈이 깃든 곳이다. 앨프리드 워터하우스가 고전적인 로마네스크 양식으로 설계했으며, 외부는 견고한 테라코타로 장식했다.

1884년 자연사박물관의 관장에 진화론자인 윌리엄 헨리 플라워1831-1899가 임명됐다. 그는 취임하자마자 오언의 전시를 완전히 파기하고, 진화론에 기초해 전시물을 새롭게 배치했다. 플라워는 포유류, 특히 영장류의 뇌에 대한 연구로 유명했다. 인간의 뇌가 다른 포유류와 다른 구조를 가지고 있다고 주장한 오언과 논쟁을 벌이기도 했다. 의사였지만 자연사와 박물관에 관심이 많아 미들섹스병원박물관, 해부학박물관, 왕립외과의대학Royal College of Surgeons 헌테리안박물관 등 병원 박물관에서 키퍼 역할을 했다. 그 사이 박물관의 기본적인 업무인 배열, 전시, 심지어 라벨을 붙이는 일까지 해 보지 않은 일이 없었다.

플라워는 자연사 컬렉션을 일반인이 관심을 갖는 전시 영역과 과학자들이 관심을 갖는 보전용으로 나누었다. 박물관의 기능이 전시와 연구로 나뉜다고 생각했던 것이다. 일반인을 위한 전시를 위해 디오라마와 같은 전시기법들을 활용했다. 연구 기능도 함께 키우고자 했던 그의 철학은 오늘날 런던 자연사박물관의 기틀이 됐다.

제2대 관장은 동물학자 레이 랭커스터1847-1929였다. 그는 취임하자마자 영국박물관 관장과 끊임없이 갈등을 겪었다. 영국박물관으로부터 자연사박물관을 실질적으로 독립시키고자 했기 때문이다. 자연사박물관은 물리적으로 독립했지만, 재정과 행정에서 여전히 영국박물관에 종속돼 있었다.

자연사박물관은 1963년 「영국박물관법」에 의해 영국박물관에서 독립했으나, 「1992 박물관미술관법Museums and Galleries Act 1992」에 의해 분리될 때까지 영국박물관 자연사박물관이라는 이름을 사용했다. 1986년에는 영국지질조사국의 지질학박물관을 합병했다. 현재는 두 건물이 독특하게 연결돼 있다. 누에고치 모양의 다윈센터는 200여 명의 과학자들이 연구하는 곳으로, 매년 700편 이상의 논문을 발표하고 있다.

영국의 탐험가

런던 자연사박물관에는 현재 8천만 점의 표본이 있다. 식물이 600만 점, 곤충이 3천400만 점, 동물이 2천900만 점, 고생물이 700만 점, 광물이 50만 점, 도서류가 150만 점이다. 자연사 연구는 오늘날 생물학의 발전을 가져왔다. 찰스 다윈, 앨프리드 러셀 월리스, 헨리 월터 베이츠와 같은 생물학자들의 노력 덕분이었다. 또 식민지와 무역을 하던 허드슨베이컴퍼니와 같은 회사도 기여했다.

찰스 다윈은 부유한 의사 집안에서 태어났다. 외갓집은 도자기로 유명

[그림 8-8] 찰스 다윈의 석상. 조지프 보엠이 1885년에 만들었으며, 런던 자연사박물관 건물을 지어 개관할 때부터 전시했다. 다윈이 앉은 계단 자리에는 원래 오언의 청동상이 서 있었으나 반대쪽으로 옮겨졌다. ⓒ Carlos Reusser, 2018

한 웨지우드 집안이다. 22세에 로버트 피츠로이와 함께 영국군함 비글호를 타고 5년간 남미와 호주를 탐험하고 돌아왔다. 그는 탐험에서 수집한 468점의 조류 컬렉션을 런던동물협회에 보냈다. 그중에는 갈라파고스핀치도 들어 있었다. 조류학자 존 굴드1804~1881가 표본들을 조사해 다윈이 범한 분류의 오류를 잡아 주고, 진화론에 도움이 될 결정적인 증거들을 찾아 주었다. 굴드는 다윈이 비글호 탐험에서 가져온 핀치의 가치를 언론에 알렸다.

다윈은 위대한 저서를 둘이나 남겼다. 2006년 과학잡지《디스커버》가 뽑은 인류 역사를 바꾼 가장 위대한 과학책 25권 중에서 1위와 2위가 다윈이 쓴《비글호 항해기》1839와《종의 기원》1859이었다.[7]

다윈의 컬렉션은 런던동물협회 박물관이 1855년 문을 닫으면서 곳곳으로 흩어졌다. 200여 점이 영국박물관으로 가 자연사박물관의 소장품이 됐다. 다윈이 《종의 기원》을 쓰기 위해 작성한 노트들은 꾸준히 수집돼 런던 자연사박물관 도서관에 보관됐다. 다윈에게 새로운 세계를 보여 줬던 비글호의 선장 로버트 피츠로이도 자신이 모은 컬렉션을 영국박물관에 기증했다. 이것도 런던 자연사박물관으로 옮겨졌다.

앨프리드 러셀 월리스는 동물 종의 분포와 지리학의 관계를 연구해 생물지리학의 아버지로 불린다. 금수저를 물고 태어난 다윈과 달리, 가난한 가정에서 태어나 초등학교를 겨우 졸업했다. 측량 보조로 일하던 그는 알렉산더 폰 훔볼트1769-1859, 찰스 다윈과 같은 자연 탐험가의 길을 꿈꿨다. 25세가 되던 해인 1848년부터 4년 동안 큐가든의 윌리엄 후커의 도움으로 남미 탐험에 나서, 수많은 곤충·동물·식물 표본을 수집했다.

남미에서 돌아온 월리스는 다시 말레이제도와 인도를 향했다. 1854년부터 8년 동안 월리스날개구리를 포함해 100여 종의 새로운 종을 발견하고, 오랑우탄 등 12만 5천여 점의 생물 표본을 만들어 영국으로 보냈다. 말레이제도에서는 바다를 사이에 두고 동물들이 차이가 나는 것을 발견했는데, 이를 월리스선이라고 한다. 이는 자연선택과 진화의 증거로 제시되고 있다.

월리스는 1858년 진화론의 내용을 담은 편지를 든든한 후원자였던 다윈에게 썼다. 최고의 학자였던 찰스 라이엘에게 보여 주기 위한 것이었다. 편지를 받은 다윈은 2주 뒤 부리나케 자신의 논문과 함께 월리스의 편지에 담긴 〈변종이 원형에서 끝없이 멀어지는 경향에 대하여〉라는 논문을 학회에 제출했다. 진화론이 세상에 드러나는 순간이었다. 이 논문은 동물이 살아남을 수 있는 것보다 훨씬 많은 새끼를 낳고 이 중 환경에 잘 적응한 새끼만 생존한다는, 자연선택에 의한 진화의 기본개념을 제시했다. 이듬해 다윈은《종의 기원》이라는 역사적인 책을 출판했다.

월리스는 많은 시간을 자연 탐사로 보내면서 자연선택에 대한 실증적인 기반을 만들었지만, 크게 빛을 보지는 못했다. 집안이 좋지 않았고, 말년에 심령주의, 예방접종 반대 등으로 이미지가 손상된 까닭이다. 그는 《말레이제도》1869,《동물의 지리적 분포》1876 등 21권의 책을 썼다. 월리스의 컬렉션 역시 런던 자연사박물관에 있다.

헨리 월터 베이츠는 1848년 앨프리드 러셀 월리스와 함께 아마존강의 열대우림 탐사에 나서 11년 동안 그곳에 머무르며 1만 4천여 종의 곤충 표본을 영국으로 가져왔다. 그중 8천 종은 새로운 종이었다. 그는《아마존강의 자연학자》1892라는 책을 남겼다. 그의 컬렉션은 대부분 런던 자연사박물관에 소장됐다. 그는 아마존의 곤충을 관찰해 최초로 의태mimicry를 연구했다. 의태는 포식자로부터 자신을 보호하기 위해 포식자에게 해가 되는 다른 동물을 흉내 내는 것이다. 파리에 가깝고 독이 없는 배짧은꽃등에는 배에 줄무늬가 있다. 독이 있는 벌처럼 보여 포식자인 새에게 먹힐 확률을 낮춰 준다.

허드슨베이컴퍼니는 1670년 영국 왕으로부터 칙허장을 받아 무역을 하던 북미에서 가장 오래된 회사다. 캐나다 북동쪽에 있는 엄청나게 넓은 허드슨만을 드나들며 모피 무역을 하면서, 허드슨만 지역의 영국 총독 역할까지 했다. 허드슨베이컴퍼니가 관할했던 지역은 북미 대륙의 15%에 달했다. 당시 세계에서 가장 큰 땅을 소유한 회사였다. 유럽은 소빙기가 절정에 달해 모피 수요가 많았다. 그들은 북극이 가까운 허드슨만 일대에서 가장 인기 있던 비버 가죽을 비롯한 모피를 확보하기 위해 탐험가를 고용했다. 자연사학자들도 있었다. 허드슨베이컴퍼니가 수집한 컬렉션은 런던 자연사박물관으로 들어왔다.

식물학과 곤충학

런던 자연사박물관에는 한스 슬론이 1687년부터 2년 동안 자메이카에서 수집한 1천589점의 식물 표본을 비롯해 다양한 식물 컬렉션이 있다. 스웨덴 식물학자 칼 폰 린네가 연구에 사용했던 컬렉션은 거의 대부분 런던 자연사박물관에 있다.

미국의 수집가 존 클레이턴1694-1773이 수집한 식물 표본은 린네에게 전달돼 린네식 분류법에 의해 분류된 최초의 아메리카 식물이다. 네덜란드 은행가였던 조지 클리포드1685-1760의 식물 컬렉션은 직접 수집해 정원에서 길렀던 것이다. 린네는 1735-1737년 그의 집에 머물며 식물 연구를 했다. 네덜란드 동인도회사의 의료행정인이었던 폴 허만1646-1695이 스리랑카에서 수집한 식물 컬렉션도 린네의 연구 대상이었다. 스웨덴으로 돌아온 린네는 웁살라대학교 교수가 돼 1747년부터 17사도라고 불렸던 제자들을 해외로 내보냈다. 사도들은 중국, 일본, 동남아시아, 아프리카, 아메리카, 인도 등을 탐험했다. 그들 중 7명은 스웨덴으로 돌아오지 못했다. 린네는 사도들을 외국에 보낼 때, 젊은 과부를 만들지 않겠다며 미혼만 선발했다.

1778년 린네가 사망하자, 영국의 식물학자 제임스 에드워드 스미스1759-1828는 린네가 평생 모은 컬렉션에 눈독을 들였다. 스미스는 린네의 부인에게 1천50파운드를 주고 수집품을 넘겨받았다. 조지프 뱅크스가 린네의 수집품을 옮기는 역할을 맡았다. 스웨덴 정부가 뒤늦게 이 사실을 알았지만, 린네가 평생 모은 컬렉션이 영국으로 옮겨진 뒤였다.

곤충학에서는 한스 슬론의 컬렉션과 조지프 뱅크스의 컬렉션이 유명하다. 슬론은 식물학자였지만 곤충도 수집했다. 그의 컬렉션은 린네가 《자연의 체계》1735에서 언급할 정도로 대단했다. 슬론은 제임스 페티버

1658-1716, 레오나르드 플루케1642-1706와 같은 다른 수집가들의 컬렉션도 사들였다. 조지프 뱅크스가 수집한 컬렉션은 런던린네학회에 기증됐으나 후에 영국박물관으로 이전됐다.

공룡과 조류

런던 자연사박물관 입구에 들어서면, 왼쪽에 가장 인기 있는 공룡관이 있다. 69종, 157점의 표본을 보유하고 있다. 영국은 물론 캐나다, 탄자니아, 모로코, 인도, 루마니아, 미국 등지에서 수집한 것이다.

기드언 맨텔1790-1852이 수집한 컬렉션은 역사적으로 가장 유명하다. 맨텔은 외과의사였지만 지질학에도 관심이 많았다. 그는 서식스 지방에서 화석을 찾아냈다. 1억 4천500만 년 전부터 6천500만 년 전까지의 백악기白堊紀 지층에서였다.[8] 그의 부인도 그를 도와 1822년 당시까지 본 적이 없는 몇 개의 이빨 화석을 발견했다. 맨텔은 이 화석을 프랑스 학자 조르주 퀴비에1769-1832에게 보여 줬지만, 그 역시 정체를 알지 못했다. 맨텔은 이 화석이 이구아나를 닮았다 해서, 이구아노돈Iguanodon이라고 이름 지었다. 힐라에오사우루스Hylaeosaurus도 발견했다. 맨텔이 영국 백악기 지층에서 발견한 화석들은 런던 자연사박물관의 중요한 컬렉션이 됐다. 오언은 1842년 맨텔이 발견한 이구아노돈과 힐라에오사우루스를 '공룡Dinosauria'이라고 불렀다.

조류 컬렉션은 역사적인 탐험의 결과다. 대표적으로 제임스 클라크 로스1800-1862가 이끈 1839-1843년 남극 탐험을 들 수 있다. 그는 18세에 처음 북서항로를 탐험한 이래 수없이 북극을 다녀왔다. 1831년 6월 1일에는 최초로 자북극에 도달했다. 1839년부터는 남극탐험대를 이끌고 자남극을 찾아 나섰다. 남극 탐험에서는 로스해 로스섬에 위치한 화산인 에러버스산과 테러산 등을 발견했다. 이 탐험 과정에서 상당한 조류 컬렉션과 광물 컬렉션을 수집했다.

런던 자연사박물관의 자랑 중 하나는 새 가죽birdskin 컬렉션이다. 8천 종, 75만 점으로, 지구상에 존재하는 새의 85%에 이른다. 가장 오래된 것은 제임스 쿡 선장이 1770년대 항해에서 수집한 것이다. 이 밖에도《아메리카 조류》1838를 쓴 존 제임스 오듀본1785-1851,《새의 1세기》1873를 쓴 존 굴드, 찰스 다윈, 앨프리드 러셀 월리스, 로버트 피츠로이 선장의 조류 컬렉션이 있다.

정치가들의 조류 컬렉션도 유명하다. 알렌 옥타비언 흄1829-1912은 인도국민회의를 만들어 인도 독립에 큰 힘을 보탰던 학자다. 의학을 전공한 그는 20세부터 65세까지 인도에 머물면서 인도 지역 생물을 연구했다. 그가 1882년 영국박물관에 보낸 표본 수는 8만 2천 점에 이른다. 그중 조류학에 대한 연구와 컬렉션은 대단했다. 그는 여러 권의 인도 조류에 대한 책을 써 인도 조류학의 아버지로 불리고 있다.

월터 로스차일드1868-1937 남작은 기독교로 개종하지 않고 영국 귀족이 된 유대인이다. 제1차 세계대전 때 선조로부터 물려받은 막대한 부를 영국 군자금으로 제공해 이스라엘 독립을 도왔다.

로스차일드 남작은 케임브리지대학교에서 동물학을 전공했다, 졸업 후 가족이 운영하는 은행업에 종사했지만, 동물 박물관의 꿈을 저버리지 않고 직접 또는 다른 학자들을 동원해 많은 표본을 모았다. 30만 점의 새 가죽, 225만 점의 나비, 3만 점의 딱정벌레, 수천 점의 포유류·파충류·물고기 표본을 모았다. 그는 로스차일드기린을 비롯해 17종의 포유류, 58종의 새, 153종의 곤충을 새로 발견됐다. 그는 1892년 개인 박물관을 설립해 꿈을 이뤘다. 그가 죽자, 수집했던 상당수의 조류 컬렉션이 뉴욕 미국자연사박물관에 팔려갔고, 나머지는 그의 유언에 따라 영국박물관에 기증됐다. 트링에 있던 월터로스차일드동물학박물관은 그를 기리기 위한 것으로, 2007년 4월 트링자연사박물관으로 이름이 바뀌었다.

지질학박물관

빅토리아시대에 지질학은 뜨거운 감자였다. 종교적인 전통주의자와 세속적인 지질학자 사이에 논란이 있을 수밖에 없었다. 지구의 역사가 수백만 년이 됐다고 생각하는 순간, 《성경》의 창세기와 부딪히는 갈등이 시작됐다.

런던지질학회는 1807년 조지프 프리스틀리의 제자 아서 에이킨1773-1854, 화학자 험프리 데이비1778-1829 등 13명의 발기인이 모여 설립했다.[9] 런던지질학회는 1825년 조지 4세로부터 칙허장을 받았다. 런던지질학회는 뛰어난 지질학자들의 연구업적을 쌓아 나갔다.

윌리엄 스미스1769-1839는 1815년 영국의 지질지도2.6×1.8m를 최초로 만든 지질학자다. 지질도는 지질단면 정보를 포함하고 있었으며, 400본이 제작됐다. 그중 5개를 자연사박물관이 보유하고 있다. 스미스는 측량사의 조수로 일하면서 지질에 관심을 가졌고, 탄광과 운하를 돌면서 지층 정보를 습득했던 것으로 알려지고 있다. 층서학의 창시자로 불린다.

찰스 라이엘은 지질학의 아버지로 불린다. 1830년 《지질학의 원리》를 썼다. 옥스퍼드대학교에서 윌리엄 버클랜드로부터 지질학을 배웠다. 버클랜드는 애슈몰린박물관의 키퍼였으며, 영국박물관 운영에도 기여했다.

메리 애닝1799-1847은 화석 판매상 겸 고생물학자였다. 그가 자란 마을은 쥐라기 화석들이 많이 출토돼 관광 상품으로 팔았다. 나폴레옹전쟁 1803-1815으로 영국이 경제적으로 어려웠던 시기에 화석 판매는 괜찮은 돈벌이였다. 애닝은 12세 때부터 화석을 발굴해 판매하면서 어린 나이에 고생물학을 연구했다. 그 결과 어룡·수장룡·익룡 등 다양한 공룡을 발굴할 수 있었다. 최초의 여성 고생물학자였지만, 불행하게도 여성이고 비국교도라는 이유로 런던지질학회에 가입할 수 없었다. 고고학의 어머니로 불린다.

애덤 세지윅1785-1873은 케임브리지대학교의 지질학교수로 지질연대를 만들었다. 안타깝게도 그는 자신의 제자인 다윈의 진화론을 반대하는 입장에 섰다. 과학 연구와 종교적인 신념을 구분하면서 신의 창조 활동을 믿었다. 빅토리아시대에는 세지윅과 같은 창조과학자들이 많았다. 케임브리지대학교에는 그의 이름을 딴 세지윅지구과학박물관10이 있다.

영국 지질학을 크게 발전시킨 계기는 1835년 정부가 실시한 병참지질조사였다. 지질학회 부회장이었던 헨리 드 라 베시1796-1855가 그 책임을 맡았다. 데본 지역을 조사하는 첫 업무는 성공적이었고, 병참부 내에 지질조사국이 만들어졌다. 국가기관으로 지질조사국을 둔 것은 영국이 처음이다. 지질조사 부서는 광물자원이 어떻게 분포했는지 조사했는데, 이는 산업혁명에 기여하고 지질학과 지질학박물관을 발전시켰다.

베시는 노동위원회로부터 경제지질학박물관을 설립하기 위한 재원을 받아 내, 1841년 크렉스코트에서 개관했다. 광물자원은 물론, 시멘트, 타일, 총신과 야금 제품, 조각상, 도자기와 같은 제품을 전시했다. 도자기와 세라믹 제품은 후에 빅토리아앨버트박물관으로 보내졌다.

박물관 업무와 지질조사 업무가 점차 커지자 새로운 건물이 필요했다. 때마침 1851년 런던 만국박람회가 열리면서, 앨버트 공은 경제지질학박물관과 지질조사국을 런던의 중심가인 저민스트리트로 옮겼다. 1851년 5월 12일 강의실, 실험실 등을 갖춘 실용지질학박물관이 정식 개관했다. 같은 해 함께 만들어진 광산학교는 1872년 독립해 사우스켄싱턴으로 옮겨갔다.

실용지질학박물관은 1935년 사우스켄싱턴에 새로운 건물을 짓고 지질조사박물관으로 이름을 바꿨다. 1984년 영국지질조사정부기관가 생기면서 런던 자연사박물관의 지구관이 됐다. 입구에는 여전히 지질조사박물관이란 이름이 새겨져 있으며, 2천여 개의 운석, 12만 3천 점의 암석, 1만 5천 점의 광석 등을 소장하고 있다.

런던 자연사박물관을 방문한다면

런던 자연사박물관의 입구는 두 곳에 있다. 남쪽 정문은 자연사박물관으로 들어가는 입구고, 동쪽은 지구관으로 들어가는 입구다. 지구관 입구에는 철·아연·구리를 섞어 만든 커다란 회전 지구본이 있다. 그 사이를 에스컬레이터를 타고 들어가면 마치 지구 속으로 들어가는 느낌을 받는다. 자연사박물관과 지구관은 연결돼 있어 어디로 들어가든 모두 무료로 관람할 수 있다.

자연사박물관 건물은 성당을 연상시킨다. 신앙심이 컸던 오언의 뜻이 반영된 것이다. 중앙에 있는 힌츠홀은 세계 각국의 식물을 손으로 그린 162개의 황금빛 타일이 걸려 있는데, 1881년 개관할 때부터 140년 넘게 그 화려함을 뽐내고 있다. 그중에는 레몬·배와 같은 과일나무, 담배·양귀비와 같은 약용식물, 진달래·붓꽃·해바라기와 같이 누구에게나 친숙한 꽃도 있다. 힌츠홀 아치에는 곳곳에 원숭이가 매달려 있다. 모두 78마리다. 그 숫자가 무엇을 의미하는지 모르겠지만 모습이 정교하고 다양하다.

[그림 8-9] 지구관 에스컬레이터. 지질학박물관은 1841년에 개관했으며, 1984년 자연사박물관과 합병됐다. 지구관 입구의 회전하는 지구는 1996년 재개관 시에 지질 컬렉션에 대한 호기심을 끌기 위해 설치했으나, 지금은 돌지 않는다.

과학자들의 도움을 받아 스케치한 것을 바탕으로 만들었다고 한다.

힌츠홀[11]에는 커다란 대왕고래 '블루Blue'가 허공을 유영하며 관람객을 맞이한다. 대왕고래는 공룡을 포함해 지구상에서 살았던 동물 중에서 가장 크며 수명은 80-110년이다. 블루는 1891년 3월 25일 포경선의 작살에 목숨을 내놓은 열 살배기 어린 고래다. 몸길이는 25.2m다. 박물관에 전시된 최초의 대왕고래로 그 역사적 가치가 높다.

대왕고래가 차지한 공간은 그동안 '디피Dippy'라는 애칭을 가진 디플로도쿠스 공룡화석이 지키고 있었다. 디플로도쿠스는 미국 피츠버그 카네기자연사박물관[12]에 있는 원본을 본떠 주조한 것이다. 1905년 자선사업가 앤드루 카네기1835-1919가 에드워드 7세1841-1910에게 선물한 것이다. 이 소식을 들은 독일의 카이저 빌헬름 2세도 복제품을 요구했고, 젠켄베

[그림 8-10] **힌츠홀.** 런던 자연사박물관의 중앙에는 과거에 디플로도쿠스가 있었으나, 지금은 대왕고래의 뼈가 전시돼 있다. 천장에는 162개의 황금빛 꽃이 장식돼 있고, 아치에는 원숭이 조각상이 매달려 있다.

르크자연사박물관[13]에 전시됐다. 디피는 런던 자연사박물관을 떠나 다른 자연사박물관을 순회할 예정이다.

2017년 블루가 들어선 힌츠홀에는 새로운 컬렉션들이 얼굴을 내밀었다. 1844년 리처드 오언이 수집한 1만 3천 년 전의 아메리카 마스토돈, 1917년 영국 와이트섬에서 발굴된 1억 2천만 년 전의 만텔리사우루스, 지구에 최초로 산소와 생명체가 나타난 증거를 제시하는 25억 년 전의 지층, 1822년 칠레 아타카마사막에서 발견된 태양계 나이와 같은 이밀락 운석, 120년 된 300kg의 산호, 가장 크고 빠른 물고기인 청새치 등이다. 그중에서도 1974년 에티오피아에서 발견된 오스트랄로피테쿠스 루시의 복제 화석이 가장 눈길을 끈다.

제9장

미국 독립과 필박물관

학습자는 익숙한 것으로부터 낯선 것으로 인도되어야 한다.

– 찰스 윌슨 필(1741-1827), 박물관 사업자

한 무리의 청교도들이 1620년 영국 플리머스 항구에서 화물선인 메이플라워호를 타고 미국 매사추세츠주 플리머스로 이주했다. 개척의 역사는 더뎠지만, 세월은 빠르게 흘렀다. 1640년 2만 5천 명 정도였던 뉴잉글랜드의 인구는 50년 뒤 20만 명, 130년 뒤에는 200만 명으로 늘어났다. 영국은 비록 북미 동쪽 해안에 머물렀지만, 13개 식민지를 거느리게 됐다. 북미 대륙의 나머지 대부분은 스페인과 프랑스가 차지하고 있었다.

그런데 작은 13개의 식민지가 함께 뭉치는 사건이 발생했다. 영국인들은 차를 마시는 문화가 있었고, 식민지 영국인들에게도 생활의 일부였다. 1773년 영국이 식민지의 차 무역을 독점하려 하자, 화가 난 식민지 영국인들이 보스턴 항구에 정박해 있는 배를 습격해 홍차 상자를 바다에 던져 버렸다.

식민지 영국인들은 영국 본국에 대한 불만이 쌓일 대로 쌓인 상태였다. 우선 식민지의 공업발전을 방해했기 때문이다. 본국에서 부족한 포도주프랑스 수입 품목, 향신료포르투갈 수입 품목, 목재, 모피, 고래기름 등만 생산토록 했다. 나머지 공업제품은 본국의 제품을 쓰도록 했다. 「항해법」1651은 본국으로 보내는 식민지의 수출품을 본국 선박이 독점 운송하도록 했다. 「주요산물법」1663은 식민지가 수입하는 외국 물자를 본국 항구를 경유토록 하여 관세를 걸었다. 식민지는 독자적인 화폐를 만들 수 없었다. 본국도 나름대로 불만이 많았다. 식민지를 유지하는 데 드는 비용에 비해 그리 이득을 취하지 못했기 때문이다. 본국은 식민지에서 사용하는 모든 서류, 고지서, 신문, 연감, 카드 등에 인지를 붙여 세금을 거두려고 했다인지조례. 식민지 영국인들은 '대표권이 없다면 과세도 없다'라며 대들었다.

영국 본국은 곧바로 보스턴 항구를 폐쇄했다. 이에 맞서 식민지 영국인들은 필라델피아에서 대륙회의를 열고 식민지의 자치권을 주장했다. 결국 1775년 식민지 영국과 본국 사이에 전쟁이 일어나 1783년까지 계속됐다. 식민지 영국인들은 전쟁 중이던 1776년 필라델피아에 모여 미국 〈독립선언서〉[1]를 낭독했다.

> 모든 사람은 평등하게 태어났고, 창조주는 몇 개의 양도할 수 없는 권리를 부여했으며, 그 권리 중에는 생명과 자유와 행복의 추구가 있다. 이 권리를 확보하기 위하여 정부를 조직했다.

미국 과학관의 역사도 국가의 탄생과 함께 출발했다. 국토 조사 과정에서 자연사와 생물학이 발전했고, 산업을 발전시키는 과정에서 과학기술이 발전했다. 과학관은 그 현장을 기록했다.

미국 최초의 과학관

미국 최초의 과학관이 어디인지는 학자마다 견해가 다르다. 시기적으로 가장 먼저 언급되는 곳은 찰스턴박물관, 미국박물관, 필박물관 등이다.

미국이 독립하기 몇 해 전인 1773년, 사우스캐롤라이나에 찰스턴박물관이 세워졌다. 1753년 영국박물관이 설립되자 자극을 받아, 사우스캐롤라이나의 자연사를 모아 설립했던 것이다. 영국의 최신 도서를 수입하기 위해 만든 찰스턴도서관협회에서 설립하여, 동식물 표본, 문화적인 것들로 전시를 꾸몄다.

초대 큐레이터는 찰스 코츠워스 핑크니1746-1825였다. 핑크니는 사우스캐롤라이나주 법무장관을 지낸 아버지의 영향으로 옥스퍼드대학교에서 법률을 공부했지만, 과학에 관심이 많아 프랑스에서 식물학과 화학을 공부했다. 그는 고향에 돌아와 변호사를 개업하고 찰스턴도서관협회의 후원자가 됐다. 그가 첫 큐레이터가 된 것은 해박한 과학지식 때문이었다. 박물관이 제대로 구성된 것은 새로운 건물을 짓고, 스위스 출신 지질학자이자 생물학자인 루이 아가시1807-1873[2]의 자문을 통해 컬렉션을 정비한 1852년이다.

또 하나의 박물관이 1782년 필라델피아에 세워졌다. 이름은 미국박물관으로, 50센트 입장료를 받는 유료 박물관이었다. 설립자는 스위스 제네바 출신의 피에르 드 시미티에르1737-1784였다. 미국 독립영웅의 초상화를 잘 그렸던 화가로, 그가 그린 조지 워싱턴1732-1799[3] 초상화는 1791년 1센트 동전의 디자인으로 사용됐다. 흔히 '워싱턴 센트'라고 불린다. 그는 동전에 '여럿이 모여 하나'라는 뜻의 '에 플루리부스 우눔E Pluribus Unum'이라는 건국이념을 넣었다.

드 시미티에르는 미국을 상징할 박물관을 꿈꿨다. 자연사 표본, 동전,

[그림 9-1] **찰스 윌슨 필의 자화상.** 찰스 윌슨 필은 미국 자연사 연구와 과학관 발전에 많은 업적을 남겼다. 박제술을 배워 직접 표본을 만들고, 최초로 고생물학 발굴단을 조직하고, 과학적인 분류법에 따라 전시관을 구성했다. ⓒ Charles Willson Peale, 1791, 스미스소니언 초상화박물관 소장

인쇄물 같은 것들을 모아 전시했다. 그는 신문에 박물관을 홍보했지만, 박물관은 2년을 버티지 못했다. 드 시미티에르가 사망하자, 뒤이어 운영할 사람이 없었기 때문이다. 그가 모아 놓은 문서들은 필라델피아도서관으로 팔려 갔고, 다른 수집품은 뿔뿔이 흩어졌다.

찰스 윌슨 필은 드 시미티에르처럼 미국의 독립영웅을 그렸던 초상화화가였다. 벤저민 프랭클린1706-1790, 조지 워싱턴, 토머스 제퍼슨1743-1826의 초상화를 그려 유명해졌다. 장교로 독립전쟁에 참가했던 것은 독립영웅들과 친해지는 계기가 됐다. 그는 1784년 자신의 화랑을 이용해 독립영웅들의 초상화를 전시하는 박물관을 만들었다. 그곳에서 당시 런던에서 유행하던 움직이는 그림 쇼였던 에이도푸시콘Eidophusikon을 상연했다. 첫 작품은 존 밀턴1608-1674의 〈실낙원〉1667이었다. 유료로 운영했던 그의 박물관은 성공적이었다. 그는 사람들의 관심을 읽는 데 천부적이었다.

필박물관에서 인기 있던 그림 하나가 있었다. 펜실베이니아대학교의 초대 의학교수였던 존 모건1735-1789이 의뢰한 마스토돈 화석의 그림이었다. 이 그림이 사람들의 관심을 끌자 필은 크게 깨닫고, 미국의 자연사를 전시하는 박물관을 만들겠다고 나섰다. 미국철학회 회장이었던 토머스

[그림 9-2] **필라델피아 필박물관**. 1822년 찰스 윌슨 필과 티티안 필이 필박물관 1층 모습을 그린 작품이다. 왼쪽에는 자연사 표본들이, 오른쪽에는 그림과 조각상들이 전시되어 있다. 가운데는 가스등이 설치됐다. ⓒ Detroit Institute of Arts

제퍼슨이 수집품을 모으는 데 도움을 주었다. 필은 1786년 7월 18일 미국 철학회 건물을 빌려 미국 최초의 자연사박물관이라고 할 수 있는 필박물관을 개관했다.

필박물관에는 새, 포유류, 곤충, 파충류, 식물, 광물, 조개류, 화석 등이 전시됐다. 메달, 옛날 화폐, 인디언 물건과 같은 것들도 함께 전시됐다. 박물관의 초기 형태인 '호기심의 방'의 모습 그대로였다. 살아 있는 동물을 모은 작은 동물원을 두었는데, 아이들에게 인기였다. 그는 신의 뜻이 자연의 섭리와 같으며, 자연을 이해함으로써 행복해질 수 있다고 믿었다. 전시물을 린네의 분류체계에 따라 정리하는 등 박물관 관리에도 치밀함을 보였다.

필은 1801년 미국 최초로 고생물학 발굴단을 조직해 뉴욕주 몽고메리

[그림 9-3] 찰스 윌슨 필의 마스토돈 발굴. 찰스 윌슨 필은 미국 최초로 자연사 화석을 발굴했다. 그가 1806년에 그린 마스토돈 발굴 모습은 다소 허구적이기는 하지만 미국 최초의 자연사 발굴 기록이라고 할 수 있다. ⓒ Maryland GovPics, 2018, 볼티모어 시립박물관(필박물관) 소장

근처에서 마스토돈을 발굴했다. 발굴 작업에는 5개월에 걸쳐 2천 달러가 투자됐으며, 2점의 마스토돈이 발굴됐다. 그때 발굴된 마스토돈은 현재 뉴욕 미국자연사박물관과 독일 다름슈타인의 헤센박물관에 각각 소장돼 있다.

필은 프랑스혁명으로 탄생한 파리 자연사박물관을 동경했다. 12명의 교수들이 강의하는 것을 보고 자신의 박물관에 도입했다. 강의는 1주일에 2번 했으며, 자신도 참여했다. 필박물관의 수집품들은 필라델피아 과학자들에게 연구 기회를 제공했다. 알렉산더 윌슨1766-1813이 《미국 조류학》을, 존 골드먼1794-1830이 《미국 자연사》를 쓸 때 필박물관의 전시품을 참고했다.

필은 8쪽의 박물관 안내서를 만들어 관람객에게 제공했다. 전시물을 안내할 뿐 아니라 교육 목적도 띠었다. 안내서에는 충격적인 전기장치, 신기한 화학 등이 소개됐다. 필박물관은 야간개관도 했다. 처음에는 고래기름 램프를 조명으로 사용했으나, 1816년 가스등으로 바꾸었다. 가스 조명으로 밝혀진 박물관은 인기 장소가 됐다.

찰스 윌슨 필이 1810년 은퇴하자, 필라델피아의 필박물관은 넷째 아들 루벤스 필1784-1865이 맡았다. 루벤스는 수익이 나는 오락 쪽에 관심이 많았다. 자연사 전시보다 과학과 전시 쇼에 집중했다. 매직랜턴, 움직이는 그림 등이 그 예다. 둘째 아들 렘브란트 필1778-1860은 두 번째 필박물관을 볼티모어에 개관하고 미국인들의 애국심을 자극하기 위해 영국의 화포와 포탄을 전시하기도 했다. 볼티모어 필박물관 건물은 미국에서 가장 오래된 박물관 건물로 남아 있다. 그러나 박물관 철학이 없었던 두 아들은 아버지만큼 사업을 잘하지는 못했다.

찰스 윌슨 필은 유럽의 박물관이 개인이 시작했지만 국가가 매입하여 소유하는 것을 보았다. 그는 자신의 박물관이 프랑스 자연사박물관처럼 국립박물관이 되길 바랐다. 국가의 재정적인 지원을 통해 건물을 짓고, 지속적인 수집 활동을 할 수 있기를 원했다. 적절한 입장료를 받음으로써 직원들의 급여를 충당하고, 컬렉션은 직원들의 연구활동을 통해 얻거나, 기증을 받기를 바랐다.4 필은 박물관 운영이 개인 노력만으로 이뤄지지 않는다는 것을 초기부터 간파하고 있었다.

필박물관의 운영은 오락에 대한 대중들의 관심이 바뀌면서 새로운 국면을 맞이하고 있었다. 극장이 대중화되고, 연극이나 다양한 오락 공연이 새로 생겨난 박물관들을 위협했다. 박물관에 과학 쇼와 과학실험이 등장한 것은 대중의 관심을 끌기 위한 것이었고, 피지의 인어와 같은 가짜 전시물을 전시하는 박물관도 있었다.

자신의 박물관을 국립박물관으로 바꾸려고 했던 찰스 윌슨 필은 토머스 제퍼슨을 박물관 위원장으로 모셨다. 그의 꿈은 연방정부의 지원을 받아 워싱턴에 국립박물관을 둔 국립대학을 세우는 것이었다. 그러나 이제 막 독립한 미국 정부는 그럴 여력이 없었다. 결국 미국 최초의 국립박물관은 1846년 영국의 제임스 스미스슨이 기부한 돈으로 스미스소니언협회를 만들 때까지 미뤄질 수밖에 없었다.

3대 대통령에 오른 토머스 제퍼슨의 가장 큰 업적은 1803년 프랑스로부터 루이지애나를 구입한 일이다. 이는 내륙으로 통하는 미시시피강을 자유롭게 이용할 수 있게 했을 뿐 아니라, 미국을 대륙 강국으로 발전시키는 발판이 됐다. 또 하나의 업적은 1804-1806년 미국 대륙과 태평양 연안을 과학적으로 탐사한 일이다. 이를 통해 미국의 지리, 생태계, 자원을 파악할 수 있었다. 제퍼슨은 무슨 이유였는지 모르지만, 이 탐사에서 얻은 일부의 자료들을 필박물관에 제공했다. 찰스 윌슨 필이 죽자 필박물관은 급격하게 쇠퇴하기 시작했다.

필박물관이 과학관 역사에서 갖는 의미는 과학적인 자료, 알기 쉬운 전시를 추구했다는 점이다. 교육과 오락, 두 가지 목적을 가지고 있었으며, 공공성과 상업성을 동시에 추구했다. 표본들을 과학적으로 분류해 전시했을 뿐 아니라, 과학자들의 연구에 도움을 줬다. 필박물관이 있었기에 스미스소니언이 생겨날 수 있었다는 말도 나온다. 이런 점 때문에 많은 학자들은 필박물관을 미국 최초의 과학관, 미국 최초의 박물관으로 꼽고 있다.

필라델피아 자연과학아카데미

필박물관은 역사 속으로 사라지면서 필라델피아에 중요한 흔적을 남겼다. 1812년 자연과학아카데미가 설립된 것이다. 미국 최초의 자연과학연구소며, 현존하는 미국 자연사박물관 중 가장 오래된 곳이다. 설립 목적은 과학을 함양하고 유용한 학습을 발전시키는 데 있었다.

필라델피아는 자선과 문화의 도시였다. 도시를 건설한 퀘이커교도들은 인디언들에게 친절했고, 다른 종교인들에게 관대했다. 도시에는 스코틀랜드와 아일랜드의 장로파, 독일의 루터파, 잉글랜드 국교파 등이 몰려왔다. 벤저민 프랭클린은 1731년 도서관을, 1743년 미국 최초의 학회인 미국철학회를 설립했다. 이러한 지적 문화가 미국 최초의 자연과학연구소를 만든 것이다. 자연과학아카데미를 만든 사람 중에는 찰스 필의 막내

[그림 9-4] 하드로사우루스. 미국 뉴저지주 해던필드에서 발견됐으며, 필라델피아 자연과학아카데미가 1868년 세계 최초로 전시한 공룡화석이다.

아들 티티안 필1799-1885도 들어 있었다. 미국 조류학과 곤충학을 개척한 탐험가였다.

자연과학아카데미는 1828년 일반인에게 문을 열었으며, 자연의 수수께끼와 함께 그 안에 담긴 혼돈을 보여 주었다. 1868년 세계 최초로 하드로사우루스 화석 골격을 선보여 큰 인기를 끌었다. 하드로사우루스는 1838년 존 에스토프 홉킨스가 뉴저지주 해턴필드 쿠퍼강에서 발견한 공룡이다. 영국의 조각가이자 자연사 아티스트인 벤저민 워터하우스 호킨스1807-1894가 골격을 맞추는 데 크게 기여했다.

컬렉션이 빠르게 늘어나자, 자연과학아카데미는 1876년 프랭클린연구소 옆에 새 건물을 지어 옮기면서 필라델피아의 문화 중심지가 됐다. 자연과학아카데미는 2011년 드렉셀대학교에 합병됐다.

제3부

과학관과 국가 개혁

Science
Museum

제10장

프랑스혁명과 과학관

우리는 사실만 신뢰해야 한다.
이것은 자연이 준 선물이며, 속일 수 없다.

– 앙투안 라부아지에(1743-1794), 화학자

카페 왕조987-1792의 루이 14세1638-1715는 겨우 5세에 왕위에 올랐다. 왕권은 어머니와 이탈리아 추기경 쥘 마자랭1602-1661이 섭정함으로써 유지했다. 마자랭 추기경이 죽은 뒤에야, 루이 14세는 왕권을 넘겨받았다. 23세 때였다.

프랑스의 중앙집권적 절대군주제는 아버지 루이 13세1601-1643 때부터 시작됐다. 9세에 왕위에 오른 루이 13세는 아르망 장 뒤 플레시 드 리슐리외1585-1642 추기경의 강력한 도움으로 절대군주제를 만들었다. 리슐리외 추기경의 더 큰 공은 프랑스어 표준화와 학술 진흥을 담당하는 프랑스 한림원을 세운 데 있다. 프랑스의 왕권은 리슐리외와 마자랭, 두 추기경의 도움으로 크게 강화됐다. 귀족들과 주로 상공업에 종사하며 개신교프로테스탄트를 믿던 위그노들은 상대적으로 힘을 잃었다.

루이 14세가 왕권을 물려받았을 때 장 바티스트 콜베르1619-1683가 혜성처럼 등장했다. 그는 재무장관으로 발탁돼, 해상무역을 강화하고 산업과 과학기술을 개혁했다. 국영공장과 전매제도를 만들고, 고블랭 태피스티리 공장, 조폐공장, 연초공장, 왕립인쇄공장, 화약 및 초석 공장들을 세웠다. 개인 사업에 보조금과 국가매입 지원제도를 마련했고, 유리·견직·모직 공업을 장려했다. 농업에서는 공업원료인 아마, 대마, 뽕나무의 재배를 장려했다. 대외무역에서는 2개의 동인도회사를 설립했다.

프랑스 과학한림원은 1666년 콜베르가 루이 14세에게 건의해 만든 기관이다. 콜베르는 과학 발달이 프랑스에 경제적 이익을 가져올 것이라고 생각했다. 과학한림원 회원은 20명으로 왕으로부터 봉급을 받았다. 최초로 봉급을 받는 직업 과학자가 탄생한 것이다. 모임장소는 현재 루브르박물관이 있는 국왕의 도서관이었다. 프랑스 과학한림원은 국가가 처음부터 재정을 지원해 운영했다는 점에서, 정부의 재정지원이 없던 영국 왕립학회1660와 대조적이다.

과학한림원은 1699년에 왕립과학한림원으로 바뀌면서 좀 더 체계화됐다. 자연과 기술에 관한 자료의 수집, 동식물의 연구, 프랑스 지도의 작성, 망원경과 현미경의 개량, 동력기관의 연구, 인체해부학, 수질검사 등의 연구과제를 수행했다.

파리천문대를 만든 사람도 콜베르였다. 그는 과학한림원을 설립할 때 주요 사업으로 2개를 추진했다. 하나는 해상력 강화를 위한 천문대 건설이고, 다른 하나는 프랑스 국가지형도 제작이었다. 이를 위해 이탈리아 볼로냐대학교 교수 조반니 도메니코 카시니1625-1712를 초빙했다. 고액 연봉과 파리천문대장직을 제공하자, 카시니는 프랑스로 귀화했다. 카시니는 파리천문대에 오자마자 토성의 위성들을 발견하는 성과를 올렸다.

파리천문대 건물은 1671년에 완공되어 그리니치천문대1675보다 앞섰다. 광학장비는 당대 최고의 렌즈 가공기술자였던 이탈리아의 주세페 캄파니1635-1715에게서 구입했다. 카시니 집안은 4대에 걸쳐 파리 자오선 측정과 지도 제작에 매달렸다. 파리천문대가 정한 자오선은 1884년 그리니치천문대 자오선이 세계표준으로 정해졌는데도 불구하고 1911년까지 사용됐다.

카시니가 만든 지도는 더욱 빛났다. 삼각측량으로 만든 세계 최초의 국가지형도였는데, 지구의 형태를 정의한 근대 과학연구의 결정체였다. 영국, 독일, 러시아도 프랑스 지도를 보고 국가지도 제작에 나섰다.

18세기 중반 프랑스에서 7만 1천818개 항목을 담은《백과전서 Encyclopédie》1752-1772 28권이 출판된 것은 중요한 사건이었다. 1728년 영국에서 출판된 예술과학대사전《사이클로패디아 Cyclopaedia》를 모방해서 만들었지만, 방대한 내용은 원조라 할 수 있는 영국을 압도했다. 편집은 철학자 드니 디드로1713-1784와 수학자 장 르 롱 달랑베르1717-1783가 주도했고, 원고 작성에는 루소, 몽테스키외, 볼테르 등 유럽 최고의 지식인과 계몽사상가가 대거 참여했다.

《백과전서》는 프랑스의 정치·사회·문화·학문 모두에 커다란 영향을 미쳤다. 파리의 살롱과 커피숍에서는 자유와 평등이 논의됐다. 이것이 프랑스혁명의 씨앗이 될 줄 아무도 몰랐다. 왕실은 불길하다고 느꼈는지, 《백과전서》를 금서로 지정하고 일부 기고자들을 감옥에 보냈다. 신과 왕조차도《백과전서》에서는 알파벳 순서에 따라 배열된 항목에 불과했다.

프랑스혁명

절대왕정을 구축한 태양왕 루이 14세로부터 시작된 왕실의 사치는 루이 15세1710-1774, 루이 16세1754-1793로 이어졌다. 왕들은 베르사유궁전을 지구상에서 가장 호화롭게 꾸미고, 귀족들과 향연을 즐겼다. 루이 16세의 왕비 마리 앙투아네트1755-1793는 사치의 대명사였다. 결정타는 북미에서 영국의 세력이 확대되는 것을 저지하기 위해 미국 독립전쟁1775-1783에 관여한 것이었다. 엄청난 재정 투입으로 국고가 바닥났고, 평민들은 굶주림으로 죽어 가고 있었다. 무능한 왕실과 사치스러운 귀족에 대한 평민들의 분노가 치밀 대로 치민 상태였다.

루이 16세는 세금을 내지 않고 있던 귀족과 성직자들에게 세금을 징수하기 위해, 1789년 1월 1일 성직자제1계급, 귀족제2계급, 평민제3계급의 대표자 모임인 삼부회를 소집했다. 그러나 개혁 의도와는 달리, 분위기가 이상한 방향으로 흘러갔다. 삼부회가 형식적으로 진행되면서 법률가, 주임사제, 기업가 등 지식인들이 있던 평민 대표들은 세금과 귀족들에 대한 불만을 쏟아냈다. 그들은 대의제 의회와 삼부회의 정기적인 개최를 요구했다. 만약 이런 일들이 잘 풀렸더라면, 프랑스의 군주제는 다시 황금시대를 열었을 것이다. 인민헌법을 만들어 냈을지도 모른다.

루이 16세는 삼부회가 뜻대로 진행되지 않자 해산을 명했다. 그러나 삼부회에 모인 평민 대표들은 물러서지 않고 국민회의를 구성했다. 그들은 6월 20일 회의장소가 없어 테니스코트에 모여, 자신들의 주장이 관철될 때까지 국민회의를 해산하지 않겠다고 선언했다. 왕의 명령을 거부한 것이다. 국민회의 의장에는 존경받던 천문학자 장 실뱅 바이1736-1793가 선출됐다.

국민회의는 계몽주의의 영향으로 시민의식이 성장하면서 자연스럽게 시민 중심으로 탄생했다. 시민들은 모든 인간이 이성적 존재로서 평등하며 법 앞에서 동등한 대우를 받아야 한다고 생각했다. 그들은 7월 9일 국민회의를 헌법제정국민의회로 바꾸고, 헌법 제정과 의회 설립을 추진했다. 7월 14일 국민의회 탄압에 분노한 시민들이 바스티유감옥을 습격했다. 무고한 사람들과 계몽사상가들이 투옥돼 있다고 생각한 것이다. 혁명에 참여한 일부 귀족과 성직자들은 모든 특권을 자발적으로 포기했다. 그들은 미국 독립전쟁을 지켜보면서 자유의 가치를 깨닫고 있었다.

과학자의 수난

프랑스혁명으로 권력을 쥔 헌법제정국민의회는 1791년 왕립과학한림원에 국가의 무게와 길이를 합리화하라는 명령을 내렸다. 그 결과 미터ᵐ, 킬로그램ᵏᵍ, 리터ᴸ의 표준이 탄생했다. 프랑스혁명 후 나타난 중요한 성과였다.

1792년 행정 기능이 있는 단원제 입법기관인 국민공회1792~1795가 등장해 절대왕조를 없애고 공화국을 세웠다. 국민공회는 귀족과 특권을 누리는 지식인들에 대한 반감이 커 왕립과학한림원을 없앴다. 과학자들조차 그들의 눈에는 특권세력이었다. 파리대학교가 폐교되는 상황에서 과학자를 포함한 지식인들의 수난은 예고된 것이었다.

장 실뱅 바이는 국민의회 의장을 거쳐 파리 초대 시장이 됐다. 핼리혜성의 궤도를 계산하고, 목성의 위성에 대한 논문을 쓴 그의 명성은 해외에도 잘 알려졌다. 그러나 파리시장 시절 루이 16세의 퇴위를 주장하는 시민을 진압하면서 마르스광장의 학살이 일어나자, 그 책임자로 단두대에서 처형됐다.

앙투안 라부아지에는 프랑스를 대표하는 화학자였다. 화학반응이 일어나기 전 반응물질의 질량과 화학반응 후 생성된 물질의 질량이 같다는 질량보존의 법칙을 발견했다. 정확한 실험을 통해 얻어낸 결과였다. 산소도 발견했다. 그러나 혁명정부는 그를 단두대에 세웠다. 시민들의 원성을 샀던 세금 징수원이었다는 사실을 부각시킨 것은 그를 제거하기 위한 명분이었을 뿐이다. 혁명정부는 그의 명성이 공화국에 걸림돌이 된다고 생각했던 것이다.

자크 도미니크 카시니1748-1845는 천문학자 집안에서 태어났다. 생가는 파리천문대였으며, 증조부인 조반니 도메니코 카시니 때부터 대대로 파리천문대장을 역임해 왔다. 카시니 집안의 탁월한 업적에도 불구하고, 혁명정부는 자크 도미니크 카시니를 감옥에 넣었다. 루이 14세의 전폭적인 지원을 받아왔다는 점, 정부의 재정지원으로 만든 지도가 너무 비싸 시민들이 구입하기 어렵다는 점을 이유로 들었다. 자크 도미니크 카시니는 과학자들의 청원으로 7개월간의 구금생활 끝에 가까스로 풀려났지만, 그가 제작한 지도와 동판은 국유화됐다. 카시니의 지도는 프랑스혁명 후 도로를 개선할 때 큰 역할을 했다.

프랑스혁명으로 4만여 명이 목숨을 잃었다. 기요틴과 총살로 그리고 감옥에서 사망했다. 왕립과학한림원 소속 과학자 중 6명이 기요틴에 목이 잘렸다. 한순간 공공의 적이 된 왕립과학한림원의 회원들은 1795년 8월 과학, 문학, 예술 분야의 한림원이 합쳐져 국립과학예술원이 만들어질 때 대부분 다시 회원으로 선출됐다.

자연사박물관의 설립

국민공회는 평민들의 불만을 잠재우기 위해 왕실을 해체하고자 했다. 왕실정원 또한 눈엣가시였을 것이다. 그들은 파리 왕실정원을 없애고 1793년 6월 10일 국립자연사박물관[1]을 만들어 일반인에게 공개했다.

왕실정원의 기원은 1635년 루이 13세가 만든 왕립약초원이다. 약초원에는 주로 치료 목적의 식물을 심었다.[2] 흑사병으로 고통을 겪던 중세 유럽에서는 약용식물원을 세우는 것이 유행하고 있었다. 왕립약초원은 루이 15세에 의해 약초가 제거된 왕실정원으로 꾸며졌다. 식물학자 베르나르 드 쥐시외[1699-1777]는 레바논에서 삼나무를 가져와 왕실정원에 심기도 했다. 레바논 국기의 중앙에 그려진 신성한 나무다.

왕실정원이 식물원으로 발전한 것은 1739년 자연사학자였던 조르주 루이 르클레르 드 뷔퐁[1707-1788]이 큐레이터가 되면서부터다. 그는 세계

[그림 10-1] 파리식물원의 뷔퐁 청동상. 뷔퐁은 50년 가까이 왕실정원의 책임자로 있으면서, 식물원의 연구 기능을 강화했을 뿐 아니라 44권의 방대한 《자연사》를 썼다. 진화론을 주장했던 뷔퐁의 동상은 1909년 진화관 앞에 세워졌다.
© Leonora, 2015

각국의 식물을 모았고, 왕실정원은 점차 연구기관, 박물관 성격의 식물원으로 발전했다. 뷔퐁은 생물의 진화, 지구의 변화 등을 설명하는 44권의 《자연사》를 저술했다.

장 바티스트 라마르크1744-1829는 1778년 《프랑스 식물지》를 출판했는데, 프랑스 초목에 대한 새로운 이분법적 분류가 뷔퐁의 눈에 띄었다. 그는 왕실정원의 식물학자로 고용돼 식물원을 발전시켰다. 장 프랑수아 드 갈로 라페루즈1741-1788?는 1787년 루이 16세의 명령으로 태평양을 탐험하면서 우리나라 제주도와 울릉도의 자연사도 탐사했다.

프랑스혁명이 일어나자, 왕실정원에서 일하던 라마르크는 실직 위기에 처했다. 라마르크는 식물원으로 발전하던 왕실정원을 살리기 위해 공공성에 초점을 맞춘 자연사박물관 건립 계획을 수립했다. 새로 만들어진 자연사박물관에는 베르사유궁전에 있던 컬렉션과 동물원이 이전돼 들어왔고, 귀족들이 소장하고 있던 자연사 표본과 서적도 입수했다.

나폴레옹 보나파르트1769-1821 시절에는 전쟁으로 얻은 전리품이 들어왔다. 1801년 에티엔 조프루아 생 틸레르1772-1844는 이집트에서 나일강 거북과 갈대고기를 가져왔다. 조르주 퀴비에1769-1832는 나폴레옹의 이집트 침략이 오직 이러한 표본의 수집에 의해서만 정당화될 수 있다고 말했다.

새로 설립된 자연사박물관은 파격적이었다. 12명의 교수를 두었고, 운영은 민주적이고 자치적으로 이루어졌다. 혁명이 선물한 새로운 문화였다. 라마르크는 무척추동물학교수가 됐다. 혁명정부의 새 일꾼이 된 라마르크는 자연사박물관에서 일하면서 지질학과 고생물학 쪽으로 눈을 돌렸다. 그의 진화이론은 찰스 다윈에게 영향을 미쳤지만, 루터교도였던 조르주 퀴비에로부터 심한 공격을 당했다.

자연사박물관의 초대관장은 루이 장 마리 도방통1716-1800이었다. 뷔퐁과 함께 왕실정원에서 일했던 자연사학자였다. 비교해부학과 고생물학의 창시자라 불리는 조르주 퀴비에는 네 번에 걸쳐 관장을 역임했다. 화학자 미셸 외젠 슈브뢸1786-1889은 1864년 자연사박물관 관장으로 임명된 이후 지방산, 색채이론, 당뇨 등에 관한 연구에 힘썼다. 전국적으로 100세 기념행사가 열릴 만큼 장수한 과학자다.

자연사박물관 컬렉션

파리 자연사박물관은 프란시스코 하비에 무니즈1795-1871의 컬렉션이 결정적인 기초가 됐다. 무니즈는 아르헨티나 부에노스아이레스대학교에서 의학박사학위를 받은 유능한 의사였다. 천연두 연구로 유럽에까지 이름이 알려졌다. 그는 자연사박물관을 만들 목적으로 고생물학 관련 자료를 수집했다. 그는 자신의 꿈을 이뤄 줄 사람이 아르헨티나연맹의 독재자 후안 마누엘 로사스1793-1877밖에 없다고 생각하고, 그동안 모았던 많은 화석들을 보내면서 도움을 청했다. 그러나 로사스 총독의 관심은 박물관 건립보다 외국과의 협상에 쏠려 있었다. 그는 아르헨티나를 봉쇄하고 있던 프랑스의 해군제독 장 앙리 두포테1777-1852에게 무니즈의 화석들을 넘겼고, 이 화석들은 고스란히 파리로 건너가 자연사박물관의 소장품이 되고 말았다. 무니즈가 수집한 컬렉션은 고생물학자 폴 제바이스1816-1879에 의해 연구됐다.

약사였던 퓌제 오블레1720-1778의 식물 표본도 자연사박물관의 주요 컬렉션이다. 프랑스 동인도회사가 약재를 구하고 식물원을 꾸미기 위해 1752년 오블레를 모리셔스에 파견했고, 그는 9년 동안 그곳에 머물렀다.

[그림 10-2] 파리 자연사박물관의 진화관. 1889년 만국박람회를 기념하기 위해 에펠탑과 함께 건축됐다. 노아의 방주를 모티브로 하고 있으며, 6천 m² 전시관에 3천여 점의 동물 표본이 전시돼 있다. ⓒ 전문균, 2019

이후 오블레는 프랑스령 기아나 카옌으로 옮겨 막대한 식물 표본을 채집했는데, 스위스 제네바공화국의 철학자 장 자크 루소1712-1778가 보관하다가 자연사박물관으로 보냈다.

오늘날 자연사박물관을 대표하는 고생물학및비교해부학관은 조르주 퀴비에가 만들었다. 공포정치가 수그러든 1795년, 그는 국립자연사박물관에서 비교해부학교수 자리를 얻었다. 들어가자마자 1만 6천여 종의 동물 표본을 갖춘 전시관을 만들었다. 전시관은 유럽의 명소가 됐으며, 훗날 영국의 해부학자 리처드 오언이 런던 자연사박물관을 설계할 때 참고했다.

고고학자 부셰 드 페르트1788-1868는 1837년 솜강 계곡에서 멸종된 포유류의 뼈와 주먹도끼 등의 석기를 발견했다. 유럽 사회는 그의 발견을 받아들일 수 없었다. 세계가 기원전 4004년에 창조됐다고 믿었기 때문이다.

[그림 10-3] **고생물학 및 비교해부학관.** 비교해부학자인 조르주 퀴비에가 만들었으며, 오늘날 자연사박물관 전시의 모델이 됐다. 멀리 2층 벽면으로 라스코 동굴벽화가 그려져 있다. ⓒ Jim Linwood, 2013

1859년 다윈이 《종의 기원》을 펴내자 판도가 바뀌었고, 페르트의 연구는 다시 주목받았다. 그의 수집품은 자연사박물관에 보관돼 있다. 현재 보관 중인 600여 개의 인류화석 중에는 네안데르탈인 화석도 있다.

광물학 분야는 루이 13세 때부터 수집됐다. 약초원을 만들면서 약용 식물을 모았는데, 왕의 구급상자에는 의약품 성질을 가졌을 것이라고 생각되는 광물이 포함돼 있었다. 18세기 광물 연구가 이뤄진 것은 의료적인 목적이었다. 뷔퐁과 다방통은 1745년 수집한 광물을 전시하는 자연사 성 Castle을 개관했다. 1833년 자연사박물관 건물이 건설될 때도 첫 번째로 지어질 만큼 광물은 중요시됐다. 일반인에게는 크리스털 갤러리와 보석방이 인기가 높았다.

운석은 주요한 컬렉션이다. 행성과 태양계의 기원을 밝히는 열쇠이기 때문이다. 18세기만 해도 운석은 두려움과 미신의 대상이었다. 운석을 처음 수집한 과학자는 현대 결정학의 아버지로 불리는 르네 쥐스트 아위1743-1822였다. 가톨릭 사제였던 아위는 라부아지에와 함께 미터법을 만들 때 물의 밀도를 측정했다. 프랑스혁명 때 시민헌법을 수락하는 맹세를 거부해 투옥됐지만, 처형은 면했다. 1794년 자연사박물관의 첫 광물학 큐레이터가 됐고, 1802년에는 광물학교수가 됐다. 그는 나폴레옹이 수여한 레지옹 도뇌르의 첫 수혜자가 됐다.

프랑스지질학회를 만든 루이 코르디에1777-1861는 아위와 더불어 운석을 수집하고 목록을 작성하기 시작했다. 그는 나폴레옹의 이집트원정에 참여했으며, 사망 전까지 78개의 운석을 수집했다. 자연사박물관은 현재 500여 점의 운석을 가지고 있다.

자연사박물관의 표본들은 미셸 아당송1727-1806이 물리적 특성을 바탕으로 식물 분류체계를 만들 때 중요한 자료가 됐다. 프로이센의 박물학자 알렉산더 폰 훔볼트1769-1859가 《코스모스》1845를 쓸 때 참고했고, 장바티스트 라마르크는 이를 바탕으로 《무척추동물지》1815를 썼다. 연구기관이기도 했던 자연사박물관은 1802년부터 학술잡지를 발행하기 시작했다. 1822년 도서관 장서는 1만 5천 권에 달했으며 대중들에게도 개방됐다.

프랑스혁명 이후 자연사박물관은 어느 과학기관보다 예산을 많이 받았다. 1825년 의학한림원에 19만 6천 프랑, 과학한림원에 7만 5천 프랑이 예산으로 책정됐던 반면, 자연사박물관에는 30만 프랑이 책정됐다. 교수들의 대우도 우수했다. 노동자 평균 연봉이 5백 프랑이었는데, 자연사박물관 교수들은 5천 프랑의 연봉을 받았다.

에콜 폴리테크니크

국민공회는 성직자와 지식인을 길러 내던 대학을 없애고, 공화국을 지킬 엔지니어를 교육하기 위한 새로운 교육기관을 세웠다. 1794년 3월 세워진 에콜 폴리테크니크는 세계 최초의 고등과학기술자 양성기관이었다. 초대 교수는 이탈리아 태생의 수학자 조제프 루이 라그랑주1736-1813, 수학자 피에르 시몽 드 라플라스1749-1827, 화학자 클로드 루이 베르톨레1748-1822 등 유명 학자들로 구성됐다. 학생은 경쟁을 통해 선발됐으며, 400명이 입학했다.

에콜 폴리테크니크는 수학자 조제프 푸리에1768-1830, 수학자 시메옹 드니 푸아송1781-1840, 화학자 조제프 루이 게이뤼삭1778-1850, 물리학자 오귀스탱 장 프레넬1788-1827, 해왕성을 발견한 위르뱅 장 조제프 르베리에1811-1877, 수학자 앙리 푸앵카레1854-1912, 방사능 발견으로 노벨 물리학상을 수상한 앙리 베크렐1852-1908, 코리올리 효과를 발견한 가스파르 귀스타브 드 코리올리1792-1843 등의 졸업생을 배출했다.

혁명정부가 에콜 폴리테크니크를 세운 이유는 오랫동안 운영해 오던 길드제도를 폐지하면서, 전문인력 양성이 필요했기 때문이다. 에콜 폴리테크니크는 최고의 교수진에 의해 체계적인 교육을 실시했다. 학생들은 열정적이고 우수했다. 교수들은 학생들과 토론 속에서 새로운 과학기술을 만들어 갔다.

하지만 프랑스의 중앙집권식 교육제도는 소수 엘리트 체계라는 부작용을 낳기도 했다. 1870년 프랑스가 프로이센-프랑스 전쟁에서 패한 이유를 중앙집권체계에서 찾는다. 반면 지방분권적이었던 독일은 연구 환경의 자유와 경쟁 체계를 유지함으로써 다양하고 두터운 인재 육성의 효과를 봤다. 프랑스를 모방해 온 독일이 오히려 프랑스를 앞서게 된 이유다.

이는 훗날의 평가고, 프랑스는 18세기 말과 19세기 초 과학기술을 사회개혁의 도구로 활용하고 있었다. 도로와 운하의 정비, 식민지 개척, 전쟁은 과학기술 연구를 활성화하는 계기를 만들었다.

최초의 산업기술과학관

데카르트의 생각과 백과전서파의 영향을 받은 국민공회는 1794년 프랑스 최초의 산업기술과학관인 기술공예박물관을 둔 국립공예원을 설립했다. 국립공예원의 설립목적은 공업교육이었다. 새로운 기계와 과학 실험장치들을 모으고 전시하면서 성인들을 대상으로 교육했다. 주로 야간 강좌를 열었다. 교육은 당시 산업이 요구하는 내용으로 채워졌는데, 오늘

[그림 10-4] **파리 기술공예박물관.** 앙리 그레구아르 신부는 11세기에 세워진 생 마르탱 데 샹 수도원을 활용해 기술사원인 공예원을 만들었다. 기술공예박물관에는 프랑스가 뉴욕 자유의 여신상을 만들기 앞서 안들었던 축소 석고모형을 전시하며 프랑스인들의 자손심을 세우고 있다. ⓒ 전문균, 2019

[그림 10-5] 앙리 그레구아르 초상화. 프랑스혁명에 참여한 그레구아르는 산업 위기를 국립공예원을 통해 극복하고자 했다. 그는 무지와 가난이 배움의 수단이 없기 때문이라고 생각하고, 귀족과 왕립과학한림원이 보유했던 것들을 한곳에 모았다. ⓒ Pierre-Joseph-Célestin François, 1800, 프랑스 로랭박물관 소장

날 과학관에서 벌이는 메이커 운동의 뿌리는 여기에서 찾을 만하다.

국립공예원을 서둘러 만든 이유는 특권적인 수공업과 수도원에서 실시하던 직업교육을 폐지하면서 기술인력 양성에 문제가 생겼기 때문이다. 침체된 자국 산업을 육성할 필요가 있었고, 영국의 기술자들이 산업혁명을 일으킨 것도 지켜보고 있었다. 전쟁 또한 기술자 없이 치를 수 없었다. 프랑스는 혁명 이후 산업이 엉망이 돼 있었다. 부르주아 기업인들이 혁명세력의 공격을 받자 해외로 빠져나갔기 때문이다. 1798년 파리에서 최초의 산업박람회를 개최한 것은 쓰러진 산업을 일으키려는 노력이었다.

국립공예원 설립안은 앙리 그레구아르[1750-1831][3] 신부가 마련했다. 그는 11세기에 세워진 생 마르탱 데 샹 수도원에 새로운 기술사원을 만들었다. "기술을 알지 못하는 사람, 기술을 배울 수단을 갖지 못한 가난한 사람들을 계몽하고자" 한 것이다.

국민공회가 1794년 10월 10일 제정한 「국립공예원 법령」 제1조에는 다음과 같이 적혀 있다. "농업공업위원회의 감독 아래 파리에 공예원이란 이름으로 모든 종류의 기술과 공예에 관한 기계, 모형, 공구, 도면, 설명서, 문서 등을 모은 보관소를 둔다. 발명되었든, 개량되었든 도구나 기계

의 원형은 공예원에 보관한다." 기술공예박물관이 국립공예원의 중심에 있었음을 알 수 있다.

앙리 그레구아르는 성직자였지만, 과학과 기술 교육에 관심이 많았다. 자연사박물관을 세워 왕실식물원을 보호했고, 국립공예원을 만든 뒤 제도교실1796, 면방적학교1804, 기하학강좌1806 등을 개설했다.

자크 드 보캉송1709-1782의 컬렉션은 국립공예원의 토대를 만들어 줬다. 보캉송은 29세 때 '플루트 연주자'라는 자동인형을 만들었다. 이 인형은 오르골뮤직박스과 같은 단순한 기계장치가 아니었다. 공기를 불어넣는 인간의 입술과 키를 누르는 인간의 손가락을 그대로 모방해 소리를 내도록 했다. '소화하는 오리'라는 오토마타는 한술 더 떴다. 꽥꽥 소리를 지르며 걸어 다니다가 물을 마시거나 음식을 삼켰고, 몇 시간 뒤에는 똥을 쌌다. 기계 오리가 음식을 소화할 수 있을까, 논란이 일었다. 후에 배설물을 몰래 갖다 놓았다는 것이 밝혀졌지만, 인간과 동물을 기계적으로 재현하겠다는 그의 천재적인 발상은 지금까지도 회자되고 있다.

[그림 10-6] 보캉송이 1748년에 만든 직기. 자동인형 발명가로 알려진 보캉송은 직기를 만들고 산업기계를 제작했던 기술자였다. 그가 만들고 수집했던 기계들은 공예원에 전시돼 기술자 양성에 활용됐다. ⓒ 전문균, 2019

보캉송은 자동인형으로 알려져 있지만, 산업기계를 제작했던 프랑스 최고의 기술자였다. 1741년 실크 공장의 감독관으로 임명돼 직기 개량에 크게 기여했다. 이 밖에도 다양한 공작기계를 만들었으며, 그 시대의 최첨단 기구들을 소유하고 있었다. 그가 죽자, 루이 16세는 그의 유산을 매입해 공공 목적의 왕실기계실을 만들어 발명가와 기술자들에게 공개했다. 현재 국립공예원 기술공예박물관에는 보캉송이 1748년에 만든 직기가 전시돼 있다.

나폴레옹과 과학자

나폴레옹 보나파르트는 프랑스혁명기에 혜성처럼 나타나 권력을 잡았다. 16세에 제2대위, 25세에 장군이 됐다.

나폴레옹은 과학에 관심이 많았다. 15세에 에콜 밀리테르에 들어갔을 때 그를 시험했던 수학과 교수는 피에르 시몽 라플라스였다. 그는 가스파르 몽주1746-1818, 화학자 클로드 루이 베르톨레와 가깝게 지냈다. 1797년 국립과학예술원의 수학물리과학 분과의 회원이 됐고, 나중에 이 분과의 위원장을 맡았다.

베르톨레는 라부아지에가 참수된 이후 프랑스에서 가장 저명한 화학자가 됐다. 1785년 암모니아, 1787년 청산, 1789년 황화수소의 구조를 밝혔다. 시안화수소HCN와 황화수소H₂S에 산소가 없다는 것을 통해 모든 산에 산소가 들어 있다는 라부아지에의 가설을 뒤집었다. 그렇지만 라부아지에의 연소이론을 지지한 최초의 프랑스 과학자였으며, 라부아지에의 새로운 화학명명법을 대중화시키는 데 큰 역할을 했다.

베르톨레는 면직산업에서 중요했던 염색과 표백을 크게 개선하는 연구업적을 남겼지만 특허를 출원하거나 이익을 얻지 않았다. 프랑스혁명 기간 동안에는 국립조폐청 위원과 농업부 위원을 역임했다. 이탈리아어에 능했던 베르톨레는 1796년 이탈리아에서 〈모나리자〉를 가져올 때 참여했으며, 화학자로서 미술품 복원작업에도 관여했다.

나폴레옹은 1798년부터 1801년까지 이집트원정[4]을 나서면서 160명의 과학자, 공학자, 예술가를 모았다. 과학자와 공학자는 탄약을 만들고, 먹을 것을 찾는 데 필요했기 때문이다. 한편으로는 이집트의 동식물과 지형을 연구하도록 했다. 학자들은 대부분 20-30대여서 열정적이었고, 이집트 과학·문화·사회에 대해 많은 것을 알아냈다. 나폴레옹 원정 전 유럽인들은 이집트에 대해 잘 알지 못했다. 이집트 원정대에 참가할 예술과학위원회는 베르톨레가 조직했다.

나폴레옹은 이집트연구소를 창설하고, 자신은 부소장을 맡았다. 연구소장으로는 가스파르 몽주를 임명했다. 조제프 푸리에는 비서에 임명됐다. 이집트연구소는 카이로 외곽의 하산 카쉬프의 넓은 궁전과 카심 베이의 정원을 본부로 선택했다. 설비는 파리에 있는 자연사박물관을 능가했다. 도서관, 동물원, 실험실을 갖췄으며, 궁전 응접실은 회의장이 됐다.

몽주는 이집트에서 신기루 현상의 비밀을 밝혔다. 착시 현상 중 하나인 신기루는 사막을 처음 경험해 보는 프랑스 병사들을 괴롭혔던 것 중 하나다. 오아시스 물을 찾더라도 먹지 못했기 때문이다. 푸리에는 이집트 천문에 대해 연구했다. 과학자들은 이집트인들로부터 석고를 쉽게 대량으로 만드는 방법, 병아리를 부화하는 인공 인큐베이터, 음료수와 물을 여러 날 동안 차갑게 유지하는 이집트 병에 대해서 배웠다. 동행한 화가는 과학자들이 발견한 꽃, 나무, 동물을 생생하게 그렸다. 공학자들은 테베 등의 유적 도면을 만들어 냈다.

로제타석은 엘 라시드로제타에서 요새를 만들던 프랑스 공병들이 발견했다. 그들은 그 중요성을 깨닫고 이집트연구소로 보냈다. 그러나 이집트 상형문자를 해석할 사람이 없었다. 로제타석의 해석은 1820년대에 장 프랑수아 샹폴리옹1790-1832에 의해 처음 이뤄졌다.

나폴레옹 원정대는 1801년 영국과 터키의 공격에 견디다 못해 이집트를 떠날 수밖에 없었다. 이집트에서 철수할 때는 수많은 유물, 파피루스, 광물, 동식물의 드로잉 자료와 기록을 가지고 돌아갔다. 그 자료들은 나폴레옹박물관현재의 루브르박물관에 보관됐다.

파리로 돌아온 나폴레옹은 이집트원정에 참여했던 과학자들을 명예와 돈으로 크게 보상했다. 나폴레옹은 레지옹 도뇌르 훈장을 제정하고, 라그랑주와 라플라스에게 그랑크루아대십자 다음으로 높은 등급의 그랑오피셰대장군를 수여했다. 베르톨레, 라플라스, 라그랑주, 몽주는 백작이 됐고, 2만 5천 프랑의 연봉을 받는 상원의원에 지명됐다. 푸리에는 그르노블에 주도를 둔 이제르주의 장관으로 임명되고, 남작이 됐다. 라플라스는 내무장관에 임명됐으며, 백작 작위를 받았다. 그는 감사의 뜻으로 《천체역학》 제3권을 나폴레옹에게 헌정했다. 나폴레옹이 과학자들을 크게 대우한 이유는 프랑스 국민의 삶의 질을 향상시키고 경제적 지위를 높이는 데 과학기술이 유용하다고 생각했기 때문이다.

나폴레옹 이후

국립공예원은 법적인 근거를 내밀며 전시품을 강제로 수집했다. 앙시앵레짐프랑스혁명 이전의 정치 사회체제 아래 보캉송이 수집했던 기계류와 모형, 구 왕립과학한림원의 도구와 기계류, 귀족계급으로부터 몰수했던 다량의 기구가 국립공예원으로 들어왔다. 라부아지에 실험도구, 마리 앙투아네트의 자동인형, 스위스 시계공이자 천문기기 제작자 요스트 뷔르기1552-1632의 천구의도 들어왔다. 영국에서는 첨단 기계들을 수입했다.

국립공예원은 1802년 일반인에게 공개되면서, 생 마르탱 지구의 수공업자와 상아·제본·보석 가공업자의 메카가 됐다. 기계제작소에서는 전문가들의 지도 아래 비싼 기계나 공구를 자유롭게 사용할 수 있었다. 기술도서관을 갖춘 것은 과학관이 도서관을 갖는 전통을 만들었다. 교육기관이지만 보존소conservatoire라는 이름을 붙인 것은 전시 기능이 컸음을 보여 준다. 전시관은 최신 모델을 보여 주는 쇼룸 역할도 하고 있어, 농부, 제작자, 공예가에게 도움이 됐다. 국립공예원은 1818년 수장품 목록을 발간했다.

국립공예원에서는 1819년부터 시연교육을 통해 과학을 산업에 적용하는 고등교육이 이뤄졌으며, 기계학, 응용화학, 물리학, 산업경제학과 강좌가 개설됐다. 교육에는 니콜라 조제프 퀴뇨1725-1804의 증기기관차, 스위스 시계기술자 루이스 페르디난드 베르투드1727-1807의 시계 제작 관련 컬렉션, 샤를의 법칙을 발견한 자크 샤를1746-1823 물리학 전시장, 왕립과학한림원에서 압수한 기계류 진열장이 활용됐다. 이때 활용된 전시품은 200년이 지난 지금까지도 전시되고 있다.

국립공예원의 첫 책임자는 화가이자 발명가였던 니콜라스 자크 콩테1755-1805였다. 그는 오늘날 쓰는 연필을 발명한 것으로 유명하며, 나폴레옹의 신임을 받아 1798년 이집트원정 때 풍선군단을 이끌었다. 사망할 때까지 국립공예원을 이끌었다.

방사능을 발견한 앙리 베크렐의 아버지 에드몽 베크렐1820-1891은 1852년부터 39년 동안 응용물리학교수로 재직했다. 오늘날 태양전지의 원리가 되는 광전지효과를 발견했으며, 발광과 인광 연구로 유명하다.

국립공예원의 교육은 프랑스의 산업 발전에 큰 영향을 미치며, 함께 발전했다. 농업, 면산업, 광산, 철도, 사진, 전기산업 등에서 많은 발전을 이뤘다. 1855년 파리에서 국제박람회가 열렸을 때 공예원은 수력 기계류, 증기기관, 측정장비와 같은 것들을 전시물로 제공했다.

국립공예원에는 사람들의 호기심을 불러일으키는 과학 전시물도 들어섰다. 레옹 푸코1819~1868의 진자가 대표적이다. 푸코가 1851년 파리천문대와 팡테옹 돔에 걸었던 최초의 황동 진자와 1855년 파리박람회에 걸었던 두 번째 철 진자가 1869년 국립공예원에 기증됐다.

20세기 들어서 국립공예원은 전시물과 연계한 교육에 의존하지 않고 독립적인 강좌를 늘리며 새로운 기술교육기관으로 발전하기 시작했다. 지금은 프랑스 내에 150곳, 해외 50여 나라에 교육시설을 갖추고 있으며, 매년 7만 명이 수업을 듣는다. 교수의 50%는 산업계 전문가들이다.

국립공예원 전시물은 과거의 산업유산을 기억하는 기술공예박물관으로 독립했다. 1960년대에는 국립기술박물관으로 이름이 바뀌기도 했다. 기술공예박물관은 8만 점의 컬렉션 중 2천500점을 전시하고 나머지를 생드니의 수장고에 보관하고 있다. 전시관은 과학기구, 재료, 에너지, 기계, 건축, 커뮤니케이션, 교통의 7개 분야로 컬렉션을 나누어 전시하고 있다.

기술공예박물관에서 가장 유명한 전시관은 앙투안 라부아지에의 실험실이다. 프랑스혁명으로 탄생한 기술공예박물관이 혁명의 제물로 삼았던 라부아지에를 기리는 것은 역사의 역설이다. 라부아지에는 유리 기구에 주석을 넣고 가열해 그 전후의 질량을 재서 질량보전의 법칙을 발견했다. 그때 사용했던 저울이 이곳에 있다, 다이아몬드를 태워 이산화탄소를 발생시킴으로써 다이아몬드가 탄소로 이뤄졌다는 것을 증명했던 볼록렌즈, 수소와 산소로 물을 합성하는 실험을 위해 만든 기체저장장치도 있다.

[그림 10-7] 라부아지에 실험실. 라부아지에는 프랑스혁명으로 단두대의 이슬이 됐지만, 프랑스혁명으로 탄생한 기술공예박물관은 그의 실험도구를 모아 전시하고 있다. 라부아지에의 아내이자 실험 파트너였던 마리 앤이 보관했던 것들이다. ⓒ 전문균, 2019

기술공예박물관은 프랑스 과학기술사와 발명가의 전당이라고 할 수 있다. 지금까지 소개했던 다양한 과학기술 유산 외에도, 수학자 블레즈 파스칼1623-1662이 처음으로 만든 기계식 계산기인 파스칼린Pascaline, 프랑수아 케이브1794-1875가 1830년 20t의 무게를 들어 올릴 수 있게 만든 크레인의 축소모형 등을 전시하고 있다.

클로드 차페1763-1805는 오늘날 전신의 원조라고 할 수 있는 시각전송기를 1794년에 발명했다. 기호 신호를 통해 정보를 전달하는 방식으로, 기호를 멀리 전송한다는 뜻의 텔레그라프telegraph라는 말은 여기서 유래했다. 조제프 니세포르 니에프스1765-1833의 은판사진 카메라와 루이1864-1948와 오귀스트 뤼미에르1862-1954 형제가 1894년 특허를 내기 전에 만든 영화촬영기 시제품 모형은 은근히 프랑스가 미디어산업의 발상지임을 내세우려는 듯하다. 영화촬영기는 1895년 2월 13일 뤼미에르 형제가 특허를 얻으며 세상에 등장했다.

조제프 미셸 몽골피에1740-1810가 1783년 띄워 올린 열기구 모형, 니콜라 조제프 퀴뇨가 1771년에 만든 증기자동차, 클레망 아데르1841-1926가 박쥐 날개를 모방한 날개와 증기기관을 장착해 만든 동력비행기 아비옹 3호, 푸조자동차를 창업한 아르망 푸조1849-1915가 1888년에 만든 삼륜자동차, 세계 최초로 영국해협 횡단에 성공했던 루이 블레리오1872-1936가 1909년 만든 비행기 등은 프랑스 자동차기술과 항공기술의 역사를 보여준다.

외국 과학기술자의 유산도 눈에 띈다. 알렉산드로 볼타1745-1827가 1799년 세계 최초로 발명한 볼타전지는 작은 원판 모양의 은판과 아연판, 소금물을 적신 판지를 번갈아 겹겹이 쌓아 만든 것이다. 볼타는 자신이 만든 전지를 1800년 나폴레옹과 기술공예박물관에게 기증했다. 오래된 전시물로는 구알테루스 아르세니우스1530-1580가 1569년에 만든 아스트롤라베가 있다.

기술공예박물관은 오늘날 기술박물관 네트워크를 운영하며, 2004년부터 산업기술유산의 보호PATSTEC를 위한 국가적 임무를 수행하고 있다, 여기에는 국립과학연구원CNRS, 유럽입자물리연구소CERN, 안경제조기업 에실로, 타이어제조기업 미쉐린 등 17개 기관이 참여해 데이터베이스를 만들고 있다.

제11장
미국 지식의 전당, 스미스소니언

박물관은 아이디어를 모은 집이어야 한다.
– 조지 브라운 구드(1851–1896), 큐레이터

미국의 수도 워싱턴 DC에 백악관과 연방의사당, 연방대법원, 연방정부 건물들만 모여 있다면 얼마나 삭막할까? 정치 도시의 중심에 인간적인 숨결을 불어넣는 것은 내셔널몰 공원[1]에 자리한 스미스소니언협회 소속 박물관들이다.

과학을 좋아하는 사람들이라면, 미국과학한림원과 그 앞에 세워진 커다란 알베르트 아인슈타인의 좌상을 놓치지 않을 것이다. 미국 조각가 로버트 벅스1922–2011가 1979년 만든 작품이다. 벅스는 시카고 식물원에 있는, 장미를 따는 젊은 식물학자 칼 폰 린네 조각상도 조각했다. 그의 청동 작품들은 진흙으로 덕지덕지 바른 듯 투박하고 편안한 느낌을 준다.

문화사학자들은 미국 과학기술사가 다른 역사에 비해 새롭고, 다양한 아이디어와 창조물들을 만날 수 있는 중요한 장소를 가지고 있다고 말한다. 19개의 박물관과 동물원, 9개의 연구소[2]를 보유하고 있는 스미스소니 언협회를 이야기한 것이다. 과학 분야 박물관으로는 국립자연사박물관, 국립항공우주박물관, 스티븐 F. 우드바헤이지센터, 국립미국역사박물관, 국립동물원 등이 있다. 과학기술사를 연구하는 학자들에게 보물창고와 같은 곳이다.

스미스소니언협회를 전체적으로 이해하려면 본부가 있는 캐슬Castle을 찾아가야 한다. 캐슬은 스미스소니언을 구성하는 박물관의 대표적인 전시물들을 소개하고 있다. 캐슬 1층에는 설립자 제임스 스미스슨1765-1829 이 잠든 관을 전시하고 있다. 스미스소니언협회는 영국 과학자 제임스 스미스슨이 기증한 50만 달러로 설립됐다. 당시 미국 재정의 10분의 1에 해당하는 큰돈이었다. 그는 왜 한 번도 가보지 않은 미국에 전 재산을 기증했을까?

스미스소니언의 아버지, 제임스 스미스슨

제임스 스미스슨은 프랑스 파리에서 귀족의 사생아로 태어났다. 아버지 휴 스미스슨1714?-1786은 제임스가 태어나기 오래전, 공작의 딸 엘리자베스 퍼시와 결혼하고 부인의 성을 따라 휴 퍼시로 이름을 바꿨다. 부부는 두 아들을 두었는데, 20여 년의 결혼생활이 지루했을까? 휴 퍼시는 돈 많은 젊은 미망인 엘리자베스 키트 마시1728-1800와 바람을 피웠다. 부인의 사촌으로, 헨리 7세의 후손이며, 서머싯 공작의 후손이었다. 그 사이에서 태어난 아이가 제임스였다. 아버지의 나이는 51세였고, 어머니는 37세였다. 확인할 수 없는 기록에 따르면, 두 사람은 결혼을 약속했다고 한다. 하지만 노섬벌랜드 백작이었던 장인이 죽자, 휴 퍼시가 최초의 노섬벌랜

[그림 11-1] 51세 제임스 스미스슨의 초상화. 제임스 스미스슨은 화학과 광물학을 연구했던 영국 과학자로, 미국 워싱턴 D.C.에 스미스소니언협회를 만들었다. © Henri-Joseph Johns, 1816, 스미스소니언 국립초상화미술관 소장

드 공작이 되면서 애인과의 약속을 저버리고 노섬벌랜드에 있는 알른윅성 城3으로 돌아갔다. 죽은 뒤에는 웨스트민스터 사원에 안장됐다.

제임스 스미스슨의 첫 성姓은 어머니의 성, 정확하게는 어머니 남편의 성을 따랐다. 결혼 전 어머니의 성은 헝거포드였다. 어머니는 아들에게 프랑스어로 자크 루이스 마시, 영어로 제임스 루이스 마시라는 이름을 지어줬다. 그는 어머니가 죽기 전까지 이 이름을 사용했다. 귀족과 왕가의 피를 물려받았던 그는 늘 대중의 관심을 받았고, 사생아라는 사실도 함께 그의 삶을 깊숙이 지배하고 있었다.

제임스 루이스 마시는 옥스퍼드대학교에서 화학과 광물학을 공부했다. 18세기에 가장 인기 있는 학문이었다. 대학 시절 주상절리로 유명한 스코틀랜드 스타파섬의 지질탐사에 참여했고, 새로운 광물인 스미스소나이트Smithsonite를 발견하기도 했다. 이러한 공로로 화학자이자 실험물리학자인 헨리 캐번디시1731-1810의 추천으로 22세에 왕립학회의 회원이 됐다. 1799년 왕립연구소의 창립에도 관여했다.

그의 주요 활동 무대는 런던이 아니라 파리였다. 나폴레옹의 이집트원정 때 과학자들을 이끌었던 클로드 베르톨레, 비교해부학의 아버지로 불리는 조르주 퀴비에, 탐험가 알렉산더 폰 훔볼트, 전자기를 발견한 덴마크의 물리학자 한스 크리스티안 외르스테드1777-1851, 편광과 맴돌이 전류 현상을 발견한 파리천문대장 프랑수아 아라고1786-1853와 가깝게 지냈다. 그는 27편의 논문 가운데 17편을 파리에서 썼다.

1800년 어머니가 사망하자, 그는 곧바로 그동안 써 왔던 어머니의 성을 버리고, 아버지의 성을 따라 제임스 스미스슨이란 이름으로 활동했다. 어머니의 재산은 그의 이부형異父兄에게 상속됐다. 1819년 파리에 살던 이부형이 죽자, 재산이 다시 제임스 스미스슨에게 넘어왔다. 이부형이 자신의 아들, 즉 조카를 돌봐달라는 조건으로 상속한 것이었다. 그러나 건강이 좋지 않았던 그는 죽기 3년 전에 런던으로 돌아가 유서를 작성했다.

제임스 스미스슨은 1829년 이탈리아 제노바에서 오랜 지병으로 사망했다. 64세였다. 평생 결혼하지 않았고, 아이도 없었다. 그에게 핏줄이라고는 이부형의 아들인 조카밖에 없었다. 그는 유서에 자신의 재산을 조카에게 주라고 적었다. 만약 조카가 먼저 죽으면 재산을 그의 가족에게 주고, 법정 상속인이 없으면 미국의 수도 워싱턴 D.C.에 '스미스소니언협회'라는 이름으로 기관을 설립하는 데 기증하라고 적었다.

공교롭게도 그가 죽은 지 6년 후 조카가 세상을 떠났다. 조카 또한 결혼을 하지 않아 부인과 자녀가 없었고, 상속에 대해 어떤 유언도 남기지 않았다. 이런 상황이 되자, 스미스슨의 재산은 한 번도 가보지 않은 미국으로 넘어갈 수밖에 없었다. 스미스슨의 재산은 10만 4천960소버린1파운드 금화이었으며, 105개의 배낭에 담겼다. 미화로 50만 8천318.46달러였다. 빅토리아 여왕이 그려진 소버린은 1838년 필라델피아 조폐국이 자유의 여신과 독수리가 그려진 10달러 금화로 바꾸었다. 오늘날 1838년 10달러 금화를 본다면, 그것은 스미스슨의 금화다.

스미스슨이 미국에 전 재산을 기증한 것을 두고 추측이 난무했다. 스미스소니언협회의 부총재였던 조지 브라운 구드는 스미스슨이 참여했던 자연 지식의 확산을 위한 왕립학회, 지식 확산과 대중 과학교육을 위한 왕립연구소 그리고 1825년 런던에서 설립된 '유용한 지식의 확산을 위한 협회'에서 지식의 확산을 위한 연구소의 아이디어를 얻었을 것이라고 추측했다. 그러나 구드는 스미스슨이 왜 미국에 설립하고자 했는지에 대해서는 그 이유를 알지 못한다면서, 공화국 정부와 시민의 자유를 동경했을 것이라고 추측했다.

스미스슨은 많은 유산과 과학자로서의 명예를 가지고 있었지만, 사생아로서 영국 귀족사회에서 떳떳하게 활동할 수 없었던 한恨을 가지고 있었을 것이다. 아버지의 성을 자유롭게 쓸 수 없었던 영국왕립학회 등에 대한 복수심도 있었을 것이다. 아니면 자유의 땅, 기회의 땅에 새로운 교육의 기회를 제공하고 싶었을지 모른다고 학자들은 추측하고 있다.

스미스소니언협회의 탄생

제임스 스미스슨의 유언과 재산이 알려지면서 미국 사회가 발칵 뒤집혔다. 연방의회에서는 스미스슨이 기부한 돈을 미국이 받아야 하는지 논쟁이 벌어졌다. 연방의회는 오랜 토론 끝에 받기로 했고, 금화 상자는 1838년 미국으로 옮겨졌다.

두 번째 논쟁은 스미스소니언의 설립 목적이었다. 연방정부는 새로운 학문성과에 대한 상금, 조사연구, 정기간행물 출판, 전문도서 발간 등에 쓰겠다고 했다. 하지만 연방의회에서는 국립대학, 국립농업연구소, 국립도서관, 국립천문대 등 다양한 활용방안이 나왔다. 결론은 연방정부 안에 도서관·박물관·미술관 등을 설치하고, 연구와 보급 활동을 추가하는 방

[그림 11-2] **스미스소니언 캐슬.** 캐슬에서는 설립자인 제임스 스미스슨의 관과 스미스소니언 박물관들이 소장한 진품 중 특징적인 것들을 모아 전시하고 있다. 건물 앞에는 초대 총재였던 조지프 헨리의 조각상이 서 있다.

안으로 모아졌다. 제임스 스미스슨이 요구한 '인류의 지식을 증진하고 보급하는' 스미스소니언협회의 설립목적에 대해 미국이 내린 해석이었다.

스미스소니언협회는 8년 동안의 논쟁 끝에 연방의회에서 승인되고, 1846년 8월 10일 대통령이 서명함으로써 독립법인이 됐다. 이사회는 부통령, 연방대법원장, 상원의원 3명, 하원의원 3명, 시민대표 6명의 14명으로 구성됐다. 초대 총재에는 프린스턴대학교의 물리학교수 조지프 헨리1797–1878가 선출됐다.

스미스소니언의 첫 빌딩인 캐슬castle이 1855년 내셔널몰 중앙에 세워졌다. 설계는 제임스 렌위크 주니어1818–1895가 맡았으며, 초기 고딕 양식과 후기 로마네스크 양식을 결합한 노르만 양식으로 설계했다. 건축재는 워싱턴에서 가까운 메릴랜드 세네카크릭에서 가져온 붉은 사암을 사용했다. 내셔널몰에는 당시 아무 건물도 없었으며, 시민들은 워싱턴 운하를 통해 캐슬을 방문해야 했다. 결과적으로는 캐슬이 박물관, 기념관, 정부 건물이 들어서는 닻 역할을 했다.

캐슬에는 2천 명이 들어가는 강당과 헨리의 집무실과 총재 가족이 거주하는 방이 만들어졌다. 또한 연구실, 행정실, 전시관, 도서관과 독서실, 화학실험실, 표본보관실, 평의원실, 과학기구실 등이 마련됐다.

캐슬의 초기 소장품은 1840년 설립된 특허청 전시관에서 가져왔다. 미국에서 태어난 발명품들을 전시했던 곳이다. 이어 1838-1842년 월크스 탐사대의 자연사 및 문화 수집품들이 캐슬로 들어왔다. 헨리는 과학, 미술, 자연사 등 다양한 분야의 자료를 수집했다. 시연용 과학장치와 미술품을 구입하고, 링컨이 썼던 모자 등 역사적 의미가 있는 자료들도 모았다.

캐슬에는 스미스소니언협회에서 가장 중요하게 다뤘던 스미스슨의 일기, 연구논문, 광물 컬렉션이 보존됐다. 하지만 1865년 1월 화재로 많은 자료가 사라졌다. 살아남은 스미스소니언 자료들은 연방의회도서관으로 옮겨졌다. 캐슬은 곧바로 복구됐지만, 넘쳐나는 소장품을 보관하기 위해 새로운 건물이 필요했다. 정부의 모든 자료가 스미스소니언으로 넘어왔기 때문이다.

현재 캐슬이 스미스소니언협회의 성지가 되고 있는 이유는 스미스슨의 유골이 있기 때문이다. 1904년 발명가 알렉산더 그레이엄 벨1847-1922이 부인과 함께 이탈리아 제노바를 찾아가 가져왔다. 스미스슨의 무덤이 이탈리아에서 황폐해지고 있을 때, 벨과 그의 사위인 내셔널지오그래픽 편집장 길버트 호비 그로스브너1875-1966는 유해를 미국으로 모셔야겠다고 생각했다. 스미스슨이 미국 땅을 밟을 때는 시어도어 루스벨트1858-1919 대통령이 직접 영접했다. 그들은 냉담했던 스미스소니언 평의원들과 대통령을 설득했다. 벨과 그로스브너의 노력으로 스미스슨은 평생 한 번도 가 보지 못한 미국에서 영원히 머물게 됐다.

베어드와 구드

스미스소니언이 과학관으로 틀을 잡은 것은 실무에 능한 두 학자의 헌신 덕분이다. 어류학자 스펜서 F. 베어드1823-1887는 1850년 자신이 모은 어류 표본을 스미스소니언에 기증하면서 인연을 맺었다. 그는 37년간 스미스소니언에서 활동하면서 26회에 걸쳐 탐사대를 파견했다. 그는 헨리 밑에서 부총재로 일하다가 2대 총재가 됐다.

어류학자인 조지 브라운 구드는 1872년 미국어류수산업위원회가 미국 연안의 어류를 조사할 때 베어드를 만났다. 베어드는 미국 연안의 수산업이 쇠퇴하자, 해양식량자원을 확보해야 한다며 연방의회를 설득해 어류수산업위원회를 만들었다. 초대 위원장이 된 베어드는 처음 만난 구드에게 자원봉사 조사요원으로 참여해 달라고 요청했고, 성실하고 총명했던 구드는 조사업무에서 곧바로 베어드의 신임을 얻었다.

구드는 어류수산업위원회의 일뿐 아니라 스미스소니언 일도 함께 맡았다. 1873년 보조 큐레이터가 된 그는 큐레이터, 사무차장, 부관장, 부총재에 오르면서 사망할 때까지 23년 동안 스미스소니언을 키웠다.

미지의 대륙에 나라를 세운 미국은 연안 지도를 작성해 안전한 항로를 확보하는 일과 수산자원을 조사하는 일이 매우 중요했다. 연안 조사는 1807년 토머스 제퍼슨 대통령 시절부터 시작됐다. 미국해양대기청NOAA은 이때를 사실상의 기원으로 삼는다. 어류 조사는 어류수산업위원회가 만들어지면서 본격적으로 추진됐고, 구드와 베어드는 위원회 활동으로 습득한 표본들을 스미스소니언에 가져왔다.

구드는 베어드 밑에서 박물관 업무를 배우면서 많은 일들을 몸으로 익혔다. 그는 근대사회의 기술을 교육적으로 전시하고, 스미스소니언의 영역을 자연사에서 기술사로 넓히는 역할을 했다. 1881년 미국국립박물관현

예술산업관의 개관은 그의 담당이었다.

구드는 현대 박물관의 이미지를 만들었다. 1889년 브루클린연구소에서 행한 '미래를 위한 박물관' 강연에서, "박물관은 골동품들의 무덤이 아니라, 살아 있는 생각들의 보육실로 바뀌어야 한다"고 주장했다. 그는 실제 그렇게 노력했다. 또한 박물관 옆에 도서관과 연구소가 함께 있어야 한다고 생각했다. 그의 생각을 따라 현재 스미스소니언 박물관들은 저마다 전문 도서관을 가지고 있다. 그는 국립산업기술박물관을 제안했다. 과학기술, 문화, 경제현상의 관계에 대해 대중의 이해를 촉진해야 한다고 생각했던 것이다. 산업기술박물관인 미국역사박물관이 탄생한 것은 그의 아이디어였다.

어류학자였던 구드는 미국 최초의 과학사학자, 박물관 개척자로 더욱 알려졌다. 그는 미래의 박물관, 박물관 행정의 원칙, 박물관의 관계와 책임, 박물관의 분류 등 박물관 체계화에 필요한 중요한 글들을 남겼다. 박물관 연구자들이 그를 칭송하는 이유다. 구드는 1888년 여행과 탐험을 좋아했던 33명의 탐험가와 과학자들이 만들었던 내셔널지오그래픽협회[4] 설립에 참여하고, 탐사를 지원하기도 했다.

베어드와 구드는 스미스소니언을 기록, 연구, 교육의 중심기관으로 만들었다. 이전까지 호기심에 따라 신기한 것들을 단순히 전시하던 것들을 새로운 분류체계에 따라 수집하고 보관하고 전시했다.

1881년 미국국립박물관을 세울 때 그들의 생각은 이랬다. 첫째, 모든 자연세계, 특히 북미에 대해 분류학에 맞춰 기록을 남긴다. 둘째, 북미 대륙의 경제적 잠재력을 보여 준다. 셋째, 수집품을 통해 민주시민을 교육한다.

베어드와 구드는 박물관이 대중을 교육하는 데 매우 중요한 역할을 한다고 생각했다. 자연사나 인간이 만든 창조물에는 사람들에게 질문하고 가르치는 막대한 힘이 있다고 믿었다. 두 사람이 생각했던 것처럼, 스미스소니언은 일반 관람객은 물론이고, 대학교수, 학생, 농부, 발명가 모두에게 넓고 깊이 있는 자료를 제공하고 있다.

베어드, 구드로 시작된 스미스소니언 큐레이터의 신화는 존 왓킨스1852-1903, 오티스 메이슨1838-1908 등으로 이어졌다. 왓킨스는 철도기술자 출신으로 미국 최초의 증기기관차 등 많은 산업유산을 수집했다. 메이슨은 인류학 분야를 개척했다. 큐레이터들의 노력으로 스미스소니언은 세계에서 가장 많은 컬렉션을 보유할 수 있었다.

미국국립박물관

스미스소니언의 두 번째 건물인 미국국립박물관이 1881년에 완성됐다. 연방의사당에서 볼 때 캐슬을 가리지 않도록 약간 들어간 위치에 건축됐다. 건축비용은 1876년 미국 독립 100주년 기념 필라델피아 만국박람회의 수입금으로 충당했다. 북쪽 입구 지붕에는 '과학과 산업을 보호하는 컬럼비아'라는 조각상[5]이 세워졌다.

미국국립박물관에는 예술, 문화, 역사, 과학 전시물들이 모였다. 조지 워싱턴의 제복과 벤저민 프랭클린의 저서들이 전시되고, 교통, 섬유, 악기의 역사를 보여 줬다. 이곳에서는 제20대 미국 대통령에 취임한 제임스 어브램 가필드1831-1881를 위해 축하 무도회가 열리기도 했다.

미국국립박물관 소장품에는 해군 중위 존 버나두1858-1908가 1884년 3월부터 1885년 4월까지 조선을 방문해 수집한 그림, 도자기, 수공예품, 섬유, 의류, 서적, 악기, 지도 등의 민족지 자료도 있다. 이를 바탕으로, 스미스소니언은 2004년《은둔 왕국의 민족지》를 냈다.

1910년 국립자연사박물관이 지어지자, 자연사 컬렉션이 빠져나갔다. 그리고 국립박물관은 예술산업관으로 이름이 바뀌었다. 이후 미국역사박물관, 국립항공우주박물관이 건립되면서 예술산업관에 있던 전시물들이 또 빠져나갔다. 남은 것은 1876년 필라델피아 만국박람회의 출품작뿐이었다. 예술산업관은 2004년 폐관했다.

국립자연사박물관

1910년 3월 17일 국립자연사박물관이 독립해 개관했다. 스미스소니언을 대표하는 박물관의 하나로, 매년 600만 명 이상이 방문한다. 박물관 건물은 코린트식 기둥으로 장식된 현관, 지름 24m, 높이 37.5m의 녹색 돔이 있는 4층 건물로 건축됐다. 건축 면적은 4만 5천 m²로 축구장 18개의 넓이다. 표본은 1억 2천600만 점에 이른다.

미국의 국가적인 자연사 수집은 윌크스 탐험대로부터 시작됐다. 해군의 관측과 수로 측량 업무를 맡고 있던 찰스 윌크스1798-1877는 1838년부터 1842년까지 남극해, 태평양, 미국 서부해안을 탐사했다. 미국 현미경 연구의 선구자로 훗날 미국과학진흥협회AAAS 회장에 오른 제이콥 베일리1811-1857, 하와이 화산을 연구했던 제임스 데이나1813-1895, 필박물관을 세운 찰스 윌슨 필의 막내아들로 화가이자 자연사 연구자였던 티티안 필 등이 동행했다. 윌크스는 1840년 남극을 탐험하면서 남극이 섬들이 모인 것이 아니라 대륙이라는 사실을 밝혀냈다. 남극의 동남쪽 지역을 윌크스 랜드라고 칭하는 것은 그의 탐험을 기리기 위한 것이다.

윌크스 탐험 이후 미국·멕시코 국경조사1848-1855, 태평양 철도조사

[그림 11-3] 지구에서 가장 큰 아프리카코끼리. 코끼리는 큰 몸집 때문에 사냥 표적으로, 전쟁 도구로, 동물원과 서커스의 눈요기로 수난 당해 왔다.

1853-1854, 북태평양 탐사1853-1856, 북서 국경조사1857-1861 등과 같은 탐사가 계속 이뤄지면서 스미스소니언의 표본도 크게 늘었다.

국립자연사박물관을 상징하는 것은 세계에서 가장 큰 부시코끼리 박제다. 1955년 헝가리 사냥꾼이 아프리카 앙골라에서 잡았다. 키는 4m, 체중은 11t, 상아 하나의 무게는 42kg에 이른다. 박제사 윌리엄 브라운이 16개월에 걸쳐 만든 작품으로, 1959년부터 전시하고 있다. 원래의 상아는 박제가 견디기에 너무 무거워 달지 못하고 수장고에 보관 중이다. 대신 유리섬유로 만든 가짜 상아를 달았다.

45.52캐럿의 호프 다이아몬드는 세계에서 가장 큰 청색 다이아몬드다. 프랑스의 루이 14세, 영국의 조지 4세가 소유했던 것이다. 헨리 필립 호프라는 사람이 소유하면서 호프 다이아몬드라는 이름이 붙었고, 1851년 런던 만국박람회에 전시됐다. 2억 달러 이상의 가치를 지닌 호프 다이아몬

[그림 11-4] 호프 다이아몬드. 45.52캐럿의 세계 최대 블루 다이아몬드다. 스미스소니언 자연사박물관 2층에 전시돼 있으며, 그 옆에는 더욱 흥미진진한 지구 안팎의 광물이 기다리고 있다. ⓒ Kevin Burkett, 2012

드는 광물학자 조지 스위처1915-2008의 노력으로, 마지막 소유자였던 보석상 해리 윈스턴이 1958년 국립자연사박물관에 기증했다. 스위처는 하버드대학교에서 교수로 재직하다가 스미스소니언에 합류했으며, 아폴로 우주선이 가져온 월석을 분석한 일로 유명하다.

국립항공우주박물관

국립항공우주박물관은 연간 700만 명이 넘는 관람객이 찾는다. 스미스소니언박물관 중 인기 있는 과학관이다.

라이트 형제가 1903년 첫 비행에 성공했던 비행기와 1899년 비행에 관한 자료를 제공해 달라고 스미스소니언에 썼던 편지가 전시되어 있다. 또한 1927년 찰스 린드버그1902-1974가 세계 최초로 대서양을 횡단했던 스피릿 오브 세인트루이스 비행기, 아폴로 11호 사령선, 허블우주망원경 시험기, 존 글렌1921-2016이 탔던 프렌드십 7 우주선, 최초로 음속을 돌파한 벨 X-1 등 역사적인 항공우주 유산을 보유하고 있다. 비행기와 우주선에 관심이 있다면 죽기 전에 한 번 꼭 찾아봐야 할 것들이다.

국립항공박물관은 1946년 8월 12일 해리 트루먼 대통령이 법안에 서명하면서 탄생했다. 연방의회를 설득한 사람은 헨리 아널드1886-1950 장군이다. 그는 제1차 세계대전과 제2차 세계대전에 사용했던 군용기와 적으로부터 포획한 전투기, 민간 항공기들을 모아 박물관을 만들고 싶었다. 아널드 장군의 경력과 열정이 연방의회와 대통령을 움직였다.

아널드 장군은 미군 역사상 공군으로 유일하게 5성 장군에 올랐을 뿐만 아니라 육군에서도 5성 장군에 올랐다. 전 세계에서 전무한 10성 장군인 셈이다. 그는 라이트 형제를 동경해 왔다. 미군에 공군이 생기자, 육군에서 공군으로 옮겨 간 이유다. 그는 공군 역사상 첫 비행기를 탄 3명의 조종사 중 한 사람이었으며, 미 공군을 세계 최강으로 키웠다.

아널드 장군은 군과 민간 과학기술의 가교 역할도 했다. 그는 공군 조종사에게 최상의 비행기를 제공하는 곳이라면 어디든 협력했다. 록히드마틴, 보잉과 같은 민간 항공업체가 성장하고, 캘리포니아공과대학교칼텍가 운영하는 제트추진연구소가 성장하는 데에도 그의 지지가 있었다. 그는 방산업체인 더글러스항공현 맥도널더글러스과 함께 1948년 랜드연구소를 만들었다. 미군에게 세계 각국의 군사, 정치, 사회 등에 대한 분석 자료를 제공하는 세계 최초의 비영리 정책연구소다. 우리나라 안보와 통일에 관한 많은 보고서를 작성해 이름이 익숙한 싱크탱크다. 아널드 장군은 스미스소니언을 위해 국립항공박물관 법안을 만드는 것은 물론, 항공 관련 수집품을 모으는 데 많은 역할을 했다.

스미스소니언은 설립 때부터 비행체를 수집해 왔다. 초대 총재였던 조지프 헨리는 열기구에 관심이 많아, 타테우스 로우1832-1913가 개발한 열기구를 캐슬 앞에서 띄우기도 했다. 이 이벤트는 남북전쟁 당시 열기구 정찰부대가 만들어지는 계기가 됐다. 에이브러햄 링컨1809-1865 대통령이 타테우스 로우를 최고 조종사로 임명하고 열기구부대를 만든 것이다. 열기구 안에는 무선전신기가 장착돼 있어서 백악관에 직접 정보를 보낼 수 있었다.

비행체에 대한 관심은 3대 총재 새뮤얼 랭글리1834-1906가 헨리보다 강했다. 그는 인간이 탈 수 있는, 공기보다 가벼운 비행기를 개발하고자 했다. 1896년 4m의 날개와 증기기관을 단 무인비행기 에어로돔 5호기를 날리는 데 성공했다. 그리고 1903년 포토맥강에서 유인비행 시험에 나섰으나 실패했다. 그의 꿈은 1903년 12월 17일 라이트 형제가 대신 이뤘다. 많은 비행 관련 전문지식을 보유하고 육군으로부터 5만 달러의 보조금을 받아 연구했지만, 자전거 수리공에게 패배한 것이다.

스미스소니언은 이런 이유로 라이트 형제를 인정하지 않았다. 또한 랭글리가 최초로 유인비행에 성공했다며, 에어로돔 비행기를 전시했다. 이러한 태도는 라이트 형제의 감정을 상하게 했다. 라이트 형제는 최초의 비행기인 플라이어를 스미스소니언이 아닌 영국 런던 과학박물관에 처음 전시했다. 현재 플라이어는 스미스소니언 국립항공우주박물관에 전시되어 있다. 찰스 그릴리 애보트1872-1973 총재가 라이트 형제의 동생에게 화해를 청한 것이다. 오빌 라이트1871-1948는 그 청을 받아들여 런던 과학박물관에 반환을 요청하는 편지를 보냈고, 유언장에 플라이어를 스미스소니언에 기증한다고 썼다. 1948년 12월 플라이어가 고국으로 돌아왔지만, 오빌 라이트는 그해 1월 죽는 바람에 보지 못했다.

미국 로켓 개발의 선구자 로버트 고더드1882-1945는 1929년 스미스소니언 지원금을 바탕으로 최초의 액체로켓 발사 실험을 했다. 로켓에는 기온계, 기압계 등 관측기구를 탑재했다. 고더드의 업적은 당시에 그다지 부

[그림 11-5] **최초의 비행기 플라이어.** 1903년 12월 17일 라이트 형제가 첫 비행에 성공한 비행기다. 런던 과학박물관에 전시됐다가 1948년 스미스소니언에 기증됐다.

각되지 않았다. 연구결과를 다른 학자들과 공유하지 않았기 때문이다. 그는 로켓을 이용해 달 여행을 할 것이라고 말했다가 조롱을 받기도 했다. 아폴로 11호가 그의 주장을 입증하는 순간, 조롱자 중 하나였던 《뉴욕타임스》는 사과문을 썼다.

스미스소니언 예술산업관은 수많은 에피소드와 함께 항공 자료들을 수집하고 있었다. 1876년 필라델피아 만국박람회에서 전시됐던 중국 연, 제1차 세계대전에 나섰던 항공기들이 들어오면서 예술산업관은 포화상태에 이르렀다. 결국 1920년 창고를 지어 항공 수집품을 따로 전시했다.

1946년에서야 새로운 국립항공박물관의 건립 계획이 수립됐다. 제2차 세계대전에서 승리를 가져다 준 비행기들을 보전해 기념하려는 취지였다. 공군사령관이었던 아널드 장군이 뛰어다녔다. 연방의회는 라이트 형제의 비행기부터 다양한 군사용 비행기를 전시함으로써 항공 역사를 기록해 주기를 바랐다. 문제는 새로운 건물을 확보하는 것이었다. 늘어나는 수집품들을 시카고 교외의 파크리지항공기 공장에 보관하고 있었는데, 1950년 한국전쟁이 일어나면서 그마저 사용할 수 없게 됐다.

1950년대 말 미국에서는 우주에 대한 관심이 고조됐다. 구소련이 1957년 최초의 인공위성 스푸트니크를 발사한 것을 보고 충격을 받았기 때문이다. 이듬해 미국은 항공우주국NASA을 설립해 구소련과의 우주개발 경쟁에 나섰다. 이 과정에서 1961년 미국 최초의 우주비행사 앨런 세퍼드1923-1998가 탔던 머큐리 7호, 존 글렌1921-2016이 미국 최초로 지구궤도 비행에 성공한 프렌드십 7호가 스미스소니언에 들어왔다. 국립항공박물관은 우주 관련 수집품이 늘어나자, 1966년 국립항공우주박물관으로 이름을 바꿨다. 국립항공우주박물관은 1969년 아폴로 11호가 달 착륙에 성공하면서 달에서 가져온 암석을 전시했는데, 한 달에 20만 명이 관람했다.

1971년 스미스소니언은 국립항공우주박물관을 워싱턴 내셔널몰에 새로 짓기로 하고, 아폴로 11호 우주비행사였던 마이클 콜린스1930-를 책임자로 임명했다. 미국이 베트남전쟁에 막대한 돈을 퍼붓던 시절이었다. 콜린스는 많은 전문가들의 자문을 받고 자신의 영혼을 담아 1976년 7월 1일 국립항공우주박물관을 개관했다. 미국 독립 200주년을 며칠 앞둔 시점이었다.

국립항공우주박물관이 설립되고 발전하는 데는 첫 큐레이터로 임명됐던 폴 가버1899-1992의 기여도가 크다. 어린 시절 오빌 라이트가 세계 최초로 군사용 비행기를 버지니아주 포트메이어에서 시험 비행하는 것을 봤으며, 스미스소니언에서 봤던 실물 크기의 글라이더를 직접 만들기도 했다. 군에서는 비행훈련을 받고, 항공우편 배달부로 일했다. 1920년 그는 꿈에 그리던 스미스소니언에 들어가 전시물을 만들고 수리하는 일을 맡았다.

그렇게 시작한 일이 무려 49년 동안 그를 스미스소니언에 붙들어 맸다. 국립항공우주박물관의 수집품 중 절반은 그의 손을 거쳤다고 해도 과언이 아니다. 그는 스미스소니언 관람객들에게 비행에 관한 폭넓은 지식을 전달했다. 미국의 항공 유산을 보전하는 일도 그의 일이었다. 1927년 찰스 린드버그가 스피릿 오브 세인트루이스를 타고 대서양 횡단을 할 때 지원했는데, 린드버그는 탔던 비행기를 스미스소니언에 기증했다.

스티븐 F. 우드바헤이지 센터는 2003년에 국립항공우주박물관만으로 전시 공간이 부족해 만든 것이다. 1945년 일본 히로시마에 세계 최초로 원자폭탄을 폭격했던 B-29 에놀라 게이, 영국과 프랑스가 공동 개발한 초음속여객기 콩코드, 록히드마틴 SR-71 블랙버드, 보잉의 성층권 여객기, 우주왕복선 디스커버리 등 역사적인 항공우주 전시물을 갖추고 있다.

스티븐 F. 우드바헤이지 센터는 라이트 형제 비행 100주년을 맞아 세워졌다. 6천600만 달러를 기부한 스티븐 F. 우드바헤이지1946-는 헝가리 부다페스트 출신으로 미국에서 제트항공기 임대회사를 세운 기업가였다. 10세 때 헝가리가 구소련에 점령당하자, 가족과 함께 미국으로 왔다. 그는 항공기의 엔진이 프로펠러에서 제트로 바뀔 때 새로운 벤처사업 기회를 잡아 큰돈을 벌었다. 워싱턴 덜레스국제공항 활주로 끝에 들어선 스티븐 F. 우드바헤이지 센터는 120기의 항공기와 140여 개의 우주탐사 전시물을 전시하고 있다.

국립미국역사박물관

국립미국역사박물관은 국립자연사박물관 곁에 있는 산업기술박물관이다. 미국의 문화와 기술을 함께 전시하기 위해, 1964년 국립역사기술박물관이란 이름으로 개관했다.

초대 관장은 19세 때부터 스미스소니언 기계공학부에서 견습생으로 근무한 프랭크 테일러1903-2007였다. 1966년 한국 국립과학관의 재건에 도움을 주고자 서울을 방문했던 적이 있다. 그는 MIT에서 기계공학, 조지 타운대학교에서 법학박사학위를 받았다. 1930년대에 독일박물관과 같은 산업기술박물관을 미국에 만들려고 했던 칼 미트만1889-1958 밑에서 일했다. 광산기술자였던 미트만은 산업기술박물관의 필요성을 이사회에 처음으로 건의했던 사람이다. 그는 뮌헨 독일박물관을 벤치마킹하고 오스카 폰 밀러1855-1934 관장에게 자문을 받았지만, 산업기술박물관을 만드는 데는 실패했다.

제2차 세계대전이 끝난 후 테일러가 미트만의 꿈에 다시 도전했다. 그는 새로 부임한 레오나르드 카마이클1898-1973 총재와 함께 공학과 산업을 다루는 박물관을 세울 계획을 수립했다. 뒤에 역사도 함께 다루기로 했다. 구소련과 과학기술 경쟁을 하던 냉전시대가 연방의회를 설득하는 데 도움이 됐다.

1958년 특허청에서 다수의 수집품들이 이관됐다. 박물관 천장에는 22m의 푸코 진자가 걸렸다. 전시물의 구성은 1958년 설립된 미국기술사학회SHOT의 자문을 받았다. 미국기술사학회는 개별 기술사의 발전뿐 아니라, 기술이 과학, 정치, 사회, 경제, 인문학과 어떤 관계를 맺는지 살폈다.

1964년 개관 때의 전시는 시민역사, 군사역사, 공예와 공업, 과학기술의 4개 영역으로 나뉘어 있었다. 과학기술 영역은 물리과학, 기계와 도시공학, 수송, 전기, 의료 등이었고, 공예와 공업 영역은 직물, 그래픽, 도자기와 유리, 생산과 중공업, 농업과 임산업 등이었다.

2대 관장은 과학기술사를 전공한 로버트 멀서프1919-2004였다. 스미

[그림 11-6] **국립미국역사박물관 자동차관.** 국립미국역사박물관에서는 자동차, 전자제품, 전기, 기계 등의 미국 혁신기술과 문화의 역사를 보통사람의 관점에서 보여 주고 있다.

스소니언 최초로 박사학위를 가진 큐레이터였다. 그는 독일박물관과 유럽 과학관을 둘러보고 와서 국립역사기술박물관 설계에 반영했다. 그가 관장이 된 이후 국립역사기술박물관은 과학기술사 연구기관의 성격이 강해졌다. 그는 미국과학사학회AHA 회장을 역임했으며, 레오나르도 다빈치 메달을 받았다.

국립역사기술박물관의 전시는 시간이 흐르면서 중심이 역사와 정치 쪽으로 옮겨졌다. 1814년 미국군이 영국군과 볼티모어에서 전투를 벌일 때 사용했던 성조기, 1776년 토머스 제퍼슨이 사용했던 책상, 1789년 조지 워싱턴이 입었던 제복 등이 대표적인 전시물이었다. 1814년 성조기는 〈별이 빛나는 깃발〉이란 국가國歌를 만든 계기가 됐기에 미국인들의 가슴을 더욱 울렸다. 역사와 정치가 강조되면서, 전시 방향은 사물 중심에서 스토리와 맥락 중심으로 바뀌었다.

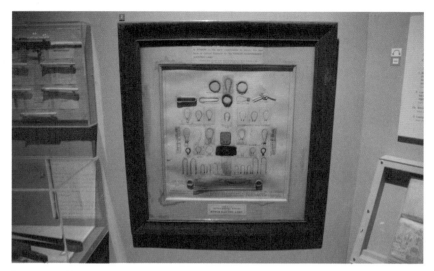

[그림 11-7] 에디슨의 백열등 필라멘트. 국립미국역사박물관은 에디슨이 백열등을 발명하기 전 아이디어 단계에서부터 조력자, 발명 후 미친 영향 등을 체계적으로 보여 주고 있다.

1980년 국립역사기술박물관은 국립미국역사박물관으로 이름이 바뀌었다. 그러나 여전히 산업기술 전시물이 주요 전시물로 이어지고 있다. 대표 전시물로는 영국에서 제작돼 1831년 9월 15일 미국에서 첫 운행을 시작한 존 불John Bull 증기기관차가 있다. 1879년 에디슨이 발명한 최초의 백열등은 발명 과정부터 시장경쟁에 이르기까지 상세하게 전시하고 있다.

스미스소니언협회의 총재들

스미스소니언협회가 세계 최대의 박물관그룹이 된 것은 총재Secretary들의 역할이 컸다. 초대부터 9대까지는 계속 과학자가 임명됐다. 10대는 법학자, 11-13대는 은행가와 펀딩에 능한 대학총장이 그리고 14대는 최초로 아프리카계 미국인이 임명됐다.

스미스소니언 캐슬 앞에는 초대 총재였던 조지프 헨리의 동상이 서 있다. 물리학자였던 헨리는 1846년부터 32년 동안 스미소니언에 근무하면서 연구기관으로서의 기틀을 마련했다. 헨리는 '인류의 지식 증진과 보급을 목적으로 하는 기관'이란 스미스소니언의 사명 가운데 지식의 보급보다 증진에 관심이 컸다. 지식 증진을 위해 연구 활동에 힘썼으며, 지식 보급 방법으로 전시보다 출판에 관심이 많았다. 전시는 교통이 발달하지 않은 시점이어서 기껏해야 워싱턴과 그 주변 사람만 본다고 생각했던 것이다. 그의 재임 시절에는 전시는 발전하지 못하고 연구만 발전했다.

헨리는 기상관측에 흥미를 가지고, 1848년 기상관측망을 전국적으로 구축했다. 기상관측망은 자원봉사 아마추어 과학자들이 전국에서 기상 정보를 보내오면 매일 아침 10시 스미스소니언 빌딩에 게시했다. 나중에는 비, 눈, 운석, 오로라 정보까지 모였다. 이런 자료는 1869년 기상청이 창립되자, 그곳으로 인계됐다.

2대 총재는 어류학자 스펜서 베어드였다. 스미스소니언 최초의 큐레이터였다. 28년 동안 헨리 밑에서 부총재로, 9년 동안 총재로 스미스소니언을 이끌었다. 베어드는 헨리가 구축한 연구 중심의 스미스소니언을 전시 중심의 박물관으로 바꿨다. 정부로부터 기증받은 컬렉션6 덕분이었지만, 자신이 직접 탐사에 나서 많은 표본을 만들었다. 특히 자연사 분야에서 큰 업적을 쌓았다. 26회의 탐사를 통해 6천 점에 불과했던 표본을 200만 점으로 늘렸다. 그는 건국 100주년을 기념해 연방의회가 건설예산을 의결한 스미스소니언 최초의 국립박물관예술산업관을 완성했다. 베어드가 죽자 예술산업관은 애도의 천을 둘렀고, 후에 건설된 국립자연사박물관은 강당에 베어드의 이름을 붙였다. 베어드는 국립자연사박물관을 만들기 위해 많은 전문가들을 모았는데, 그들은 베어디언Bairdians이라고 불렸다. 대표적인 베어디언이 조지 브라운 구드다.

3대 총재 새뮤얼 랭글리는 입지전적인 과학자다. 고등학교를 졸업한 후 건축기사로 일하면서 독학으로 천문학을 공부해 하버드대학교 천문대의 조수가 됐다. 곧이어 펜실베이니아대학교의 물리천문학교수가 됐고, 알레게니천문대 대장을 20년 동안 역임했다. 스미스소니언에 19년 동안 머무는 동안 동물원1890과 국립미국예술박물관1906을 개관했다. 알렉산더 그레이엄 벨의 기부를 받아 천체물리관측소1891를 세우고 천체물리 연구를 촉진한 것은 그의 공이다.

고생물학자였던 찰스 둘리틀 월코트1850-1927는 4대 총재를 맡았다. 21년 동안 근무하면서 국립자연사박물관을 건설했고, 미국과학한림원 의장과 미국과학진흥협회 회장을 맡아 과학연구 발전과 과학문화 확산에 기여했다.

5대 총재는 천체물리학자인 찰스 그릴리 애보트였다. 랭글리 총재가 만든 천체물리관측소의 조수로 일하다가 랭글리가 사망하자 2대 관측소장을 맡았다. 주로 태양과 지구환경에 관한 연구를 했다. 17년 동안 총재를 겸임하면서 스미스소니언 환경연구센터를 만들고, 동식물에 대한 빛의 효과를 연구하는 조사연구국을 설치했다. 그가 태양에너지를 전공한 것은 태양에너지가 인류의 미래 에너지로 될 것이라고 보았기 때문이다.

6대 총재였던 조류학자 알렉산더 웨트모어1886-1978는 파나마에 생물학 연구지구를 설정해 열대환경과 생물 연구를 촉진했다. 7대 총재인 레오나르드 카마이클은 스미스소니언 역사상 외부에서 영입한 첫 총재였다. 11년 동안 재임하면서 국립역사기술박물관을 건립했고, 많은 기부금과 정부 예산을 확보했다. 그는 협회에 오기 전 15년 동안 터프츠대학교 총장으로 재직했다. 전공은 심리학으로 유인원을 실험했다.

8대 총재인 시드니 딜런 리플리는 조류학자였다. 예일대학교 교수로 재직하면서 피바디자연사박물관을 크게 성장시켰다. 피바디자연사박물관은 1866년 은행가였던 조지 피바디1795-1869가 15만 달러를 투자해 세운 세계적인 자연사박물관이다. 리플리는 1964년부터 20년 동안 스미스소니언에 근무하면서 국립초상화박물관 등 8개의 박물관과 7개의 연구소를 만들고 정비했다. 리플리는 성장을 중시했고, 총재 시절 예산·직원·박물관수를 크게 늘렸다.

9대 총재는 인류고고학자인 로버트 맥 아담스1926-, 10대 총재는 법률 전문가인 마이클 헤이먼1930-2011이 맡았다. 11대 총재는 로런스 스몰1941-로 악화된 재정난을 해결하기 위해 영입한 비즈니스맨 출신이었다. 스미스소니언 역사상 최초의 비학자 출신이다. 스몰은 2000년부터 7년 동안 근무하면서 스티븐 F. 우드바헤이지 센터, 국립미국인디언박물관을 개관했으며, 방송국인 스미스소니언 채널을 세웠다. 그러나 연구 기능을 축소하고 고액연봉을 챙기고 공금을 사적으로 유용한 사실이 드러나, 퇴직금도 받지 못하고 떠나야 했다.

12대 총재인 웨인 클러프1941-는 도시공학자였다. 조지아공과대학 총장으로 재직할 때 10억 달러의 기금을 유치해 화제가 됐다. 스미스소니언에 와서는 연구 기능을 다시 살리고, 큐리어스교육센터를 개관하고, 우주왕복선 디스커버리호를 가져왔다. 그의 공적은 디지털시대를 맞이하면서 사람들이 게임을 즐기며 박물관을 찾지 않자, 사이버과학관을 구축한 데 있다. 생물다양성 연구와 사이버과학관은 스미스소니언의 국제적 역할을 강화하는 데 큰 역할을 했다. 6년 동안 스미스소니언에 근무한 뒤 자신의 역할이 끝났다며 스스로 떠났다.

13대 총재는 의학자인 데이비드 스코턴1949-이다. 아이오와대학교 총장 시절 10억 달러, 코넬대학교 총장 시절 50억 달러를 모아 모금도사로 불렸다. 2015년부터 4년간 임무를 수행했다.

2019년 14대 총재로 임명된 로니 번치 3세¹⁹⁵²⁻는 최초의 아프리카계 미국인 총재다. 캘리포니아아프리카계미국인박물관의 초대 큐레이터, 시카고역사박물관장, 스미스소니언협회 소속의 아프리카계미국인역사박물관의 초대 관장을 역임한 박물관 전문가다.

스미스소니언협회에는 2021년 현재 6천여 명의 직원과 5천여 명의 자원봉사자가 일하고 있다. 2020년 예산은 15억 7천만 달러로 64%인 10억 달러가 정부 출연금이다. 나머지는 기금, 개인기부금, 다양한 수익사업을 통해 충당한다. 입장료는 받지 않는 대신, 관람객에게 기부금을 받는다. 크리스마스 하루를 제외하고 연중무휴로 운영하는 것은 스미스소니언 운영정책 중 하나다.

제12장

영국 만국박람회와 런던 과학박물관

우리는 놀라운 전환기에 살고 있다.
습득한 지식은 즉시 전체 공동사회의 자산이 된다.

– 앨버트 공(1819–1861), 교육자

런던 한가운데에 왕립공원인 하이드파크가 있다. 딱딱한 건물에 갇혀 사는 시민들에게 휴식을 제공하는 곳이다. 시간이 아까워 볼거리를 바쁘게 찾아다니는 런던 여행자들이 다리를 주무르며 여유를 부리는 호사로운 곳이다. 나무와 잔디 사이를 뛰어다니는 다람쥐, 바다에서 템스강을 따라 올라온 갈매기가 연못에 앉아 있는 것을 한가로이 보는 재미가 쏠쏠하다. 하이드파크 서쪽으로는 켄싱턴궁전이 있고, 남동쪽으로는 그린파크가 이어지며 버킹엄궁전이 자리하고 있다.

하이드파크는 헨리 8세가 1536년 웨스트민스터사원으로부터 땅을 받아 사냥터로 썼던 곳이다. 17세기에 공개돼 시민의 사랑을 듬뿍 받았다. 하이드파크는 뉴욕 센트럴파크1857, 도쿄 우에노공원1924이 모방하면서 세계 도심공원의 모델이 됐다.

1851년 만국박람회

하이드파크가 국제적으로 명성을 얻은 것은 첫 만국박람회가 열리면서부터다. 런던 과학박물관, 빅토리아앨버트박물관의 모태가 됐던 행사다. 원래 이름은 만국산업품대박람회인데, 만국박람회로 줄여 부른다. 오늘날 월드 엑스포의 효시다.

런던 만국박람회는 1851년 5월 1일[1] 하이드파크 남쪽에 세운 크리스털팰리스수정궁에서 열렸다. 개관식에는 빅토리아 여왕1819-1901과 부군인 앨버트 공, 《비글호 항해기》1939를 쓴 찰스 다윈, 《크리스마스 캐럴》1843을 쓴 찰스 디킨슨1812-1870, 《이상한 나라의 앨리스》1865를 쓴 루이스 캐럴1832-1898, 연발이 가능한 리볼버 권총을 발명한 미국 기업가 새뮤얼 콜트1814-1862 등 과학기술, 예술, 산업 분야의 유명 인사들이 참석했다.

[그림 12-1] 1851년 만국박람회 석판화. 크리스털팰리스 1층에는 러시아를 비롯한 여러 나라의 파빌리온이 있었고, 2층에는 재료에 따라 분류된 다양한 공예품이 전시됐다. 건축 관계자들은 2층에 많은 군중이 몰려도 무너지지 않을지, 행사 전에 군인들을 행군시켜 안전을 점검했다. ⓒ McNeven, J., 1851, 빅토리아앨버트박물관 소장

만국박람회에는 40여 개국에서 온 10만 점의 갖가지 진귀한 것들로 넘쳐났다. 세상에서 가장 큰 다이아몬드로 알려진 186캐럿의 코이누르'빛의 산'이라는 뜻, 물리학자 프레더릭 베이크웰1800-1869이 만든 팩스기, 조세프 자카르1752-1834가 만든 직조기, 기압계, 유압기중기, 두발자전거, 증기기관차, 철도차량 등 눈을 휘둥그레지게 하는 것들이었다. 산업적으로는 영국의 증기기관과 전신기, 프랑스의 사진기, 미국의 콜트 네이비 리볼버 권총, 사이러스 맥코믹1809-1884이 만든 수확기 등이 관심을 끌었다.

만국박람회는 영국이 이끄는 새로운 시대가 자유로운 교역에 기반을 둔 조화와 협력의 시대임을 과시했다. 영국은 산업혁명으로 세계의 생산 공장이 됐고, 압도적인 경제력을 가지고 있었다.

산업혁명은 공급 부문의 기술 혁신과 새로운 에너지원을 통한 확대 재생산 체제로의 진화를 이뤄 냈다. 산업혁명이 영국에서 일어난 것은 선별적인 보호주의 정책 아래 제조업을 육성하고 기술혁신을 지원한 국가의 역할이 컸다. 영국의 특허제도는 1624년에 시작됐지만, 산업혁명이 본격화되면서 특허 수가 급증했다. 정부가 특허를 낸 발명가에게 현상금을 지급하거나, 기술 유출을 방지하기 위해 노력했던 까닭이다. 무엇보다 특허를 내면 돈을 벌 수 있다는 믿음이 영국 기술자 사이에서 퍼졌다.

산업혁명이 영국에서 일어난 또 다른 이유는 당시 기술로 쉽게 캘 수 있는 값싼 석탄이 있었기 때문이다. 13세기 말부터 19세기 중엽까지 영국과 유럽은 소빙기였다. 평균기온이 0.6℃ 정도 내려가 알프스, 알래스카 지역에서 빙하가 넓게 확대됐던 시절이다. 사람들은 추운 겨울을 나기 위해 난방용 목재와 목탄이 필요했고, 산이 적어 목재 생산이 적었던 영국에서는 석탄을 대용품으로 쓰기 시작했다. 증기기관은 석탄을 캐는 데 장애가 되는 물을 퍼내기 위해 발명됐다.

증기기관의 발명은 17세기 과학혁명에 바탕을 두고 있다. 갈릴레오 갈릴레이는 흡입 펌프를 발명했다. 오토 폰 게리케1602-1686는 실험을 통해 실린더에서 공기를 빼면 아주 무거운 하중을 지탱하는 힘을 발휘한다는 사실을 확인했다. 크리스티안 하위헌스와 그의 조수 드니 파팽1647-1712은 실린더를 채운 수증기를 응축시켜 진공상태를 만들어 힘을 얻는 증기기관을 처음 구현했다.

이런 원리를 이용해 실용적인 증기기관을 처음 제작한 발명가는 영국군 엔지니어였던 토머스 세이버리1650?-1715다. 그는 1698년 증기기관 특허를 출원하고, 광산에서 배수 작업에 사용했다. 증기기관은 토머스 뉴커먼1663-1729, 제임스 와트1736-1819를 거쳐 더욱 효율적으로 개선됐다.

증기기관은 새로운 에너지원을 사용한 기계를 통해 인건비를 절감하고 생산성을 높였다. 화석연료를 이용한 기계가 사람, 가축, 바람, 물의 힘을 대신하면서 산업 전반에 큰 변화가 일어나기 시작했다. 증기기관은 석탄을 캐는 일에서부터 면직·제철·철도 산업에 영향을 미친 거시발명macro-invention이었다.

19세기 중반 영국에서는 면직물업은 물론, 제철업·기계공업·운하·도로·철도·전신 등이 크게 발전했다. 증기선은 범선이 드나들기 힘든 하천을 따라 내륙으로 화물을 나를 수 있었다. 철도는 내수시장을 확대했다. 영국은 식민지 확대를 통해 세계 영토의 4분의 1, 세계 인구의 3분의 1을 공식적으로 지배했다. 이런 덕분에 19세기 말 영국은 세계 산업 생산의 20%, 세계 제조업 교역의 40%를 차지할 수 있었다.

런던 만국박람회는 산업혁명을 배경으로 크게 성공했다. 관람객은 600만 명에 이르렀다. 하루 평균 4만 2천831명, 가장 많을 때는 하루 10만 9천915명이 다녀갔다. 관람객이 많았던 이유는 산업혁명으로 여가가 늘어나고, 철도의 발달로 이동이 편리해졌기 때문이다. 세계 최초의 여행사 토머스 쿡1841은 값싼 할인 여행권을 팔았다.

앨버트 공과 헨리 콜

만국박람회의 책임자는 앨버트 공, 기획자는 헨리 콜1808~1882이었다. 앨버트 공은 해가 지지 않는 대영제국을 이끌었던 빅토리아 여왕[2]이 사랑하고 존경했던 동갑내기 남자였다. 독일 작센-코부르크-고타 공국 출신으로, 20세에 사촌인 빅토리아 여왕과 결혼해 9명의 자녀를 두었다. 그는 온화하고 포용력이 뛰어났다. 일체 정치에 관여하지 않고 여왕이 정치적 중립을 지킬 수 있도록 도와 영국의 입헌군주제를 발전시켰다고 평가받고 있다. 달리 해석하면 그는 독일 출신이었기 때문에 영국 귀족들로부터 견제를 받아 정치를 할 수 없었다. 그가 예술을 발전시키고 교육을 개혁하는 데 많은 노력을 기울였던 사연일 수 있다.

앨버트 공은 1844년 예술협회[3]의 회장이 됐다. 1845년에는 왕립화학대학을, 1851년에는 왕립광산학교를 설립했다. 두 학교는 1907년 통합돼, 영국 고등과학기술교육의 산실인 임페리얼칼리지로 재탄생했다. 앨버트 공이 임페리얼칼리지의 설립자로 불리는 사연이다. 1847년에는 케임브리지대학교의 총장이 됐다.

앨버트 공과 함께 일했던 헨리 콜은 추진력이 뛰어났다. 콜은 15세에 공중기록소에서 문서를 복사하는 일을 하면서 글과 그림을 배웠다. 그는 우편제도 개선에 참여해 1840년 세계 최초의 부착형 우표인 페니 블랙penny black을 도입하는 데 공을 세웠다. 페니 블랙 우표에는 그가 그린 빅토리아 여왕의 옆모습이 인쇄됐다. 콜은 1843년 세계 최초의 상업용 크리

[그림 12-2] 임페리얼칼리지. 영국을 대표하는 공과대학으로, 앨버트 공이 세운 왕립화학대학과 왕립광산학교를 통합해 세웠다.

스마스카드를 기획한 발명가로도 알려져 있다.

    콜은 예술과 산업디자인 분야에 관심이 많았다. 그는 왕립예술협회 회원으로 활동하면서, 산업디자인을 부흥시킬 계획을 수립했다. 왕립예술협회 회장이었던 앨버트 공은 그의 든든한 후원자였다. 콜은 1847년, 1848년, 1849년 예술전시회를 잇따라 성공시키면서 만국박람회의 노하우를 습득했다.

    논란의 여지가 있지만, 콜에게 만국박람회에 대한 영감을 준 것은 1844년 파리에서 개최된 제10회 프랑스 산업박람회였다. 왕정복고체제에서 농업과 기술 발전을 촉진하기 위해 개최한 산업전시회였는데, 외국업체에게도 전시 기회를 준 것이 특징이다. 이는 많은 국가를 자극했다. 1845년 스위스 베른과 스페인 마드리드, 1847년 벨기에 브뤼셀, 1848년 러시아 상트페테르부르크, 1849년 포르투갈 리스본, 1851년 만국박람회에 이르기까지 산업박람회가 유럽 전역으로 퍼졌다.

프랑스 산업박람회는 1798년에 시작됐다. 프랑스혁명 이후 정부가 산업 경쟁력을 높이기 위해 민간에서 시행해 오던 미술전시회나 재고품 경매에서 아이디어를 얻어 국가적인 산업전시회를 마련하고 우수한 제품을 시상했던 것이다. 110개 전시자가 시계, 유리, 섬유, 화학제품, 가죽제품, 가구, 무기, 과학 및 의학 기구, 인쇄물 등을 마르스광장에 세운 60개 전시장에서 선보였다. 중앙에는 배심원들이 선정한 우수 제품을 전시했던 산업의 사원이 자리하고 있었다. 프랑스는 영국에서 최초의 국제박람회를 개최하기 전까지 산업박람회를 발전시켰다. 1849년 마지막이 된 제11회 산업박람회는 4천532개 전시업체가 참여했고, 6개월 동안 진행됐다. 런던 만국박람회가 열리기 2년 전이다.

영국은 산업이 뒤처진 프랑스의 산업박람회를 무시해 왔다. 그 가치를 깨달은 사람은 프랑스 산업박람회를 참관하고 돌아온 헨리 콜이었다. 그는 직접 보고 수집한 내용을 앨버트 공에게 보고했고, 앨버트 공은 국내 박람회가 아닌, 국제박람회를 개최하는 것이 좋겠다는 의견에 찬성했다. 앨버트 공이 직접 책임을 맡았고, 빅토리아 여왕은 남편의 일을 적극 도왔다.

대규모 국제박람회를 개최한다는 것은 쉬운 일이 아니었다. 먼저 전시관을 어떻게 구성할 것인가가 문제였다. 박람회위원회에서는 원자재, 기계류, 기계적 발명, 제조, 조각, 플라스틱 공예 등으로 구성하기로 결정했다. 15만 파운드에 이르는 재원의 마련, 의회 설득, 장소 마련, 건물 신축 등은 풀어야 할 다음 숙제였다.

건물은 조지프 팩스턴1803-1865이 설계한 크리스털팰리스로 결정됐다. 유리와 철근만으로 이루어져, 당시 영국의 건축기술을 보여 주는 데

부족함이 없었다. 장소가 하이드파크로 결정되면서 건물을 짓기 위해 공원 내 아름다운 느릅나무를 베어내야 하는 문제가 생겼다. 팩스턴은 유리 건물 안에 느릅나무를 그대로 두는 아이디어를 설계에 담았다. 건물 길이는 564m, 높이는 33m였다. 크리스털팰리스는 엄청난 변화의 시대에 살고 있다는 것을 알리고 싶었던 앨버트 공의 꿈을 표현해 냈다. 크리스털팰리스는 전시회가 끝난 뒤 곧바로 팔려 나가 런던 남동쪽 시드넘힐로 옮겨졌고, 1936년 화재로 소실될 때까지 제국전쟁박물관으로 사용됐다.

5월 1일 개관일부터 10월 15일까지, 전시 관계자들을 뺀 순수한 관람객만 600만 명이 만국박람회에 방문했다. 영국 인구의 17%에 해당한 수치였다. 앨버트 공은 매일 15만 명이 이동할 수 있도록 크리스털팰리스까지 철도를 놓았다. 이는 철도의 효용성을 알려, 철도산업이 발달하는 효과를 가져왔다. 앨버트 공이 처음 만든 만국박람회는 국가주의를 부추기는 결과를 낳았지만, 지금도 세계경제에 큰 영향을 미치고 있다.

앨버트 공은 만국박람회가 끝난 후 많은 것을 느꼈다. 디자인에서는 프랑스에 밀리고, 정밀공학에서는 독일에, 대량생산에서는 미국에 뒤처지는 것을 보았다. 그는 영국의 산업을 발전시킬 젊은 과학자를 돕기 위해 연구 장학금이 필요하다고 생각했다. 그의 생각은 사후 30년이 지난 1891년 리서치 펠로십이란 이름으로 실현됐다.

첫 번째 수혜자는 뉴질랜드에 있던 어니스트 러더퍼드1871-1937였다. 그는 장학금 덕분에 케임브리지대학교로 유학을 왔고, 원자핵의 구조를 밝혀 노벨 화학상을 받았다. 장학금을 받고 노벨상을 받은 노벨상 수상자는 제임스 채드윅1891-1974, 폴 디랙1902-1984, 피터 힉스1929- 등 13명에 이른다.

빅토리아 여왕이 설립하고 앨버트 공이 위원장을 맡았던 1851왕립박

[그림 12-3] 앨버토폴리스. 하이드파크 남쪽에 있는 앨버토폴리스는 박물관과 대학이 모여 있다. 1851년 만국박람회에서 얻은 수익으로 조성됐다. ⓒ Andreas Praefcke, 2011

람회위원회는 지금도 매년 200만 파운드의 장학금을 지급하며 활동하고 있다. 위원회는 산업장학금, 산업디자인장학금, 환경장학금도 지급한다. 위원회가 160년이 넘게 활동하고 있는 것은 한국인들의 기억 속에서 잊혀진 1993년 대전엑스포와 비교된다.

만국박람회는 빌린 돈을 갚고 투자배당금을 돌려주고도 18만 6천 파운드의 엄청난 이익을 남겼다. 1851왕립박람회위원회는 이 돈을 과학과 예술 교육에 다시 활용하기로 했다. 만국박람회가 개최된 하이드파크 남쪽 사우스켄싱턴 지역에 87에이커의 땅을 매입하고, 교육기관과 박물관을 만들었다. 그곳에는 현재 빅토리아앨버트박물관, 왕립예술대학, 로열앨버트홀, 자연사박물관, 왕립음악대학, 임페리얼칼리지, 과학박물관 등이 들어서 있다. 앨버트 공의 이름을 따서 앨버토폴리스라고 불리는 지역이다.

사우스켄싱턴박물관

만국박람회에서 수집된 컬렉션은 행사가 끝난 뒤 사우스켄싱턴박물관이란 이름으로 1857년 6월 22일 문을 열었다. 초대 관장은 헨리 콜이 맡았다. 박물관은 가스등을 켜고 야간 개장을 했다. 노동자들이 밤에 산업과 과학기술을 배울 수 있도록 배려한 것이다. 만국박람회가 폐막한 후 출품자들이 자신의 전시품을 도로 가져갔기 때문에, 사우스켄싱턴박물관에는 전시품이 많지 않았다.

초기 사우스켄싱턴박물관은 박물관이라기보다 교육기관에 가까웠다. 행정적으로는 과학예술부의 일부였다. 전시물의 수집, 보존, 전시보다 교육에 신경을 썼다. 교육은 과학과 예술로 나뉘었다. 과학 부문은 화학자인 라이언 플레이페어1818-1898가, 예술 부문은 콜이 맡았다. 그러나 과학은

[그림 12-4] **사우스켄싱턴박물관.** 사우스켄싱턴박물관은 런던 만국박람회 이후 세워진 과학공예박물관이었다. 헨리 콜이 건축가 프랜시스 포크(1823-1865)와 함께 지었다. 과학과 공예가 함께 전시되어 있었지만, 과학 컬렉션은 공예 컬렉션에 짓눌려 크게 발전하지 못했다. ⓒ Brenac, 2014

[그림 12-5] 빅토리아앨버트박물관 내부. 사우스켄싱턴박물관은 1909년 과학박물관과 분리돼 빅토리아앨버트박물관이 됐다. 주로 공예 분야의 컬렉션을 모아 전시하고 있다.

예술에 비해 투자가 적어, 플레이페어와 콜 사이에는 마찰이 있을 수밖에 없었다.

1870년 펴낸 가이드북을 보면 과학학교에 아우구스트 폰 호프만1818–18924의 화학, 찰스 라이엘1797–1875의 지질학, 토머스 헉슬리1825–1895의 동물학 등 유명 교수들의 강좌가 있었다. 또한 공간기하학, 기계 구성, 건축 설계, 수학, 전자기학, 광물학, 천문학 등 다양한 과학기술 과목을 가르쳤던 것을 볼 수 있다. 박물관 상점에서는 다양한 모형과 카탈로그를 팔았다.

사우스켄싱턴박물관의 전시물은 대부분 예술에 관한 것들이었다. 초상화, 보석, 도자기, 유리공예 등이 많았다. 과학기술은 시계류, 교육용 과학기구, 기계 모형뿐이었다. 음식 컬렉션은 화학으로 분류됐다. 토끼나 새의 표본들도 전시됐다. 산업을 기초로 한 과학박물관의 모습이 아직 드러나지 않을 때였다.

과학박물관

앨버트 공은 만국박람회를 열기 전부터 과학, 예술, 제조를 위한 일종의 대학 같은 곳을 꿈꿨다. 그때만 해도 영국에는 고등과학기술교육기관이 없었다.[5] 그가 1845년 왕립화학대학을 설치한 것을 보면 오래전부터 고등과학기술의 중요성을 깨닫고 있었던 것으로 보인다. 왕립화학대학은 1872년까지 응용지질학박물관의 감독을 받았다.

영국 정부는 1853년 과학예술부를 신설하고, 1857년 사우스켄싱턴박물관을 세웠으나, 과학 부문은 초라했다. 오히려 과학 전시물은 조립식 건물에 들어서 있던 특허국박물관 쪽에 더 많았다. 특허국 국장이었던 베넷 우드크로프트[1803-1879]가 1857년부터 운영하던 과학박물관이었다.

화학자 라이언 플레이페어는 1867년 프랑스 전시회를 보고 와서 정부의 과학교육 부재를 비판했다. 그 결과, 1870년 과학교육과 과학발전을 위한 왕립과학교육위원회가 만들어졌다. 위원장은 철강 사업으로 돈을 많이 번 7대 데번셔 공작 윌리엄 캐번디시[1808-1891][6]가 맡았다. 위원으로는 광산대학의 자연사교수 토머스 헉슬리, 킹스칼리지의 화학교수 윌리엄 앨런 밀러[1817-1870], 케임브리지대학교 수학과의 루카시안교수 조지 스토크스[1819-1903]가 참여했다. 데번셔 공작의 비서는 당시만 해도 아마추어 천문학자에 불과했던 노먼 록키어[1836-1920]였다.

데번셔위원회는 1871년부터 1875년까지 활동하며 8차례에 걸쳐 초등 과학교육, 대학 내 과학교육, 대중 과학교육, 과학발전을 위한 정부의 의무, 과학연구 지원금, 과학부장관 또는 과학교육부장관의 지명 등에 대한 보고서를 냈다. 또 물리와 기계 장치를 모으고, 특허국박물관 소장품을 결합한 과학박물관을 세울 것을 권고했다. 1875년 사우스켄싱턴에서 저명한 과학자들이 참석한 가운데 열린 회의에서는, 과거에는 천재성에 의해 새로운 기계의 발명이 이뤄졌지만 이제는 과학교육에 의해 이뤄진다는 의견이 모아졌다.

데번셔위원회에서는 과학기구특별대여컬렉션 전시회 개최를 결정했다. 과학교육을 개선하지 않고 더 이상 경쟁력을 가질 수 없다는 국가적인 불안이 중요한 동기였다. 전시는 기계순수 및 응용수학 포함, 물리, 화학, 지질학·광물학·지리학, 생물학의 5개 분야로 나누어 진행됐으며, 노먼 록키어가 책임자로 추천됐다.

전시회의 준비는 독일 혈통을 지닌 빅토리아 여왕과 앨버트 공의 덕을 톡톡히 봤다. 런던 왕립화학대학 교수를 지내다가 독일로 돌아가 독일화학회 대표를 맡고 있던 아우구스트 폰 호프만을 비롯해 많은 독일 과학자들이 도움을 주었다. 그들은 역사적인 과학 전시품을 포함해 수천 점의 과학기구를 빌려 줬다. 그중에는 덴마크 천문학자 튀코 브라헤가 쓰던 관측기구도 포함돼 있었다.

과학기구특별대여컬렉션 전시회는 1876년 5월부터 12월까지 열렸다. 개관식에는 빅토리아 여왕과 토머스 헉슬리, 아우구스트 폰 호프만과 같은 과학자들이 참석했다. 독일·프랑스·러시아·미국의 지도자들이 참석했던 이유는 과학기술이 중요한 국제적인 문화로 인식됐기 때문이다. 한편으로는 과학기술이 국가적인 쇠퇴를 막는 무기로 인식됐다.

전시회 공간은 사우스켄싱턴박물관을 사용하지 않고, 지금의 과학박물관 자리에 아케이드를 설치해 사용했다. 전기기술자 찰스 윌리엄 지멘스1823-18837의 의견에 따라 퍼핑 빌리와 같은 증기기관차, 와트의 컬렉션 등 대형 기계류와 해양공학 컬렉션이 전시됐다. 스티븐슨의 로켓 증기기관차는 발명의 상징에서 응용과학의 아이콘으로 변신했다. 갈릴레오의 망원경, 라부아지에의 열량계, 제임스 줄1818-1889의 과학기구 등 2만 점의 자료가 전시됐다. 그리고 상당수의 전시품이 복제돼 과학박물관에 영구히 전시됐다. 튀코 브라헤의 사분의, 마그데부르크의 반구, 라부아지에의 열량계 등이 복제된 대표적인 소장품이다. 이때부터 과학관 사이에 복제품의 국제적인 교류가 이뤄졌다.

과학교육의 개혁을 부르짖던 플레이페어는 전시회가 끝나자 1851년 만국박람회 때 남긴 돈을 물고 늘어졌다. 그는 140명의 저명 과학자들로부터 서명을 받아 과학박물관 건물을 새로 짓고, 특허국박물관 합병을 추진했다. 그러나 정부는 사우스켄싱턴박물관에 더 많은 예술품 전시공간이 필요했기 때문에 쉽게 승인해 주지 않았다.

노먼 록키어는 태양의 홍염을 일식 때가 아닌 평상시에 관측하는 기술을 개발한 천문학자다. 1868년 지구에서 헬륨이 발견되기 전에 태양의 홍염에서 나오는 미지의 스펙트럼을 보고, 그 원소가 헬륨이라고 말했다. 그는 사회와의 소통에 관심이 많았다. 1869년 과학 분야에서의 중요한 발견을 소개하는 과학잡지 《네이처》를 창간하고 초대 편집장을 맡았다. 록키어는 1905년 영국과학길드를 만들어 초대 회장을 맡으면서, 과학적인 방법을 사회 전반에 적용하는 운동을 펼쳤다. 이러한 과학자들의 정치 활동

[그림 12-6] 61세 때의 노먼 록키어. 영국인들이 가장 위대한 과학자, 천문학자 중 한 사람으로 꼽는 록키어는 네이처를 창간한 과학언론인이었고, 과학박물관 독립을 추진한 과학문화 개척자였다. ⓒ Stereoscopic Co., 1897, archive.org 소장

은 과학자의 위상이 높아지는 시대상을 반영하고 있었다.

록키어는 과학박물관 독립에도 적극 나섰다. 후원금을 내놓으면서, 《네이처》를 통해 "과학은 국가 성장에 중요하므로, 과학 자체를 위한 전시장을 건설할 필요가 있다"고 주장했다. 토머스 헉슬리, 화학자 헨리 로스코1833-1915[8], 교육학자 로버트 모란트1863-1920 등도 록키어의 주장에 동조했다. 과학관 건립에 대한 헌신적인 노력으로, 록키어는 과학박물관의 설립자로 대우받고 있다.

베넷 우드크로프트가 만든 특허국박물관이 1883년 통합되면서 사우스켄싱턴박물관의 과학 컬렉션이 커지기 시작했다. 동시에 박물관 직원, 대학생, 일반인들이 함께 이용할 수 있는 과학도서관이 세워졌다. 1885년 사우스켄싱턴박물관에서는 과학 컬렉션을 과학박물관Science Museum이라고 부르기 시작했다. 1893년에는 과학 부문 관장직이 신설되고, 화학자 에드워드 로버트 페스팅1839-1912이 초대 관장으로 임명됐다. 과학박물관의 독립을 끊임없이 제기해 온 과학자들의 노력 때문이었다.

1909년 6월 26일 사우스켄싱턴박물관이 빅토리아앨버트박물관으로 새롭게 개장하면서 과학박물관은 독립적인 지위를 확보했다. 이듬해 휴벨1844-1931을 위원장으로 하는 벨위원회[9]가 새로운 과학박물관의 건물 설계와 콘텐츠에 대한 청사진을 제시했다. 과학박물관 건물은 이 청사진을 바탕으로 1913년부터 짓기 시작했다. 최초의 동쪽 건물은 제1차 세계대전 때문에 1928년에서야 완성됐다. 이때에서야 이곳저곳에 흩어져 있던 과학산업 전시물이 한곳에 모일 수 있었다.

1911년 벨위원회는 과학박물관의 역할을 교육에 두었다. 이는 제1차 세계대전으로 많은 사람의 관심이 전쟁과학에 쏠렸을 때 과학박물관이 평화박물관으로 남는 계기가 됐다. 제국전쟁박물관과 합쳐야 한다는 목소리를 잠재운 것이다. 제국전쟁박물관[10]은 1917년 별도로 설립돼 1920년 개관했다. 건물은 1851년 만국박람회를 열었던 크리스털팰리스 건물을 사용했다.

런던 과학박물관의 주요 임무는 국가를 위한 과학science for the nation을 제공하는 것이었다. 과학원리를 소개하고, 일반 대중이 과학에 참여하고 과학의 중요성을 인식하게 하는 데 있었다. 과학관이 혹시나 상업적인 전시장이 될까 우려했던 것이다.

1920-1930년대에는 과학박물관이 산업에 기여해야 한다는 목소리가 높아지면서, 과학박물관은 과학과 산업을 전시하는 국가박물관으로 기능했다. 노동자, 중간관리자, 산업역군을 위한 전시관이었다. 영국 산업발전을 지원하기 위해 응용과학과 산업을 전시했다.

헨리 라이온스1864-1944는 1920년부터 14년 동안 관장으로 재직하면서 작동형 전시물, 항공, 영화, 라디오, 축음기, 전자를 발견한 J. J. 톰슨1856-1940의 전자실험기구 등을 전시하고, 어린이관을 세웠다. 라이트 형제가 발명한 비행기는 1928년부터 20년 동안 전시했다. 라이온스는 과학박물관을 과학관답게 만든 관장이었다. 육군 공병대 대령 출신의 지질학자로 라이온스 대령으로 불렸다. 라이온스는 과학박물관이 산업에 기여할 방법은 없다고 생각했다. 그가 찾아낸 유일한 방법은 특별전을 여는 것이었다. 〈플라스틱 재료와 응용〉1933은 산업에 기여해야 한다는 시대적인 요구를 반영하기 위한 산업전이었다.

과학박물관은 또 한 번 딜레마에 빠졌다. 해양 컬렉션이 늘어났는데, 전쟁과 관련된 것들이 많았다. 평화박물관을 꿈꿨던 과학박물관으로서는 곤혹스런 일이었다. 결론은 분리였다. 국립해사박물관은 1937년 그리니치에 세워졌다. 바다를 항해할 때 쓰던 사분의, 망원경, 해도 등을 전시하고 있지만, 해전에 관한 내용도 많다. 해사박물관은 그리니치천문대, 범선 커티삭, 퀸스하우스와 함께 왕립그리니치박물관으로 운영되고 있다.

평화박물관을 꿈꿨던 과학박물관도 제2차 세계대전을 맞이해 어쩔 수 없이 〈군대 속의 과학〉1938, 〈평화와 전쟁의 비행기〉1939라는 특별전을 개최할 수밖에 없었다. 이는 영국의 군사과학이 우수하다는 것을 강조하기 위한 전시회였다.

제2차 세계대전 이후

과학박물관은 제2차 세계대전으로 망가진 뒤, 1950년부터 1983년까지 새 건물을 건축하고 컬렉션을 확장했다. 중앙 건물은 1960년대에 완성됐다. 1962년 존 글렌의 프렌드십 7호를 전시하자 많은 관람객이 몰리면서 과학박물관은 다시 활기를 띠었다. 아폴로 10호 사령선은 1976년부터 매년 스미스소니언과 임대계약을 갱신하며 전시하고 있다. 항공우주 분야는 20세기 과학기술의 상징이며 최대 관심사였다. 과학박물관은 점차 영국의 과학 유산을 늘려 나갔다. 영국 케임브리지대학교 캐번디시연구소의 자부심이 담긴, 제임스 왓슨1928-과 프랜시스 크릭1916-2004의 이중나선 DNA 모형은 원래의 쇠판을 이용해 복원돼 과학박물관에 전시됐다.

1975년 과학박물관은 요크역 옆에 분관인 국립철도박물관을 개관했다. 런던 밖에 개관한 최초의 국립박물관이었다. 국립철도박물관은 현재 100여 대의 증기기관차, 300여 량의 철도차량을 전시하고 있다. 영국철도에서 보유했던 유산들을 인계받은 것이다.[11] 2004년 현대 철도의 탄생지를 관광지화하기 위해 실던에 또 하나의 국립철도박물관을 개관했다.

1960년대 말부터 전 세계에서 과학센터의 바람이 불었지만, 과학박물

[그림 12-7] **과학박물관 산업 전시.** 국가를 위한 과학을 표방하는 런던 과학박물관은 산업 혁명과 자국의 과학기술사를 중심으로 전시하고 있다.

관은 과학센터가 되기를 거부해 왔다. 과학역사박물관을 유지하는 것은 한마디로 고집이었다.

과학관에서의 연구는 과학 연구, 역사 연구, 관람객 연구로 나눌 수 있다. 과학 연구는 그리스 무세이온 때부터 시작된 것이다. 초대 관장이었던 에드워드 로버트 페스팅은 사우스켄싱턴박물관 안에 실험실을 두고 색, 사진, 적외선 스펙트럼을 연구했다. 사우스켄싱턴박물관은 왕립과학대학[12]과 연계돼 있었다. 과학박물관의 연구 기능은 1900년대 초 왕립과학대학과 분리되면서 사라졌다. 그렇지만 큐레이터들은 1980년대까지 과학자들이 맡았다. 비록 사용되지 않았지만, 1992년까지 과학박물관에 화학 실험실이 있었다. 「1983년 국가유산법」이 만들어질 때 과학박물관에 연구 기능을 넣지 않은 것은 연구 기능이 중요하지 않다고 봤기 때문이다. 반면 런던 자연사박물관은 중요한 연구기관으로 봤다.

과학박물관에서는 오히려 과학기술사 연구가 중심이 되고 있다. 큐레이터들이 기술사를 위한 뉴커먼학회1920**13**와 영국과학사학회1947에 참여하고, 과학박물관그룹 저널을 통해 과학기술사 논문을 발표하고 있다. 과학박물관이 과학기술사 연구에 초점을 맞춘 것은 지구물리학자인 6대 관장 허먼 쇼1892–1950와 화학자인 7대 관장 프랭크 셔우드 테일러1897–1956가 영국과학사학회 회원이었던 것과 무관하지 않을 것이다. 셔우드는 과학사학회 창립회원이었고, 테일러는 옥스퍼드대학교 과학사박물관 큐레이터로 일하다 런던 과학박물관으로 왔다.

테일러 관장의 뒤는 밑바닥에서 일을 배운 동물학자 테렌스 모리슨 스코트1908–1991와 물리학자 데이비드 폴렛1907–1982이 맡았다. 모리슨 스코트는 1936년 영국 자연사박물관 동물학부에서 보조 키퍼로 박물관 업무를 시작했으며 8대 관장을 역임했고, 런던 자연사박물관장도 맡았다. 폴렛은 1937년부터 과학박물관 보조 키퍼로 근무하기 시작해 제9대 관장에 올랐다. 두 관장은 과학박물관에 기여한 공로로 기사작위까지 받았다.

[그림 12-8] 과학박물관 내 어린이관. 과학박물관은 1931년 과학관 안에 어린이관을 세계 최초로 개관했다.

과학센터를 거부해 온 과학박물관에도 예외가 있었다. 1931년 12월 세계 최초로 과학관 내에 어린이관을 개관했던 것이다. 어린이 관람객을 위해서, 어린이 교육을 위해서 마련한 체험관이었다. 1980년 중반에는 론치패드Launch Pad라는 상호작용형 갤러리를 만들었다. 이 역시 어린이들을 위한 것이다.

「국가유산법」

런던 과학박물관은 「1983년 국가유산법」에 따라 1984년 정부조직에서 비정부공공기관NDPB인 국립과학산업박물관법인으로 전환됐다. 새로운 법인은 과학박물관과 도서관, 의학 역사 분야의 웰컴 컬렉션14, 요크 국립철도박물관, 실던 국립철도박물관, 브래드포드의 국립미디어박물관으로 구성됐다. 과학박물관의 법인화는 마가렛 웨스턴1926-2021 부인이 추진했다. 웨스턴 부인은 28세에 과학박물관에 들어와 18년 뒤 제10대 관장에 올랐다. 재임기간 과학박물관그룹을 만들어 냈으며, 영국과 프랑스가 함께 만든 콩코드 2호기를 기증받았다. 1983년에는 브래드포드에서 국립사진영화텔레비전박물관국립미디어박물관의 전신을 세웠다.

영국 문화정책의 특징은 팔길이 원칙arm's length principle이다. 정부가 지원하되, 일정한 거리를 두고 간섭하지 않는다는 원칙을 철저히 고수하고 있다. 영국은 1980년 사라질 위험이 있는 국가유산을 보호하기 위해 국가유산보전기금을 조성했다. 그런데 국가문화유산을 지정하지 않고, 지정권한을 이사회에 맡기니 대상이 넓어졌다. 예술작품부터 멸종위기 새들에게까지 혜택이 넓어졌다.

1970년대 말 영국은 경제 위기감에 휩싸여 있었다. 1979년 정권을 잡은 보수당의 마거릿 대처1925-2013는 과거 노동당 정부가 추진해 온 복지 예산을 줄이고, 문화예술위원회의 예산도 대폭 삭감했다. 이는 예술 탄압이라는 비판을 받았지만, 아이러니하게도 영국의 문화 창의력을 살리는 계기가 됐다. 대처 정부는 영국 문화의 경제적 잠재력을 이용하기 위해 「1980년 국가유산법」을 만들고, 문화유산의 상업화·산업화를 추진했다. 문화단체에 대한 맹목적인 지원에서 경제적 이득이 되는 쪽의 지원으로 바꾼 것이다. 그 결과 헤리티지 산업은 발전하고, 관광산업의 핵심 분야로 각광받기 시작했다.

대처 정부가 만든 「1980년 국가유산법」, 「1983년 국가유산법」은 영국 문화유산 정책의 근간을 이룬다. 두 법을 통해 문화유산부현 디지털문화매체 스포츠부가 만들어지고, 국가문화유산기금이 설립됐다. 문화유산을 산업화하는 과정에서 영국은 영국다움Englishness을 중요한 가치로 내세웠는데, 이는 성공적이었다. 영국다움은 영국의 문화고전, 고대의 집, 전통을 일컫는데, 영국의 역사유산, 자연유산, 영국제국 그리고 지금의 영연방까지 아우르는 개념이 됐다.

국가문화유산기금은 다양한 문화유산을 지정 관리하는 역할을 한다. 그중 아이언브리지15 계곡과 같은 야외박물관도 있다. 산업혁명의 발상지에 살아 있는 역사 이야기를 입혀 여행객들을 끌어들인다. 문화유산을 상업화, 산업화했던 대표적인 예다.

과학박물관은 「1983년 국가유산법」에 의해 정부로부터 독립성이 더욱 강화됐다. 이는 과학기술 관련 다양한 미디어책, 영화, 정보자료의 출판, 과학기술 자료의 복제 및 복사, 기념품 제작, 이들의 판매, 주차, 음식 제공 등의 사업을 통해 수입을 늘려야 하는 의무도 포함된다. 결국 「1983년 국가유산법」은 과학관의 상업적 기반을 만들었다고 볼 수 있다. 2012년에는 맨체스터에 있는 국립과학산업박물관이 국립과학산업박물관법인으로 들어왔으며, 법인의 명칭은 과학박물관그룹SMG으로 바뀌었다.

맨체스터 과학산업박물관

맨체스터 과학산업박물관MOSI[16]은 1983년 9월 15일 설립됐다. 면직산업, 철도, 증기기관 등 영국 산업혁명의 역사를 볼 수 있는 곳이다. 과학산업박물관 중앙에는 현존하는, 가장 오래된 여객철도역인 스테이션 빌딩이 있다. 1880년 철도창고로 사용했던 대서부Great Western 창고에는 섬유산업을 일으킨 기계를 전시하고, 파워홀에서는 증기기관과 철도를 전시하고 있다. 항공우주관은 항공기와 자동차를 전시한다.

[그림 12-9] **맨체스터 과학산업박물관.** 1983년 개관한 과학산업박물관은 면직산업, 철도, 증기기관 등 맨체스터 지역의 산업혁명 유산뿐 아니라 항공기, 자동차도 전시하고 있다. ⓒ Iain Cameron, 2015

맨체스터는 산업혁명의 발상지로 알려지고 있다. 18세기 중반 한적한 탄광마을이 세계 최초의 산업혁명 도시가 된 이유는 무엇일까? 그것은 풍부한 석탄, 운하와 철도의 건설, 이를 토대로 면직이라는 신산업을 일으켰기 때문이다.

높은 산이 없고 평지가 많은 영국은 목재의 생산이 적었다. 인구가 늘고 산업이 발달하면서 목재와 목탄 값이 오르자, 가정과 제조산업에서 석탄의 수요가 많아졌다. 소빙기로 인해 추운 겨울을 보내야만 하는 가정에서는 값싼 석탄을 더욱 찾게 됐다. 그러나 산지에서 석탄을 옮기는 일을 말과 마차가 맡고 있어, 물류비용이 만만치 않았다.

1761년 3대 브리지워터 공작인 프랜시스 에거튼1736~1803이 대량의 석탄을 값싸게 옮기는 방법을 찾아냈다. 워슬리에 있던 자신의 탄광에서 맨체스터 공업지역까지 운하를 판 것이다. 운하에는 폭 2m, 길이 20m의 거룻배가 다녔다. 거룻배는 한번에 40t의 물건을 실어 옮길 수 있었고, 한두 필의 말이 운하 옆에서 끌었다. 맨체스터와 항구도시 리버풀 사이의 운하는 1776년 완성됐으며, 1830년 철도가 개통될 때까지 60년 가까이 중요한 물류 통로였다.

1780년대에 들어 석탄을 에너지로 쓰는 증기기관 발명이 발명되자, 랭커셔 지방의 석탄 집결지였던 맨체스터는 더욱 발전할 수밖에 없었다. 게다가 여러 강과 저수지들로부터 수자원을 확보할 수 있고, 면직산업을 발전시킬 눅눅한 기후까지 갖추고 있었다.

18세기 중엽까지 영국에서는 가내수공업에 의존한 모직물공업이 면직물공업보다 우위에 있었다. 그런데 인도에서 들여온 면직물이 인기를 끌기 시작했다. 면은 양모나 실크보다 세탁하기 쉽고 저렴했다. 또한 표백과 염색이 잘 됐고 오래 갔다.

[그림 12-10] **볼튼앤와트의 증기기관.** 볼튼앤와트사가 1777년에 만든 빔 엔진으로 1848년까지 사용됐다. 탄광에서 물을 퍼올릴 때 사용했다. 런던 과학박물관에 전시하고 있다.

면직물에 대한 수요는 기계기술의 발명으로 이어졌다. 1733년 존 케이1704-1779?가 발명한 비저fly shuttle는 날줄 사이로 왔다 갔다 하며 씨줄을 짜는 북의 운동을 자동화했다. 제임스 하그리브스1720?-1778는 1764년 다축방적기인 제니방적기를 발명해 솜을 비틀어 꼬아 실을 만드는 방추를 여러 개로 늘렸다. 비저는 시간을 줄이고, 제니방적기는 생산량을 늘린 것이다. 여기까지 인간의 힘을 이용한 것이었다면, 리처드 아크라이트1732-1792가 발명한 수력방적기는 자연의 힘을 이용한 것이었다. 수력방적기의 발명과 보급은 면사의 공급을 크게 증가시켰다. 목사였던 에드먼드 카트라이트1743-1823는 1785년 역직기power-loom를 발명했다. 같은 해 제임스 와트는 면공업에 증기기관을 도입했다. 인간 에너지손, 자연 에너지물레방아를 넘어선 기계 에너지증기기관 시대를 연 것이다. 증기기관의 큰 장점은 언제 어디서든지 사용하여 대량생산할 수 있다는 것이었다.

한편 과학적인 염색과 표백기술들이 등장하기 시작했다. 1783년 스코틀랜드의 토머스 벨이 구리 실린더를 이용한 날염기를 개발했다. 글래스고의 찰스 테넌트1768-1838는 염소를 소석회에 섞어 분말 표백제를 만들었다.

산업혁명은 이렇게 시작됐고, 영국은 1787년 세계 최대의 면직물17 생산국가가 됐다. 그 중심에 맨체스터가 있었다. 항구도시 리버풀도 덩달아 성장했다. 맨체스터가 성장하자 운하만으로는 늘어나는 물류를 소화하기 힘들었다. 이때 증기기관차가 발명됐다. 필요는 발명의 어머니였던 것이다.

영국의 리처드 트레비식1771-1833은 증기기관차를 만들어, 1804년 2월 21일 페니다렌제철소 안에 있던 철로 위를 처음 달렸다. 마차가 무거운 광석을 옮기던 철로였다. 이후 여기저기서 증기기관차가 다양하게 개발됐다. 조지 스티븐슨1781-1848이 개발한 로코모션은 바퀴가 궤도를 이탈하지 않고 견고했다. 1825년 영국 북동쪽 탄광 지역에 있던 스톡턴과 달링턴 사이의 15km를 80t의 석탄을 싣고 달리는 데 성공했다. 2시간이 걸렸지만, 로코모션은 증기기관차의 대명사가 됐다.

1830년 리버풀과 맨체스터 사이의 56km를 승객과 화물을 싣고 오가는 세계 최초의 상업용 철도가 개통됐다. 증기기관차는 스티븐슨 부자가 개발한 로켓이었다. 조지 스티븐슨의 아들 로버트 스티븐슨1803-1859이 설계한 로켓은 1829년 런던 교외에서 벌어진 증기기관차 경주에서 다른 4대의 증기기관차를 물리치고 우승했다. 당시 로켓의 평균속도는 시속 19km, 최고속도는 시속 48km였다. 로켓은 상금 500파운드와 함께, 리버풀과 맨체스터를 오가는 철도 영업권을 맡게 됐다.

맨체스터와 리버풀 사이의 철도가 개통되는 날 윌리엄 허스키슨1770-

1830 의원이 열차에 치여 숨지는 사건이 있었지만, 증기기관차의 발전을 막지는 못했다. 리버풀 항구에서 맨체스터까지 면화와 면직물들을 옮기는데, 증기기관차는 역마차보다 속도는 2배, 가격은 절반이었다. 리버풀과 맨체스터의 철도가 성공하자 영국은 물론, 전 세계적으로 철도 건설이 폭발적으로 이뤄졌다. 로켓은 증기기관차의 빠른 발전 속도에 밀려 10년도 운전하지 못하고 물러났다. 로켓은 1862년 런던 특허국박물관에 기증됐고, 후에 런던 과학박물관으로 옮겨졌다.

맨체스터는 조그만 광산마을에서 공업도시로 탈바꿈했다. 운하와 증기기관차가 물류를 맡고, 면직업, 광공업이 발달했던 것이다. 맨체스터 과학산업박물관은 세계 최초로 산업혁명을 이뤄낸 맨체스터의 옛 영화를 재생하고 있다. 세계 최초로 증기기관차가 승객을 싣고 리버풀과 맨체스터 사이를 오갔던 역사驛舍 안에서 산업혁명의 추억을 되살리고 있다. 2007년부터는 맨체스터 과학축제를 개최한다. 이 같은 과학산업박물관의 노력이, 맨체스터를 2016년 유럽 과학도시로 뽑히게 했을 것이다.

제13장

독일 산업혁명과 독일박물관

독일 과학은 세계를 지배하고 있다.
우리 과학원은 이러한 지위를 유지하기 위해
필요하다면 모든 방법을 동원해 지킬 것이다.

– 막스 플랑크(1858-1947), 물리학자

19세기 초 독일은 영주들이 나라를 다스리는 300여 영방국가로 분열
돼 있었다. 독일 영토를 지배하던 신성로마제국이 가톨릭 국가와 개신교
국가들이 싸운 30년전쟁1618-1648으로 명목상의 국가로 전락하면서 갈가
리 찢겨 있었던 것이다. 962년 세워진 신성로마제국은 1806년 나폴레옹
1세에 의해 멸망했다. 그리고 1815년 독일을 괴롭히던 나폴레옹 1세가
워털루전투에서 패하자, 독일은 빈회의를 통해 38개의 영방으로 재구성
됐다.

독일 영방국가들은 산업혁명을 이룬 영국과 프랑스와 달리, 봉건제를
유지하고 있었다. 국가는 규모의 경제를 이루지 못했고, 길드에 속한 기술
자들은 가내수공업에 의존하면서 필요한 양만큼 생산하고 있었다.

산업혁명과 독일 통일

독일 북부에 위치한 프로이센왕국은 다른 영방국가와는 달랐다. 공업이 발달한 도시들이 있었고, 새로운 에너지원이었던 석탄 광산이 있었다. 무역도 발달했다. 프로이센은 수입품에 높은 세금을 매기는 새로운 관세제도를 만들어 자국 기업들을 육성해 나갔다. 무역산업부 내에 기술위원회를 두고, 과학기술을 연구하는 베를린기술연구소를 설립한 것은 주목할 만하다. 산업이 발전하면서 자본을 투자하는 금융기관들이 발전하기 시작했다.

섬유산업과 철강산업은 산업혁명이 일어나기 전부터 발전하고 있었다. 1782년 독일에서 최초로 방적기를 도입한 켐니츠는 작센 지역 공업의 중심지 역할을 하면서 작센의 맨체스터라고 불렸다. 2년 뒤 최초의 섬유공장이 라팅엔과 뒤셀도르프에 세워졌다. 영국의 기술과 장비를 통해 성장한 독일 섬유산업은 벨벳과 실크의 도시로 유명한 크레펠트 등 여러 공업도시를 키워 냈다.

철강산업은 천연자원이 풍부한 독일에서 자연스럽게 발전했다. 1796년 코크스를 이용한 첫 번째 용광로가 글라이비츠에 세워졌다. 19세기 중반 코크스 용광로는 30개에 이르렀다. 관세동맹 이후에는 최신 기술과 외국인 투자에 힘입어 풍부한 석탄자원이 있는 루르 지역이 새로운 철강공업지대로 부상했다.

증기기관은 독일 산업에 새로운 동력을 제공했다. 섬유공장을 돌리고, 철광산 갱도 안에서 물을 퍼올리는 데 중요한 역할을 했다. 증기기관을 도입한 프로이센 지역의 공장을 보면 1837년 417개에서 1849년 1천444개로 급증했다. 증기기관은 예인선 등에 동력을 제공함으로써 수송에도 영향을 미쳤다. 증기기관이 많아지자 석탄 수요도 크게 증가했다.

철도는 독일 산업혁명과 통일을 가속하는 데 결정적인 역할을 했다. 최초의 철도가 1835년 12월 뉘른베르크와 퍼스 사이에 개통됐다. 철도는 분열된 영방국가들을 연결하며 빠르게 뻗어 나갔다. 기관차는 영국과 벨기에에서 수입해 쓰다가 자체 생산했는데, 베를린과 뮌헨이 생산의 중심지가 됐다. 철도가 뻗어 나가면서 무역과 통상이 증가했다. 1848년 5천 km에 달하는 철도망이 건설됐다. 이는 프랑스의 2배, 오스트리아의 4배가 넘는 길이였다. 철도의 건설은 철강산업을 도약시켰고, 기계산업과 부품업이 덩달아 발전했다. 철로는 1870년 독일이 통일될 시점에 1만 8천600km에 이르렀다. 서쪽의 아헨에서 동쪽의 쾨니히스베르크현 러시아의 칼리닌그라드, 북쪽의 함부르크에서 남쪽의 뮌헨에 이르는 사통팔달의 철도는 독일의 경제적 통일을 이끌었다.

독일은 프로이센을 중심으로 통일됐다. 빌헬름 1세는 1871년 1월 18일 프랑스 베르사유궁전 거울의 방에서 북독일연맹의 대표단에 의해 독일제국의 황제로 추대됐다. 프랑스와의 전쟁에서 승리한 프로이센은 베르사유조약을 통해 유럽 최대의 철광석 산지인 알자스와 로렌 지방까지 확보했다. 게다가 프랑스로부터 받은 50억 프랑의 막대한 전쟁보상금은 창업과 투자 열풍으로 이어졌다.

독일을 대표하는 기업들은 산업혁명 과정에서 등장했다. 크루프는 1810년 프리드리히 크루프1787-1826가 세운 철강회사다. 프리드리히는 영국이 보유한 주강 제조법을 개발하려고 했지만 실패하고 36세의 젊은 나이에 세상을 떠났다. 14세에 가업을 이어받은 알프레트 크루프1812-1887는 아버지가 이루지 못한 꿈을 좇아 새로운 주강 제조기술에 도전했다. 오랜 노력 끝에 마침내 새로운 기술을 확보해, 기차 바퀴, 대포 등을 생산했다. 그가 사망할 즈음 크루프는 세계 최대 기술기업으로 성장했다. 제

1차 세계대전에서는 대포와 잠수함을 만들어 이름을 날렸다.

지멘스는 1847년 베르너 폰 지멘스1816-1892가 사촌인 요한 게오르크 할스케1814-1890와 함께 설립한 전기회사다. 프로이센 전기공학자인 지멘스는 금과 은을 이용한 전기도금법1841을 발명하고, 절연전선을 만들어 베를린과 프랑크푸르트 사이에 설치했다. 할스케는 함부르크 출신의 전기기술자로 전기장비의 구축과 디자인을 맡았다. 지멘스는 1850년 유럽 최초로 500km에 이르는 장거리 전신을 선보였고, 1879년에는 세계 최초로 전기기관차를 만들었다. 1881년 영국 고덜밍에서 물레방아를 이용해 전력을 얻어 세계 최초로 전기 가로등을 켜면서, 지멘스는 전기기관차와 전기 가로등으로 그 이름을 세계적으로 알렸다.

독일 화학과 의약 분야를 대표하는 바이엘은 1863년 염료기술을 가지고 있던 프리드리히 바이어1825-1880가 방직업에서 일하던 프리드리히 베스코트1821-1876와 함께 설립했다. 염료기업으로 출발한 바이엘은 화학자들을 끌어들여 의약품을 개발하면서 크게 성장했다. 1899년 개발한 아스피린은 바이엘의 대표적인 제품이 됐다. 바이엘로 대표되는 독일의 화학산업은 제1차 세계대전이 일어나던 1914년 세계시장의 90%를 점유했다.

자동차는 독일이 만들어 낸 산업이다. 1886년 세계 최초로 삼륜 자동차페이턴트 모토바겐의 특허를 보유한 벤츠, 1889년 세계 최초의 사륜 자동차를 선보인 다임러 등이 대표 기업이다.

독일 산업혁명의 특징은 국가 주도로 계획적으로 추진됐다는 점이다. 19세기 후반 독일의 염료, 화학공업품, 의약품, 광학 제품, 정밀기계들은 세계시장을 장악했다. 결국 앞서 산업혁명에 성공했던 영국과 프랑스는 물론, 새로운 신흥공업국으로 발돋움하는 미국, 멀리 아시아에서 산업혁명을 꿈꾸는 일본조차 독일을 배워 따라하기 시작했다.

우수한 독일 과학기술

산업혁명이 늦었던 독일이 20세기 초 세계 최고의 산업강국이 된 비결은 과학의 발달과 우수한 교육제도에 있었다. 19세기 초 프랑스와의 전쟁에서 져 황폐해진 독일의 지식인들이 얻은 교훈은 과학과 기술이 발전해야 나라를 키울 수 있다는 것이었다. 독일어를 사용하는 민족이 하나로 뭉쳐야 한다는 의식이 피어나기 시작한 것은 통일의 불씨가 됐다.

1822년 9월 18일 라이프치히에서 박물학자이자 의사인 로렌츠 오켄1779-1851의 주도로 독일 자연과학자의사회GDNA1가 만들어졌다. 독일어를 사용하는 영방국가들의 과학기술자들이 정보를 교환하기 위해 한자리에 모인 회의였다. 이 회의에서 종교를 떠나 하나의 통일된 국가를 만들어야 한다는 논의가 시작됐다. 이는 학문 발전은 물론 독일어권의 민족의식을 높이는 데 공헌했다.

독일 자연과학자의사회의 설립은 유럽과 미국에 영향을 미쳤다. 영국과학진흥협회현 영국과학협회BSA, 1831, 이탈리아과학진흥협회SIPS, 1839, 미국과학진흥협회AAAS, 1848, 프랑스과학진흥협회AFAS, 1872 등 전국적인 과학자 조직들이 만들어지기 시작했다. 과학자 조직은 독일과 이탈리아에서는 민족통일을 목적으로, 영국과 미국에서는 전국 과학자 활동을 결합할 목적으로, 프랑스에서는 파리의 과학을 지방으로 분산할 목적으로 제각각 움직였다.

19세기 초 영국과 프랑스로 유학을 떠났던 독일 과학자들은 조국으로 돌아와 새로운 독일식 과학체계를 만들어 나갔다. 통일을 염두에 둔 국가 중심의 과학체계였다. 언어학자인 빌헬름 폰 훔볼트1767-1835와 자연과학자인 알렉산더 폰 훔볼트 형제는 1810년 베를린대학교현 베를린훔볼트대학교를 세웠다. 연구를 중심으로 하는 유럽 최초의 근대적 대학이었다. 유럽

대학들이 종교교육에 머물고, 연구가 대학 밖 한림원과 연구소에서 이뤄지던 때였다. 베를린대학교의 설립은 유럽과 미국 대학에 영향을 미쳐, 모방하는 대학들이 생겨났다.

유스투스 폰 리비히1803-1873는 프랑스 파리 소르본대학교에서 화학자 조제프 루이 게이뤼삭1778-1850의 지도를 받았다. 그는 고국으로 돌아와 1825년 기센대학교 안에 화학연구실을 만들었다. 세계 최초의 실험 중심 화학과였다. 리비히연구실은 근대 과학기술 교육의 모델이 됐으며, 세계 각국의 학생들이 찾아왔다. 다른 과학 분야에서도 실험이 강조되기 시작하면서 과학기술의 산업화와 직업화에 큰 영향을 미쳤다.

독일이 세계 최고 수준의 학문을 이룰 수 있었던 것은 연구 정신을 가졌기 때문이다. 대학 사이의 치열한 경쟁은 대학과 학문 발전에 기여했다. 대학들은 저명한 학자들을 유치하려고 노력했고, 중앙정부는 경쟁을 부추겼다. 독일의 조직적인 고등교육은 소수 엘리트 중심의 과학기술을 대중화함으로써 국가 경쟁력을 높였다. 이러한 교육제도는 산업혁명을 이끌 풍부한 인적 자원을 제공했다.[2]

독일의 교육 경쟁력은 고등교육과 직업교육의 이원화에 있었다. 대학은 고등교육을, 공업기술전문학교는 기술교육을 맡았다. 독일은 산업혁명이 늦어지면서 유럽에서 오랫동안 길드제도가 남아 있던 나라였다. 18세기 영업의 자유화가 도입되고 나서야 길드제도가 폐지됐다. 그런데 폐지됐던 길드제도의 전통적인 직업훈련 방법이 1897년에 부활했다. 국제 경쟁력을 가진 숙련된 기술 인력이 필요했기 때문이다. 독일이 기술 강국이 된 또 다른 이유다. 전통적인 직업교육을 장려한 것은 산업화에 따라 필연적으로 발생하는 노동운동의 확산을 막으려는 의도도 숨어 있었다.

뮌헨 독일박물관•은 독일의 산업화와 통일, 과학기술의 발전, 직업교육 등을 배경으로 탄생했다. 한 사람의 영웅적인 공학자가 독일 과학과 산업의 자부심을 세우고자 나섰던 것이다.

독일박물관의 아버지, 오스카 폰 밀러

독일박물관은 1903년 뮌헨 출신의 전기기업가 오스카 폰 밀러1855-1934가 설립했다. 아버지는 바이에른왕국1806-1918 왕립광물주물소의 초대 감독이었고, 형도 아버지의 직업을 이어받아 주물사가 됐다. 주물은 당시 최고의 산업기술이었다. 그런 이유로 아버지는 귀족이 됐다. 기술자 집안의 피를 이어받은 밀러는 뮌헨고등공업학교에서 건축학을 전공했다.

뮌헨 토목국에 근무하던 밀러는 1881년 파리 국제전기박람회를 참관할 기회를 얻었다. 세계 최초로 열린 국제전기박람회였다. 샹젤리제 거리 공업청사에서 개최된 전기박람회에는 흥미로운 것들이 많았다.

[그림 13-1] 오스카 폰 밀러의 초상화. 밀러는 독일 산업혁명의 주역이었고, 독일박물관을 설립해 그 역사를 기록하고자 했다. ⓒ Friedrich August von Kaulbach, 1912

• 독일박물관은 도이체스뮤지엄(Deutsches Museum)이라 부르기도 한다.

가장 인기 있는 오락은 전화였다. 5년 전 미국의 알렉산더 그레이엄 벨이 발명한 것이다. 박람회장 곳곳에는 테아트로폰theatrophone이라는 전화 수신기가 설치돼 오페라극장의 공연이 생중계됐다. 배우와 가수의 목소리는 물론 연주와 관객의 박수 소리까지 들을 수 있었다. 사람들은 먼 곳에서 들려오는 소리에 크게 놀랐다. 전화기는 그 덕분에 한동안 라디오처럼 쓰였고, 음악, 소설 낭독, 교회 미사 등을 들려줬다.

박람회를 밝혔던 에디슨의 백열전등 조명 시스템은 참관자들의 눈을 휘둥그레지게 만들었다. 박람회에는 프랑스 발명가 구스타브 트루베 1839-1902가 개발한 전기자동차도 전시됐다. 볼트V와 암페어A가 국제적인 전기단위로 채택된 것은 이 전시회와 함께 열린 국제전기표준회의에서였다.

밀러는 파리 국제전기박람회에서 장거리 송전에 관한 강연을 듣고, 전기가 인류의 미래를 바꿀 것이라고 생각했다. 독일로 돌아온 그는 프랑스 전기기술자 마르셀 드프레즈1843-1918의 도움을 받아 1882년 뮌헨 전기박람회를 주최했다. 전시회의 하이라이트는 미에스바흐에서 글라즈팔라스트까지 57km에 이르는 장거리 직류송전이었다. 그가 27세에 이룬 업적이다.

1883년 밀러는 파리 국제전기박람회에서 만난 에밀 라테나우1838-1915와 독일에디슨사아에게(AEG)의 전신를 세워 함께 일했다. 그들은 에디슨으로부터 특허권의 사용허가를 얻어 전구와 발전 장비 등을 생산했다. 1884년에는 뮌헨에 독일 최초의 발전소를 세웠다.

밀러는 1891년 프랑크푸르트 국제전기박람회를 개최했다. 삼상교류발전기를 발명한 미하일 도브로볼스키1862-1919와 함께 라우펜에 삼상교류발전소를 세우고, 네카강 라우펜발전소에서 프랑크푸르트까지 176km

의 장거리 송전에 성공했다. 밀러는 독일 산업혁명의 주역 중 한 사람으로 유명해지기 시작했다.

밀러는 프랑크푸르트 전기박람회를 주관하면서 박람회에 전시된 산업 성과를 모아 박물관을 세우겠다는 뜻을 품었다. 파리 기술공예박물관과 런던 사우스켄싱턴박물관을 방문하면서 깊은 인상을 받았던 것이다. 그는 대규모 기술박물관을 통해 독일의 발전과 번영을 보여 주고 싶었다.

과학관의 건설

19세기 말 독일제국1871-1945은 4개의 왕국, 6개의 대공국, 5개의 공국, 7개의 후국, 3개의 자유시로 구성돼 있었다.[3] 60% 인구가 모여 살던 프로이센왕국이 가장 컸고, 그다음은 바이에른왕국이었다. 영향력이 가장 크고, 과학기술이 발전한 도시는 프로이센왕국의 수도 베를린이었다. 그런데 왜 독일제국 사람들은 바이에른왕국의 수도 뮌헨에 독일박물관을 세웠을까?[4]

1903년 밀러는 독일박물관을 건립하기 위해 독일엔지니어협회 회원들에게 편지를 썼다. 독일엔지니어협회는 1856년 엔지니어, 공학자, 자연과학자들이 모여 만든 단체로, 밀러는 바이에른분과의 위원장이었다. 그의 편지는 엔지니어들과 과학자들의 마음을 움직였다. 독일의 자존심을 세우기 위해, 광학을 연구했던 물리학자 요제프 폰 프라운호퍼1787-1826의 과학기구, 카를 아우구스트 폰 슈타인하일1801-1870이 만든 망원경·분광기·광도계, 필리프 라이스1834-1874가 만든 최초의 전화장비, 최초의 아크 램프와 다이나모 등을 전시하겠다고 썼던 것이다.

밀러는 독일엔지니어협회 회원들을 중심으로 박물관 후원회를 조직

[그림 13-2] 독일박물관. 설립자인 오스카 폰 밀러는 체험형 과학관을 꿈꿨으며, 산업기계에 대한 이해도를 높이기 위해 비행기, 잠수함 등을 잘라 단면을 보여 주는 혁신적인 전시기법을 도입했다. 멀리서도 볼 수 있는 기상탑도 체험을 중시했던 그의 생각에서 건립되었다.
ⓒ Julian Herzog, 2014

했다. 이사회는 자신을 포함해 뮌헨기술대학 총장이었던 발터 폰 다이크 1856-1934, 독일엔지니어협회 회장 카를 폰 린데1842-1934로 구성되었다. 수학자였던 다이크는 관람객이 과학원리를 이해할 수 있는 상호작용형 전시와 도서관의 설립을 제안했다. 린데는 압축 암모니아 냉장고를 발명한 기업가로 산업계에 영향력이 컸다. 누구보다 왕권을 대신 휘두르던 섭정공의 아들 루트비히 공1845-19215이 든든한 후원자였다. 독일박물관은 1903년 6월 28일 바이에른과학한림원에서 열린 독일엔지니어협회 연례회의에서 오스카 폰 밀러의 발의로 설립됐다. 연례회의 의장은 루트비히 공이었다.

밀러는 독일박물관을 뮌헨에 세우겠다고 했다. 바이에른왕국은 과학기술이 급격하게 발전하기 시작했고, 고향인 뮌헨이야말로 산업계와 과

[그림 13-3] 뢴트겐의 X선 실험장치. 뢴트겐은 유도코일과 가이슬러관(크룩스관)을 이용해 X선을 발견했다. 이상주의자였던 뢴트겐은 의료용으로 널리 쓰이는 X선 장치에 대해 특허를 내지 않고, 누구나 자유롭게 이용할 수 있게 했다.

학기술계의 도움을 받기 쉽다고 생각했던 것이다. 그는 물리학자 막스 플랑크, X선 발견으로 최초의 노벨 물리학상을 받은 빌헬름 콘라드 뢴트겐1845-1923, 항공기 개발자 휴고 융커스1859-1935, 크루프그룹의 경영자 구스타프 크루프 폰 볼렌 운트 할바흐1870-1950, 카를 폰 린데, 에밀 라테나우 등과 같은 과학자와 기업가의 자문을 받고, 전시물과 건축 자재를 기증받았다. 바이에른과학한림원1759은 2천여 점의 과학기구를 제공해 주었다. 뮌헨시는 과학관 부지로 석탄을 쌓아두던 나자르강의 콜섬을 제공했다.

독일박물관의 초석은 1906년 11월 13일 독일 황제 빌헬름 2세1859-19416가 놓았다. 기공식에는 황제를 비롯해 황제의 부인인 아우구스테 빅토리아1858-1921, 루트비히 공, 루트비히 공의 아버지 루이트폴트 섭정공

1821-1912, 뢴트겐, 카를 폰 린데, 베르너 폰 지멘스의 아들 빌헬름 폰 지멘스1855-1919, 오스카 폰 밀러가 참석했다. 과학관의 이름은 '자연과학과 기술의 대작을 위한 독일박물관'으로 정해졌다. 바이에른국립박물관1855에서 개최된 축하 전시회에는 1891년 만든 삼상교류발전기 등이 전시됐다.

1925년 5월 7일 밀러는 70세 생일을 맞이했다. 그리고 자신의 생일에 맞춰 독일박물관을 개관했다. 그는 콜섬에 초석이 놓인 이후 20년 동안 이 날을 기다려 왔을 것이다. 제1차 세계대전이 일어나지 않았더라면 그 기쁨을 더 빨리 누렸을지도 모른다.

개관 기념행사는 뮌헨 곳곳에서 3일 동안 성대하게 치러졌다. 축하 연주회에서는 유명 작곡가인 리하르트 슈트라우스가 지휘봉을 잡고, 베토벤의 9번 교향곡 〈합창〉을 연주했다. 뮌헨 거리에서는 비행기 모형을 앞세운 대규모 퍼레이드가 펼쳐졌다. 고대 그리스인의 4원소였던 불·흙·공기·물을 형상화한 마차, 광산·기계·교통·직물 등의 상징물을 실은 마차 그리고 전기방전을 일으키는 마차도 있었다. 시내 퍼레이드는 바이마르 공화국1918-1933의 마지막 퍼레이드로 역사에 기록됐다. 수천 명이 동원된 엄청난 행사였다. 뮌헨 시민들이 역사적인 현장에 나와 구경하는 모습은 영상으로 남겨져 독일박물관 홈페이지에서 볼 수 있다.

체험형 전시

부엉이와 톱니바퀴는 독일박물관의 심볼이다. 부엉이는 과학을 상징하고, 톱니바퀴는 기술과 공업을 상징한다. 설립자 오스카 폰 밀러는 심볼에 독일박물관이 추구하고자 하는 이상을 담았다.

전시면적은 개관 당시 3만 m²가 넘었고, 전시통로의 길이는 15km에

[그림 13-4] 독일박물관 50주년 기념우표. 독일박물관 로고는 지혜를 상징하는 부엉이와 기술을 상징하는 치차(톱니바퀴)로 구성돼 있다. ⓒ Wikimedia Commons

이르렀다. 전시기법은 혁명적이었다. 제1차 세계대전 때 만들어진 잠수함과 비행기[7]는 잘라서 전시돼 내부구조를 볼 수 있었고, 1km에 이르는 탄광 터널은 4분의 3을 지하에 만들어 탄광의 칙칙한 현장 분위기를 느끼며 걸어 볼 수 있도록 했다. 그동안 보았던 정적인 박물관과 달리 기계들이 움직였고, 관람객들이 직접 작동해 볼 수 있었다. 이러한 전시기법은 훗날 과학센터 설립운동의 모티브가 됐다.

밀러는 국민을 위한 과학교육을 하려면 기계들을 단순히 나열해 놓아서는 안 된다고 생각했다. 전문가들은 관심을 갖겠지만, 학생들이나 여자들의 관심을 끌지 못할 것이라고 봤다. 그는 전시물을 체험형으로 만들고, 디오라마와 설명서를 배치해 이해를 도왔다. 해설사가 안내하는 관람 프로그램을 만들고, 연구자들이 과학기술의 원리를 설명하거나 보여 주는 실험 강의를 마련했다.

밀러는 과학기술에 의해 세상이 바뀌고 편리해진다는 것을 보여 주기 위해 과학기술사만 한 것이 없다고 생각했다. 독일 산업혁명의 기념비적 실물들을 직접 본다면 관람객들이 감동할 것이라고 봤다. 당시는 산업혁명이 한창 진행 중이었으므로 그 유산을 수집하는 데 어려움이 없었다. 밀러는 과학기술 유산의 수집은 당대에 이뤄져야 한다는 것을 보여 줬다.

독일박물관은 현재 역사적으로 중요한 10만 점 이상의 과학기술 자료

[그림 13-5] 마그데부르크의 반구. 마그데부르크의 시장이었던 오토 폰 괴리케는 자신이 발명한 진공 펌프를 이용해 반구에서 공기를 뺀 다음 말이 끌게 하여 대기압의 크기를 재고자 했다.

를 보유하고 있다. 오토 폰 게리케1602-1686가 만든 마그데부르크의 반구는 대기압의 크기를 재려고 했던 유명한 실험도구다. 1656년 마그데부르크의 시장이었던 게리케는 16마리의 말로 자신이 직접 청동으로 만든 진공 반구를 떼어 내려고 했다. 말이 용을 썼지만 실패했다. 대기압이 더 셌던 것이다. 이 실험은 1663년 베를린의 왕궁에서 재연됐다.

벤츠 자동차 1호는 카를 벤츠1844-1929가 1886년 11월 2일에 특허를 받은 최초의 자동차다. 최대 시속 12km, 중량은 265kg이었다. 벤츠는 1906년 최초의 자동차를 독일박물관에 기증했다. 42m 길이의 유보트 U1은 1906년 개발된 독일제국 해군의 첫 잠수함이다. 훈련용으로 쓰이다가 1923년 독일박물관에 기증됐다. 아까웠을지도 모르지만, 관람을 위해 단면을 잘랐다. 1938년 오토 한1879-1968, 리제 마이트너1878-1968, 프리츠 슈트라스만1902-1980이 핵분열을 발견한 실험장치는 대형 유리장 안에 전시돼 있다. 오토 한이 박물관에 보관 중인 원본의 부품을 이용해 복원한 것이다. 독일박물관에 전시된 Z3는 1941년 개발된 세계 최초의 프로그래밍이 가능한 컴퓨터다. Z4는 Z3의 뒤를 이은 최초의 상업용 컴퓨터였다.

[그림 13-6] 독일박물관에 복원된 구텐베르크의 활자와 인쇄기. 구텐베르크는 금화를 만드는 기술을 이용해 활자를 만들고, 와인을 짜던 기계로 인쇄기를 만들고, 종이에 쉽게 들러붙는 기름 잉크를 만들었다. ⓒ Jorge Royan, 2007

베를린공과대학 출신의 콘라트 추제1910-1995가 개발한 컴퓨터다. 전시된 과학유산은 모두 진품이었다.

독일박물관은 과학자·기술자·엔지니어·산업가에 대한 존경심을 표하고자 했다. 명예의 방은 그런 목적으로 만들어진 것이며, 1925년 개관 때부터 있었다. 현재 명예의 방에는 코페르니쿠스, 케플러, 구텐베르크, 린네, 카를 프리드리히 가우스1777-1855, 벤츠, 막스 플랑크, 알베르트 아인슈타인, 프리츠 하버1868-1934, 베르너 폰 지멘스 등 40여 명의 과학자와 기술자의 흉상과 그림이 설치돼 있다. 1955년에는 천장에 인간에게 불을 가져다 준 프로메테우스를 그렸다. 1990년에는 첫 외국인으로 레오나르도 다빈치와 앙투안 라부아지에를 모셨다. 여성 과학자로는 핵분열을 발견한 리제 마이트너가 처음이다. 마이트너는 오스트리아에서 태어났고, 국적은 스위스였다. 결코 독일 시민이 된 적이 없다. 독일박물관은 전시관 내에 갈릴레오 갈릴레이의 실험실을 재현해 놓을 만큼 외국 과학자에게도 개방적이다.

독일박물관의 관장이었던 화학자 볼프 페터 펠하머1939-는 이런 말을 한 적이 있다. "전시는 대중이 과학자들과 만날 수 있는 강의와 병행되어야 한다. 모든 과학기술 업적 뒤에는 인간이 있다는 것을 알리기 위해서 필요하다." 명예의 방을 만든 이유일 것이다.

독일박물관은 개관할 때 청소년과 노동자에 대한 배려를 아끼지 않았다. 연중무휴와 야간개관은 노동자를 위한 것이다. 노동자와 청소년에게 입장료를 할인해 줬고, 뮌헨에서 멀리 떨어진 곳에서 견학을 오는 경우에는 교통비를 보조해 줬다. 독일박물관은 처음부터 전시물에 대한 각종 자료를 수집함은 물론, 대중도서관도 갖추고 있었다.

독일박물관의 영향

독일박물관은 1925년 개관과 함께 세계 최초의 천체투영관을 선보였다. 오스카 폰 밀러는 1913년 광학회사인 자이스에 천구에 고정된 별과 이 사이를 움직이는 행성, 해, 달을 보여 주는 장치를 개발해 달라고 요구했다. 천문학자 막스 볼프1863-1932로부터 천체투영기에 대한 아이디어를 얻자마자 실천에 옮긴 것이다. 밀러가 주문한 천체투영기의 개발은 제1차 세계대전 때문에 지연되다가, 1919년 발터 바우에르스펠트1879-1959가 설계에 참여하면서 재개됐다.

자이스의 연구개발자들은 바우에르스펠트의 설계를 토대로 마침내 인공하늘을 만들 수 있는 천체투영기를 발명했다. 자이스는 1923년 첫 작품을 본사가 있는 예나에 설치해 시험한 뒤, 1925년 독일박물관에 영구 기증했다. 독일박물관의 16m 돔도 바우에르스펠트의 설계로 건축됐다.

독일박물관의 천체투영관은 공개하자마자 많은 사람들을 감동시켰으며, 곧이어 유럽으로 확산됐다. 미국 시카고에서는 기업가 맥스 애들러1866-1952가 독일박물관의 천체투영관을 보고 1930년 미국 최초의 애들러천체투영관을 개관했다. 애들러천체투영관은 필드자연사박물관1893과 쉐드수족관1930과 함께 시카고의 명물이 됐다.

어느 곳에서나 볼 수 있는 기상탑 또한 독일박물관의 명물이다. 1917년 건설됐으며, 기압계·습도계·풍속계 등이 설치돼 있다. 이 계기판들은 멀리 떨어진 정교한 측정기기로부터 전송된 수치들을 다시 정확하게 표시한다. 핵심기술은 데이터를 전송하는 장치에 있다. 이러한 장치들은 독일 전문기업들이 개발해서 기증했다.

밀러는 과학·기술·사회STS가 역사적으로 어떤 상호작용을 해왔는지 보여 주고, 역사적인 자료를 통해 과학기술산업 발전의 중요한 장면을 연출하고 싶어했다. 그의 열정과 집념은 독일과학관에 스며들었고, 유럽과 미국, 심지어 일본의 과학관에서까지 모방하기 시작했다. 밀러는 유럽, 미국, 일본 등지를 찾아다니며 과학관을 보급하는 전도사 역할을 했다.

대표적인 곳이 1933년 세워진 시카고 과학산업박물관이다. 시어스로벅백화점의 회장 줄리어스 로센왈드1862-1932는 아들과 함께 뮌헨 독일박물관을 보고 크게 감명을 받았다. 로센왈드는 오스카 폰 밀러의 자문을 받아 독일박물관에 있는 것과 같은 지하 탄광 터널을 만들고, 미국을 대표하는 과학산업박물관을 만들었다. 공교롭게도 1954년 독일 잠수함 U-505를 전시하면서, 미국판 독일박물관이 됐다.

나치의 등장

오스카 폰 밀러는 1933년 5월 7일 관장직을 사임했다. 나이가 많았던 것도 이유였지만, 나치 때문이었다. 밀러는 과학관이 정치적으로 이용되는 것을 반대해 왔다. 1931년 민족주의 단체들이 오토 폰 비스마르크1815-1898의 동상을 과학관에 세워야 한다고 주장했지만, 밀러는 허락하지 않았다. 민족주의 단체는 강제로 과학관 안에 거대한 동상을 세웠지만, 여론에 밀려 박물관 밖 보슈다리橋 건너로 옮겨야 했다. 밀러는 이때 눈 밖에 났을 것이다.

아돌프 히틀러는 1933년 바이마르공화국의 수상이 됐고, 자신을 반대하는 사람들을 숙청하기 시작했다. 히틀러는 이듬해 수상과 대통령을 겸하는 총통의 자리에 올랐으며, 나치가 탄생한 뮌헨을 개혁의 중심지로 삼았다.

오스카 폰 밀러는 1934년 자신의 분신과도 같은 독일박물관을 남겨 두고 심장마비로 사망했다. 관장을 그만둔 지 1년이 되지 않았을 때다. 몇 달전 부인이 사고로 세상을 떠난 것이 충격이었는지 모른다. 그는 뮌헨 노하우젠 묘지에 묻혔다.

밀러가 떠난 후 독일박물관에 변화들이 나타났다. 1937년 도서관에서 개최된 '영원한 유대인'은 나치가 기획한 반유대주의, 반공산주의 전시회였다. 선전 포스터에는 오른쪽에 돈을 들고, 왼손에 채찍을 든 유대인이 그려져 있었다. 유대인은 겨드랑이에 소련을 상징하는 낫과 망치가 그려진 유럽지도를 끼고 있었다. 전시회는 유대인을 모욕하는 그림들로 구성됐다. 나치는 유대인들을 적폐세력으로 몰았다.[8]

독일박물관은 나치의 이념적인 성전 역할을 했다. 그 반대급부로 확장을 위한 막대한 자금이 독일박물관으로 들어왔다. 독일 과학기술을 선전하고 인종차별 전시회를 개최하기 위해 나치가 자금을 댄 것이다. 히틀러는 세 번이나 방문할 만큼 독일박물관을 중요하게 생각했다.

밀러가 물러난 자리에는 전기공학자 조나단 제네크1871~1959가 앉았다. 새로운 정권을 반대하는 사람과 유대인 조상을 둔 사람을 공직에서 몰아내는 법을 지지했고, 정치적인 이유와 인종적인 이유로 2명의 직원을 해고했다. 제네크는 전쟁이 끝난 뒤에도 관장을 역임했다. 제네크는 나치 시대의 행동에 대해 침묵했지만, 전쟁 후에도 건재했다.

제2차 세계대전이 일어나자, 연합군은 독일박물관 건물에 5천 개 이상의 폭탄을 쏟았다. 나치의 정신적 본부를 그냥 놓아둘 리 없었다. 건물은 90%가 망가졌고, 컬렉션의 20%가 사라졌다. 건물은 1960년대 중반에야 개축됐다.

두 차례의 세계대전 이후

독일박물관은 1932년 100만 권 이상의 책을 보관할 수 있는 도서관을 개관하고, 1935년에는 큰 행사를 할 수 있는 의회빌딩을 개관했다. 개관 행사는 모두 밀러의 생일인 5월 7일에 개최됐다. 1937년에는 전동차관을 개관하고, 1984년에는 7천 m²에 달하는 항공우주관이 개관했다.

독일박물관은 특히 과학기술사에 집중하면서 계속해서 몸집을 키웠다. 1963년 과학기술사연구소를 설립하고, 1997년에는 뮌헨 소재 3개 대학 사학과와 협력해 뮌헨과학기술사센터를 세웠다. 도서관 역시 과학기술사에 집중해 도서와 문서들이 85만 건으로 늘어났다. 콜섬은 더 이상 무엇을 들여올 공간이 없었다.

1992년 독일박물관 내 항공 전시물이 뮌헨 북쪽 슐라이스하임 비행장으로 이전되면서 새로운 항공박물관이 개관했다. 전시면적은 8천 ㎡ 이상이었다. 1995년에는 과거 서독의 수도였던 본에 1945년 이후 지금까지 독일 과학기술의 발전에 초점을 맞춘 과학센터가 문을 열었다. 2001년에는 뮌헨 박람회장으로 쓰던 곳에 운송과 이동에 관한 전시물을 옮기고 교통박물관을 개관했다.

2017년 현재, 독일박물관의 전시면적은 2만 5천 ㎡이다. 35개 전시관을 운영 중이며, 이를 모두 보려면 9km를 걸어야 한다. 1993년에는 5만 5천 ㎡였으나, 슐라이스하임항공박물관과 본과학센터가 만들어지면서 전시면적이 줄었다.

전시물을 좀처럼 바꾸지 않는 곳이 독일박물관이었다. 그러나 시대의 흐름을 이기지 못하고 새로운 과학전시를 도입했다. 의학·생명공학·나노기술·의공학·재료공학·정보통신기술 같은 분야다. 의학관이 2000년 개관했다. 과학기술에 대한 백과사전적 박물관을 만들겠다는 원래의 목적을 따른 것이다. 한편 과학기술박물관 영역을 넘어 자연사박물관, 미술관, 과학센터와도 협력하고 있다. 더 이상 딱딱한 과거의 산업기술에 매달리지 않겠다는 뜻이다. 항공관은 과학기술과 예술을 결합한 전시로 성공을 거두었다.

독일박물관이 100년 넘게 세계 과학관의 모델이 되고 있는 이유는 특징적인 전시물 못지않게 운영방식에도 있다. 매일 11시부터 12시까지 아마추어 라디오방송국을 운영한다. 모스 부호 전신도 시연하고 있다. 장인들이 직접 유리를 녹여 다양한 제품을 만들어 내는 공예과정을 매일 시연하고 있다. 80만 V의 고전압 번개 시연은 인기 코너다.

독일박물관은 과학기술 세계에서 역사적으로 중요한 것들을 수집·보관·연구하는 것을 사명으로 삼고 있다. 일상생활에서 볼 수 없었던 과학

기술과 딱딱하기 그지없는 통신·교통·전기·중화학공업·항공 등의 산업
기술을 체험을 통해 보여 준다. 이는 국가 과학기술에 대한 자부심을 키우
는 매력을 가지고 있어, 지금도 다른 국가들이 벤치마킹하고 있다. 최근
독일박물관은 과학기술과 사회의 소통에 많은 힘을 쏟고 있다. 날로 복잡
해지고 있는 과학기술 세계에서 시민들에게 방향을 제공함으로써 정치적
의사결정을 돕기 위한 것이다.

　독일박물관의 운영은 바이에른주, 연방정부, 라이프니치협회가 협력
하고 있다. 예산은 바이에른주가 85% 지원하고, 나머지를 연방정부가 부
담한다. 전기, 물, 열은 뮌헨시가 공급하고 있다. 라이프니치협회는 연구
박물관9으로 운영하는 데 힘을 보태고 있다.

제14장

일본 메이지유신과 과학박물관

사람의 귀천은 없지만,
공부 여부의 차이는 크다.

– 후쿠자와 유키치(1835-1901), 교육자

일본은 1868년 새로운 역사를 시작했다. 쇼군將軍이 지배하던 바쿠후幕府 정권을 무너뜨리고, 유명무실했던 천황을 중심에 세운 새로운 정권이 들어섰다. 새 정권은 메이지유신明治維新이라고 부르는 혁명을 일으키고, 9년 뒤인 1877년, 일본 최초의 과학관을 세웠다. 일본은 역사의 전환점이자 근대화의 출발점에서, 왜 과학관을 세웠을까?

서양 과학기술과의 만남

메이지유신은 영국 런던대학교 캠퍼스에서 싹텄다는 이야기가 있다. 해외 도항을 금지한 바쿠후의 명령을 어기고 밀항한 조슈長州와 사쓰마薩摩의 사무라이 청년들이 런던대학교에서 공부한 후 메이지유신의 주역이 됐기 때문이다. 이 중에는 런던대학교 유니버시티칼리지런던UCL[1]에서 화학을 배운 이토 히로부미1841-1909, 모리 아리노리1847-1889, 마치다 히사나리1838-1897 등이 있었다. 이토 히로부미는 훗날 일본 초대 총리에 올랐고, 모리 아리노리는 초대 문부대신, 마치다 히사나리는 일본 초대 박물관장이 됐다.

유학파들은 일본 근대화를 위해 외국인 전문가들을 끌어들였다. 고용 외국인은 1885년 공부성에만 해도 588명에 이르렀다. 영국인이 가장 많은 455명이었고, 프랑스인이 75명, 독일인이 20명, 미국인이 10명, 기타 28명이었다. 고용 외국인들은 산업과 교육에서 일본의 근대화를 앞당겼다.

바쿠후의 쇼군, 조슈와 사쓰마의 사무라이들이 서양 과학기술을 쉽게 받아들였던 것은 서양 과학기술에 익숙했던 까닭이다. 일본은 1543년 가고시마 남쪽 바다에 있는 다네가시마[2]에서 포르투갈 상인으로부터 화승총을 받았다. 화승총은 우리나라에서 하늘을 나는 새를 떨어뜨릴 수 있다고 해서 조총鳥銃이라고 불렀고, 일본에서는 뎃포鉄砲라고 했다. 사무라이들은 뎃포를 수없이 복제했다. 당시 일본의 뎃포 부대는 세계 최강이라고 할 만큼 강력했다. 일본은 뎃포 부대를 앞세워 1592년 조선을 침략했다. 임진왜란이다.

일본은 화승총을 계기로 서양과 무역을 시작했지만, 곧 위협을 느꼈다. 서양에서 들어온 가톨릭이 문제였고, 상인들의 힘이 커지는 것이 못마땅했기 때문이다. 결국 쇼군은 1639년 서양 선박의 입항을 금지하며 쇄국정책을 펼쳤다.

쇄국정책에도 딱 한 곳의 예외가 있었다. 나가사키 앞 바다와 나카시마강 어귀에 만든 데지마出島라는 작은 인공 섬이었다. 섬이라고 하지만, 육지와 다리로 연결돼 있어 육지나 다름없었다. 데지마는 네덜란드 상인만 이용할 수 있었으며,[3] 일본은 17세기 최고의 무역국이었던 네덜란드를 통해 서양 과학기술을 꾸준히 받아들였다. 이를 연구한 학문이 난학蘭學이다.

대표적인 난학자는 스기타 겐파쿠1733-1817였다. 그는 1774년 에도 지역 의사들과 함께 독일 의사 쿨무스가 쓴 해부학 책의 네덜란드어판을 중역해 《해체신서》를 출판했다. 일본 최초의 네덜란드어-일본어 사전인 《하루마와게》1796보다 먼저 나왔다는 사실이 놀랍다. 일본은 네덜란드어를 일본어로 번역하면서 새로운 과학과 의학 용어를 만들어 냈다. 신경, 연골, 동맥 등과 같은 한자어인데, 한국과 중국으로 전파돼 오늘날 삼국에서 모두 쓰고 있다.

데지마의 네덜란드 상관으로 과학자들이 찾아왔다. 독일 출신 의사 겸 박물학자인 필리프 프란츠 폰 지볼트1796-1866는 1823년 네덜란드 동인도 회사에 고용돼 나가사키에 와서 병원이자 의학교인 명롱숙鳴滝塾을 열었다. 그는 이곳에서 일본의 동식물을 연구했으며, 이토 게이스케1803-1901와 같은 난학자들에게 의학과 박물학을 가르쳤다. 1829년 일본 연안지도를 반출한 스파이 혐의로 일본에서 추방되자, 네덜란드 라이덴으로 돌아가 일본에서 수집한 수천 점의 동식물 표본으로 개인 박물관을 세우고, 《일본 동물지》1833와 《일본 식물지》1835를 출판했다. 나가사키에는 일본 근대의학의 아버지로 불리는 지볼트의 기념관이 있다.

동양 최초의 산업혁명

1868년 새로 들어선 메이지 정권은 가장 먼저 산업화와 교육개혁을 추진했다. 산업화는 바쿠후 시절부터 추진하던 것을 메이지 정권이 이어받았다. 규슈 지방의 서쪽 나가사키와 남쪽 가고시마는 일본 근대화의 출발

[그림 14-1] 1860년대 초 나가사키 해군전습소. 바쿠후 정부는 개항 전 나가사키에 데지마라는 인공 섬을 만들고 네덜란드 동인도회사와 교역하면서 서양 과학기술을 받아들였다. 개항 후에는 데지마 앞에 해군전습소를 만들고 기술자들을 양성했다. ⓒ Wikimedia Commons

점이었다.

바쿠후는 1855년 나가사키에 해군전습소를 세웠다. 학생들은 젊은 무사들이었다. 전습소 안에는 선박을 만들고 수리하는 공장을 세웠는데, 1861년 나가사키제철소로 바뀌었다. 일본 최초의 서양식 공장이자 근대적인 중공업 시설이었다. 나가사키제철소는 1865년 네덜란드 군함을 모방해 일본 최초의 증기선인 '료후마루凌風丸'를 건조했다. 전장은 18.2m, 증기기관은 10마력이었다. 1853년 일본 개항을 위해 찾아온 매슈 페리 1794-1858 제독의 흑선을 보면서 스스로 만들기를 꿈꾸었던 최초의 증기선이었다. 나가사키제철소는 1884년부터 미쓰비시가 나가사키조선소로 개칭해 경영했다. 미쓰비시중공업4은 이 해를 창립연도로 삼고 있다.

나가사키 앞바다에는 다카시마, 하시마라는 2개의 작은 섬이 있다. 일본 최초로 증기기관을 이용해 석탄을 캤던 탄광이 있다. 다카시마 탄광은 1868년 영국 무역상인 토머스 글로버1838-19115와 사가번이 공동 출자해 개발했다. 나가사키항에서 18km 떨어진 하시마는 우리에게 군함도라는 이름으로 더 잘 알려진 곳이다. 미쓰비시가 개발했으며, 조선인 노동자를 혹사시켜 악명이 높았다. 해저 탄광에서 캔 석탄은 품질이 좋아 야하타제철소의 원료로 사용됐으며, 1974년까지 운영됐다.

1857년 일본의 북쪽 도호쿠 지방에 가마이제철소가 세워졌다. 그곳에 양질의 철광석이 생산되는 가마이광산이 있었기 때문이다. 일본 제철산업의 발상지인 가마이제철소는 야하타제철소 등과 함께 현재 신일철주금 新日鐵住金 소속으로 운영되고 있다.

면직산업은 바쿠후 시절인 1867년 가고시마방적소로부터 시작됐다. 사쓰마번이 영국의 뮬 방적기를 도입해 면화에서 실을 뽑았다. 1883년 일본 자본주의의 아버지라 불리는 시부사와 에이치1840-19316가 영국제 증기방적기를 도입해 오사카방적회사를 설립하면서 일본 면직산업은 크게 발전했다. 최신식 수입기계와 값싼 면화를 바탕으로 여공들을 밤낮 2교대로 근무하게 해 생산량을 늘렸다.

도미오카제사공장은 1872년 도쿄의 북서쪽 군마현에서 프랑스 기계를 수입해 실크를 생산했다. 생산된 실크는 미국으로 수출되어 여성의 옷과 스타킹의 재료로 쓰였다. 들어온 외화는 산업혁명의 밑거름이 됐다.

일본의 산업화는 정부의 주도로 이뤄졌다. 메이지 정권은 1870년 기술자를 양성하고 공업을 육성하기 위해 공부성工部省7을 설치했다. 이토 히로부미는 초기에 공부대보1871-1873, 공부경1873-1878의 책임을 맡아 일본의 공업정책을 수립하고 이끌었다.

공부성은 그 아래에 공학료工学寮를 만들어 기술 인재를 육성했다. 공학료는 1877년 공부대학1886년 도쿄제국대학 공과대학으로 편입됨으로 이름을 바꾸고 1879년 제1회 졸업생 23명을 배출했다. 이중 11명이 해외로 유학을 떠났다. 다카미네 조키치1854-1922는 영국과 미국에서 공학과 약학을 전공한 후 일본 최초의 인조비료회사를 설립하고, 강심제로 쓰이는 아드레날린을 발명해 큰돈을 벌었던 대표적인 화학자다. 시다 린자부로1856-1892는 스코틀랜드 글래스고대학교로 유학해 윌리엄 톰슨1824-1907으로부터 물리학과 수학을 배운 후 귀국해 무선통신, 장거리통신 등 전기공학 분야를 개척한 일본 최초의 공학박사다.

일본은 1870년대에 과학기술을 연구하고 산업을 지원할 시험연구기관들을 세우기 시작했다. 해군수로국1871, 도쿄위생시험소1874, 지질조사소1882, 전기시험소1891와 같은 것들이다. 1875년에는 일본 최초의 도량형 법규를 제정했다.

근대 학교교육

메이지 정권이 들어선 후 4년째인 1871년, 교육 행정을 담당하는 문부성8이 창설됐다. 문부성은 이듬해 소학교, 중학교, 대학교로 이뤄진 학제를 제정하면서 근대적인 학교교육을 시작했다. 1873년 전국에 91개의 외국어학교를 세웠는데, 이중 82개교가 영어학교였다. 서양 지식의 수입처를 네덜란드에서 영국과 미국 등으로 옮겼음을 의미한다. 의학체계는 독일에서 받아들였다. 1871년 독일에서 초빙된 군의軍醫 벤저민 뮐러1824-1893와 테오도르 호프만1837-1894이 일본의 의학교육체계를 정비했다.

대학으로는 제일 먼저 도쿄대학이 1877년에 세워졌다. 도쿄대학은 바쿠후가 1856년에 세운 번서조소蕃書調所라는 서양학교에서 비롯됐다. 번서조소는 개항 이후 양학과 어학 교육을 실시하고 자연과학 분야의 책을 번역하던 곳으로, 1863년 개성소開成所9로 이름이 바뀌었다. 그리고 메이지유신 이후 의학소와 통합돼 도쿄대학이 됐다.

도쿄대학의 학부는 법학·이학·문학·의학의 4개로 구성됐다. 이학부에는 수학물리학 및 성학星学, 화학, 생물학, 공학, 지질학 및 채광학으로 구분된 5개 학과가 설치됐다. 초기 교수들은 외국인으로 구성됐으며, 이학부에는 영국 출신의 화학자 로버트 앳킨슨1850-1929, 독일 출신의 지질학자 하인리히 나우만1854-1927, 미국의 동물학자 에드워드 모스1838-1925 등 12명이 있었다. 앳킨슨은 1878년 도쿄화학회일본화학회의 전신를 창립했고, 나우만은 일본 최초의 지질도를 작성했다. 모스는 도쿄대학 생물학회일본동물학회의 전신를 설립하고, 1877년 오모리패총을 발굴해 일본의 인류학, 고고학 연구의 발판을 마련했다.

일본인 교수로는 기쿠치 다이로쿠1855-1917가 수학을, 야타베 료키치1851-1899가 식물학을 가르쳤다. 난학 집안 출신의 기쿠치 다이로쿠는 영국 케임브리지대학교에서 수학과 물리학을 배웠으며, 뒤에 도쿄대학 총장, 문부대신, 학술원장, 이화학연구소 초대 소장 등을 역임했다.

도쿄대학의 설립과 더불어 도쿄수학회1877, 화학회1878, 도쿄대학 생물학회1878, 도쿄지질협회1879, 약학회1880 등 이공계 학회들이 잇따라 만들어졌다. 1870년대 말 일본에서는 서양 과학기술이 활발하게 연구되고 있었음을 짐작할 수 있다.

서양 과학관과의 만남

바쿠후 체계를 무너뜨리고 혁명에 성공한 메이지 정권은 1871년 번을 현으로 바꾸면서 어수선했던 국가를 정리했다. 그리고 그해 외무대신인 이와쿠라 도모미1825~1883를 특명전권대사로 하는 이와쿠라사절단을 유럽과 미국으로 보냈다. 목적은 신정부 출범에 따른 인사차 방문이었지만, 속뜻은 불평등조약을 개정하려는 것이었다. 일본의 새로운 청사진을 그리기 위한 서구 제도와 문물의 조사 목적도 없지 않았다. 이와쿠라사절단은 1년 10개월 동안 12개국을 돌았다.

이와쿠라사절단이 중요했던 이유는 유학생이 포함됐다는 사실이다. 사절단은 46명이었으나, 유학생이 42명에 이르렀다. 수행자 15명을 더하면 100명이 넘었으며, 정부 예산의 10분의 1을 썼다. 유학생들은 서양 교육을 받은 후 훗날 일본의 근대화에 기여했다.

이와쿠라사절단은 일본의 근대화를 위한 수단으로 박물관을 꼽았다. 그들은 영국 사우스켄싱턴박물관과 영국박물관, 프랑스 파리의 국립공예원, 미국 스미스소니언, 오스트리아 빈박람회를 방문했으며, 서구의 과학기술을 직접 눈으로 봤다. 그들은 이를 국민들에게도 보여 주고 싶었을 것이다.

이와쿠라사절단의 오쿠보 도시미치가 워싱턴 D.C.의 스미스소니언을 방문했을 때 박물관의 전시물에 특별한 관심을 보였다는 뉴스가 《워싱턴 이브닝 스타》에 실리기도 했다. 스미스소니언의 초대 총재인 조지프 헨리는 이와쿠라사절단이 미국을 방문한다는 소식을 듣고, 대통령에게 그들이 스미스소니언을 방문해야 한다고 건의한 것으로 알려져 있다.

일본과 스미스소니언의 관계는 일본 사절단이 1860년 미일수호통상조약의 비준서를 들고 워싱턴을 방문했을 때 시작됐다. 그들은 미국에서 처음으로 박물관을 견학했다. 물리학자인 조지프 헨리는 일본 사절단에게 스미스소니언을 자세히 보여 줬다. 일행 중에는 일본 근대화에 앞장섰던 후쿠자와 유키치[10]가 있었다.

후쿠자와 유키치는 일찍이 난학을 배워 화학과 의학 지식이 상당했다. 특히 물리학에 관심이 많아 자신이 세운 난학교에서 물리학을 필수과목으로 삼았다. 그는 메이지 원년인 1868년 일본 최초의 과학 입문서인 《훈몽궁리도해》를 출판했다. 영국과 미국에서 출판된 물리, 지리 도서를 참고해, 일상에서 일어나는 자연현상을 그림과 함께 설명한 책이었다. 훈몽訓蒙이란 어린이나 초보자들을 가르친다는 뜻이고, 궁리窮理는 당시 천문학과 지구과학을 포함한 넓은 의미의 물리학이었다. 1872년 학제가 시행되면서, 《훈몽궁리도해》는 소학교 이과 교재로 쓰였고, 궁리는 나중에 물리라는 용어로 대체됐다.

조지프 헨리는 일본에게 대단한 은인이었다. 일본이 시모노세키사건[11]으로 미국에 배상금을 물어야 하는데, 헨리가 연방의회에 일본을 근대화할 교육비용으로 되돌려 주자는 안을 제안하고 설득했던 것이다. 초대 미국공사 시절 조지프 헨리와 친분을 맺었던 모리 아리노리가 「제국대학령」 1886으로 종합대학을 세우면서 그의 뜻은 이뤄졌다고 볼 수 있다.

스미스소니언은 1877년 일본 최초의 과학관인 교육박물관의 개관에 많은 도움을 주었다. 외국기관으로서 가장 많은 자료를 기증했고, 어류, 조류, 광물 등의 표본과 도서를 교육박물관과 교환했다. 헨리는 일본 교육을 자문할 전문가를 추천해 주고, 미국의 주요 교과서 출판사에 일본 기증을 권했다. 스미스소니언과 일본의 관계는 과학관이 외교에서 얼마나 중요한 역할을 했는지를 잘 보여 준다.

이와쿠라사절단의 유럽과 미국 방문은 절묘한 시기에 이뤄졌다. 메이지유신이 성공했던 것은 이 절묘한 타이밍을 무시할 수 없다. 영국은 빅토리아 여왕 시대로, 산업혁명을 통해 새로운 과학기술시대를 열어가고 있었다. 프랑스는 독일과의 전쟁에서 패했지만, 프랑스혁명을 통해 국민국가와 국민경제 시스템을 구축하고 있었다. 독일은 통일 후 비스마르크의 지휘 아래 강력한 국가를 만들어 가고 있었다. 미국은 남북전쟁 후 재건하는 과정에서 세계 경제대국의 반열에 올라서고 있었다. 유럽과 미국이 새로운 산업국가 시대로 나아가는 모습은 봉건시대를 떨치고 새로운 국가로 발전하고자 했던 일본의 사절단에게 많은 것을 깨닫게 했다.

일본의 박람회와 박물관

일본이 페리 제독에 의해 개항했던 1854년은 선진국들이 경쟁적으로 만국박람회를 개최하던 시기였다. 일본은 1862년에 제2회 런던 만국박람회에 참가하면서 서양 과학기술과 산업에 눈을 뜨기 시작했다. 영국박물관, 전신국, 해군공창, 조선소, 총기공장도 견학했다. 유럽사절단은 수호통상조약을 맺은 영국·프랑스·프로이센·러시아·포르투갈·오스트리아의 6개국을 돌면서 서양 문물을 시찰했다.

1871년 메이지 정부는 오스트리아 정부로부터 1873년 개최될 빈 만국박람회[12]의 초청을 받았다. 입법, 사법, 행정을 모두 관장하던 태정관은 내사, 외무성, 대장성, 공부성, 문부성 등으로부터 직원을 파견받아 박람회사무국을 운영했다. 책임자는 문부성의 문부대승 마치다 히사나리였다. 1865년 모리 아리노리 등 사쓰마번 학생 18명과 함께 영국행 배를 탔던 유학파였다. 유럽의 박물관을 경험했던 그는 문화재를 보호하기 위한 박물관 건설을 제안했고, 그의 제안을 받아들인 태정관은 1871년 고기구물보존방[13]이란 포고를 발령했다. 일본 문화재보호정책의 효시라고 할 수 있다.

1872년 유시마성당 대성전에서 문부성 박물국이 주최한 일본 최초의 박람회가 열렸다. 빈 만국박람회에 출품하기 위해 수집한 전시품을 사전에 공개한 것이다. 각지에서 출품한 동물의 박제와 표본, 왕실 소유의 유물, 식산흥업을 목적으로 하는 것들이 전시됐다. 박람회는 15만 명이 다녀갈 만큼 대성황을 이뤘다. 박람회장에는 박물관이 설치됐는데, 오늘날 도쿄국립박물관의 기원으로 삼고 있다.

1873년 내무성이란 신설 부처가 생겨났다. 이와쿠라사절단에 참가했던 오쿠보 도시미치1830-1878가 국민생활 전반을 감시하기 위해 프랑스 제2제정의 국내성과 같은 강한 행정권한을 가진 정부조직을 만든 것이다. 지방행정, 경찰, 토목, 위생, 사회노동, 종교를 담당하는 부서 외에도 식산흥업권업, 철도, 통신을 담당하는 부서를 두었다. 내무대신은 총리대신 다음으로 높은 지위를 확보했다.

내무성은 식산흥업정책을 펼쳤다. 이에 따라 1873년 박람회사무국이 박물관으로 바뀌고, 문부성에 속했던 박물관, 서적관[14], 고이시카와小石川 식물원 등이 박물관에 합병됐다. 박물관은 내무성 관할의 식산흥업형 박물관이 됐다. 전시관은 고유물古遺物, 동물, 식물, 광물, 농업, 해상수송장비 등 7동으로 구성했고, 동물사육소, 곰실熊室, 온실 등을 갖추고 있었다. 1874년에 개최된 박람회에서는 유물은 물론 물리화학 실험기구, 의학에 관한 것들을 모았다.

1881년 농상무성이 신설되면서, 내무성 박물관은 농상무성으로 다시 이전됐다. 농상무성 박물국장이 된 마치다 히사나리는 1882년 도쿄제실 박물관현 도쿄국립박물관의 초대 관장이 됐다.

농상무성에서 박물관을 만들 때에는 농무국장 다나카 요시오1838-1916의 역할이 컸다. 이토 게이스케로부터 서양의학과 박물학을 배웠던 다나카는 1866년 제4회 파리 만국박람회, 1873년 빈 만국박람회 참가단의 책임자였다. 파리박람회에서는 자신이 채집한 곤충 표본을 전시해 현지 연구자로부터 높은 평가를 받았다. 그는 1875년 《동물학초편포유류》라는 번역서를 내면서, 강綱, class, 목目, order, 과科, family, 속屬, genus, 종種, species이라는 생물의 분류계급 용어를 처음으로 사용했다.

빈 만국박람회에서 돌아온 다나카 요시오는 식물원·동물원·온실 등을 부속시설로 하는 연구공원을 구상하고 있었다. 파리 자연사박물관을 모델로 삼고자 했던 것이다. 그는 우에노공원에 박물관과 동물원을 세울 때 설계에 직접 참여했으며, 1882년 일본 최초의 동물원인 우에노동물원을 만들었다. 우에노동물원은 농상무성 박물관의 부설기관으로 개원했다.

1886년 농상무성 박물관이 갑자기 궁내성으로 이관됐다. 이토 히로부미의 발안에 의한 것이었다. 그는 1885년 내각제도의 발족을 계기로 천황제의 확립을 꾀했다. 궁내성으로 박물관을 옮긴 것은 문화재 보호와 황실의 권위 신장을 위해 박물관을 이용하고자 했기 때문이다. 이때부터 식산흥업형 박물관 정책은 종언을 고했다. 그리고 식산흥업형 박물관은 박람회와 함께 권업적인 전시관으로, 동물원과 수족관은 오락시설로 발전해 나갔다.

1889년 도쿄·교토·나라에 제국박물관이 세워졌다. 초대 관장은 이토 히로부미 밑에서 일했던 구키 류이치1850-1931가 맡았다. 주미특명전권공사를 지냈던 구키는 귀국 후 본격적으로 박물관의 황실화를 추진했다. 그는 제국박물관을 동양고미술의 전당으로 만들고자 했다. 일본 국체의 정화인 미술을 중심으로 전시하는 박물관을 말한다. 그때까지 박물관에는 역사 자료, 미술 자료, 미술공예 자료, 천산天産 자료 등이 혼재돼 있었다. 그는 동물원 관련 생물 자료, 동식물 표본, 농업산림 자료, 원예 자료, 공업 용구, 병기, 교육 자료 등을 마땅치 않게 생각했다. 결국 식물이나 암석과 같은 천산 자료들은 간토대지진 후인 1925년 문부성으로 이관됐다. 현재 국립과학박물관에 있는 상당수의 자연사 자료는 이때 받은 것이다.

일본 교육박물관

일본의 과학관은 박물관과 계보가 다른 교육박물관에서 출발했다. 캐나다 토론토사범학교가 1853년에 세운 교육박물관을 세계 최초의 교육박물관으로 꼽는데, 일본은 이를 모방해 1877년에 교육박물관을 만들었다.

일본 교육박물관의 역사는 문부성이 1872년 학제를 발표하고 교육 근대화를 추진하면서 시작된다. 당시 취학률은 40% 미만으로 미취학아동에 대한 적절한 과학교육이 필요했다. 문제는 과학교육에 필요한 문부성 표본 자료가 1873년에 설립된 내무성으로 넘어가고 없었다는 것이다.

내무성으로 넘어간 자료를 되찾는 데에는 다나카 후지마로1845-1909라는 무사 출신의 행정관료가 앞장섰다. 다나카는 1872년 이와쿠라사절단이 미국 스미스소니언을 방문했을 때 함께 갔던 인물이다. 그는 학교교육을 위해 교육박물관이 필요하다고 보았다. 문부성 박물관이 박람회사무국과 합병되자마자 자료를 돌려받기 위해 뛰어다녔고, 1875년 2월 되돌려받았다. 돌려받은 박물관은 도쿄박물관東京博物館이라 불렸지만, 독립적인 박물관으로 개관하기에는 자료가 부족했다. 문부성은 교육자료를 확보하기 위해 전국적인 표본조사를 실시했다.

문부대보오늘날 문부성 차관에 오른 다나카 후지마로는 1876년 미국 독립

100주년 기념 필라델피아 만국박람회를 관람하기 위해 미국으로 갔다. 그때 미국의 교육시설과 제도를 살펴보았고, 특히 박람회와 함께 개최된 국제교육컨퍼런스에서 많은 영감을 얻었다. 13개국이 참가했으며, 4번째 섹션이 교육박물관이었다. 이어 캐나다 토론토에 있는 교육박물관을 찾아간 다나카는 자연과학을 비롯한 여러 가지 교육 관련 전시를 둘러보았다. 그는 여기서 자연과학교육을 중시하는 전시, 실물교육, 교육 자료 보존 기능, 입장료 무료 제도 등의 개념을 챙겼다. 일본으로 돌아온 다나카 후지마로는 문부성 박물관을 학술박물관에서 초·중등 교육 목적의 교육박물관으로 바꾸었다.

교육박물관教育博物館은 1877년 8월 18일 우에노산 절터현 도쿄예대 자리에 새로 지은 서양식 건물에 들어섰다. 이것이 오늘날 일본 국립과학박물관의 효시다. 독립적인 건물을 가진 일본 최초의 박물관이기도 했다.

교육박물관을 만드는 데는 미국 교육행정가 데이비드 머레이1830-1905의 공이 컸다. 럿거스대학교에서 수학·자연철학·천문학 등을 가르쳤던 교수로 1873년부터 1878년까지 일본에서 문부성을 자문했다. 도쿄대학, 도쿄여자사범대학1875, 현 오차노미즈여자대학, 교육박물관의 설립에도 도움을 주었다.

교육박물관의 초대 관장은 관비유학으로 미국 코넬대학교에서 식물학학사를 받은 야타베 료키치였다. 그는 1876년 귀국하자마자 도쿄개성학교 교수와 도쿄박물관식물원 책임자가 됐다. 1877년 도쿄대학과 교육박물관 설립과 함께 초대 식물학교수와 초대 관장을 맡았다. 그의 나이 26세였다. 야타베는 1882년 도쿄식물학회를 창립하고 초대 회장이 됐다.

교육박물관은 모형·완구·교구·신체검사·환등영화사진 등으로 전시물을 구성하고, 국내외 교과서를 수집한 교육도서관도 갖췄다. 교육박물관은 곧 전국으로 확대됐다. 1881년 교육박물관의 이름을 도쿄교육박물관東京敎育博物館으로 바꾼 것은 다른 지역의 교육박물관과 구별하기 위한 것으로 보인다.

야타베 료키치가 교육박물관장이었을 때, 사실상 모든 일은 관장보로 들어온 데지마 세이치1850-1918가 했다. 미국 유학 시절 이와쿠라사절단의 통역을 맡았던 그는, 다나카 후지마로를 수행해 필라델피아 만국박람회와 파리 만국박람회를 참관했다. 또 1년간 미국에 머물면서 캐나다 교육박물관을 견학했다. 1877년 귀국해 교육박물관 관장보가 됐고, 1881년 두 번째 도쿄교육박물관장이 됐다. 데지마 세이치는 공업교육을 중시했다.

소학교 의무교육이 전국적으로 확대되면서, 도쿄교육박물관의 존재감은 약해지기 시작했다. 모리 아리노리[15]의 정책 때문이었다. 사쓰마 출신인 모리는 영국 유니버시티칼리지런던의 동창이었던 이토 히로부미의 지명으로 초대 문부대신이 됐다. 모리 아리노리는 출신이나 성별에 관계없이 국민들에게 통일적인 교육을 실시하는 것이 국가의 의무라고 생각했다. 1886년 소학교령을 공포해 4년 과정의 심상보통과정을 의무교육으로 정했다. 또한 실업교육을 위한 중학교령, 제국대학 설립을 위한 대학령을 만들어 능력과 뜻에 따라 진학할 수 있도록 했다. 반면 교육박물관은 문부성의 독립기관에서 총무국 소속으로 낮췄다. 데지마는 교육박물관을 살리려고 노력했지만 뜻을 이루지 못하고 관장직에서 내려와야 했다. 이후 교육박물관에서는 관장 직제가 사라졌다.

통속교육

도쿄교육박물관은 1889년 중등교원 양성기관인 도쿄고등사범학교

1886의 부속기관으로 전락했다. 「대일본제국헌법」이 발포된 해였다. 문부성의 모든 자료는 제국박물관으로 넘어갔고, 교육 관련 자료만 유시마성당 안에 있던 고등사범학교로 이동했다. 도쿄교육박물관 건물은 도쿄미술관이 사용하기 시작했다. 예산과 인력이 크게 줄어든 도쿄교육박물관은 더 이상 수집과 연구 활동을 지속할 수 없었다.

거의 폐관 상태였던 도쿄교육박물관이 다시 살아난 것은 도쿄고등사범학교의 다나하시 겐타로1869~1961 교수가 1906년 교육박물관 주임사실상의 관장을 맡으면서부터다. 도쿄고등사범학교 박물과 출신인 다나하시 겐타로가 박물관에 눈을 뜬 것은 1909년부터 2년 2개월 동안 해외유학을 떠나 독일·프랑스·영국·미국 등을 방문하면서부터다. 주로 독일에 머물렀는데, 뮌헨 독일박물관의 오스카 폰 밀러 관장을 만났고, 베를린의 우라니아박물관을 유심히 살폈다.

우라니아박물관은 1888년 3월 설립돼 자연과학 지식을 보급하는 과학관이었다. 천문학, 물리학, 현미경, 정밀기계, 과학극장의 5개 주요 시설을 갖추고 있었다. 부서가 하나 더 있었는데,《하늘과 지구》라는 잡지를 만드는 곳이었다. 물리학 부문에서는 물리실험실을 갖추고 있어 관람자들이 참여할 수 있었다. 건물 옥상에 세워진 3개의 돔에는 망원경과 천문학 관련 기계류가 놓여 있었다.

귀국 후 다나하시 겐타로는 박물관과 이과교육 그리고 사회교육사업에 매진하기 시작했다. 학용품을 연구하고 개선하기 위한 교수용품연구회를 결성하고, 그 사무소를 도쿄교육박물관에 두었다. 이는 교구를 빌려 주는 과학관 사업으로 발전했으며, 주로 수공手工, 물리, 화학에 관한 것이었다.

다나하시 겐타로에게 교육박물관을 살릴 기회가 찾아왔다. 일본은 러일전쟁1904~1905과 천황 암살을 노리는 대역사건1910을 거치면서 국민사상교육의 필요성을 절감했다. 1911년 통속교육조사위원회가 만들어진 이유며, 위원회는 도쿄고등사범학교에서도 통속교육通俗教育 활동을 하라고 통보했다. 도쿄교육박물관이 그 역할을 맡았다.

뜻했든 뜻하지 않았든 다나하시 겐타로는 통속교육관의 개설, 생활의 과학화 등에 매진했다. 그가 구상한 통속교육관은 천연물, 가공품, 이화학 기계 및 그 응용, 위생, 천문의 5개 부문 자료를 전시하는 곳이었다. 그는 뮌헨 독일박물관보다 베를린에서 자주 들렀던 우라니아를 모델로 삼고자 했다. 제1차 세계대전은 과학교육을 꿈꿨던 그에게 새로운 전기를 마련해 주었다.

도쿄교육박물관은 1914년 고등사범학교에서 다시 분리돼 문부성 보통학무국 소속으로 변경됐다. 다나하시 겐타로는 교육박물관에서 통속교육을 위한 특별전에 신경을 썼다. 1916년 일본 최초의 특별전인 콜레라병 예방 통속박람회를 개최했다. 당시 콜레라는 일본에서 대유행해 50일 간 4만여 명이 입원하는 기록을 세웠다. 〈대전大戰과 과학전람회〉는 제1차 세계대전이 끝날 무렵인 1917년에 개최돼, 4만 명이 관람하는 등 큰 관심을 끌었다. 제1차 세계대전에 등장한 신무기 모형, 전쟁에 사용한 위생용품, 전시 후에 나타난 과학 응용품 등이 주요 전시품이었다. 포병장교의 '유럽 전쟁에 나타난 신병기', 과학자의 '전쟁과 화학'이라는 특강도 있었다. 이 밖에도 1918년 가사과학전람회5만 명, 1920년 시時전시회22만 명, 1921년 광물문명전시회11만 7천 명, 계량전람회11만 명, 인쇄문화전람회31만 명 등 다양한 특별전이 개최됐다. 이에 따라 1921년 교육박물관은 66만 명이 다녀갈 정도로 호황을 누렸다. 1916년부터 1924년까지 도쿄교육박물관에서는 18회의 특별전이 개최됐다. 특별전은 생활의 과학화와 과학관의 관람객 증가에 큰 역할을 했다. 도쿄교육박물관의 통속교육 활동은

[그림 14-2] 도쿄교육박물관 건물(1920). 1877년 우에노산 절터에 세워진 교육박물관 건물은 일본 최초의 박물관 건물이었다. 1923년 간토대지진으로 파괴될 때까지 과학전시를 통해 통속교육을 실시했다. ⓒ Wikimedia Commons

1927년 조선에 세워진 은사기념과학관의 활동에 크게 영향을 미쳤다.

1921년 도쿄교육박물관의 명칭이 도쿄박물관東京博物館으로 또 바뀌었다. 초대 관장은 다나하시 겐타로가 계속 맡았다. 그는 죽어 있는 박물관이 아니라 활기찬 박물관이 되려면, 관람자를 기다리는 소극적인 태도가 아니라 관람자에게 다가가야 한다고 생각했다. 박물관을 사람들이 많이 다니는 곳에 세우고, 신문과 라디오에 홍보하는 것이 중요하다고 봤다.

특히 과학박물관은 기계의 구조와 원리를 모형을 움직여 보여 주거나 기계 전체를 파악하기 쉽게 단면도를 제시해야 한다고 생각했다. 독수리의 습성을 보여 주기 위해 토끼가 독수리에게 잡혀 있는 모습, 둥우리에서 새끼들을 포육하는 모습 등을 보여 주는 방식도 제안했다.

아울러 서양의 도슨트와 같은 박물관 전문가를 양성해야 한다고 주장했다. 도쿄박물관이 사회교육기관으로 중요해지자, 문부성은 이때부터 관장을 임명하고 서구적인 학예제도를 도입했다.

다이쇼시대 박물관 설립

요시히토 천황1879-1926이 재임했던 다이쇼시대1912-1926에는 자본주의가 발전하고 공업 생산성이 비약적으로 증대하면서 과학지식의 보급에 대한 관심 또한 높았다. 과학기술박물관이 필요하다는 주장과 도쿄교육박물관을 이화학계 박물관으로 만들자는 주장도 나왔다.

제1차 세계대전이 일어나자, 일본은 독일에 의존했던 화학약품 등의 수입이 막혔다. 게다가 독가스, 잠수함, 비행기 등 과학 병기의 위력을 눈으로 봤다. 일본의 정계, 재계, 학계의 지도자들이 과학발전의 필요성을 통감한 이유다. 그 결과 1917년 이화학연구소, 1918년 도쿄제국대학 부속 항공연구소, 1919년 도호쿠제국대학 부속 철강연구소 등 군사적·중공업적 색채가 짙은 과학연구소들이 차례로 세워졌다. 교육에서도 실험 중심의 이과교육 개선방안이 검토됐다. 국가적으로는 산업을 진흥시키고 군비를 강화하기 위한 과학기술 투자가 일어나고, 일반 생활에서는 자연스럽게 생활의 과학화와 과학박물관의 설립이 추진됐다.

과학박물관 건립을 추진하는 운동은 1921년 제44회 제국의회 중의원이 상정한 과학지식 보급에 관한 건의안에 기초를 두고 있다. 건의안은 과학지식을 보급하기 위한 기관의 설치, 과학박물관 설치, 통속 과학총서 편찬 및 저가 보급, 통속 강연회 및 강습회 개최, 전람회 개최 등의 내용을 담고 있었다.

1921년 3월 과학지식보급회[16]가 설립됐다. 과학지식은 학자의 전유물이 아니고, 공공재산이라는 뜻에서 《과학지식》1921-1950이란 과학잡지를 발간했다. 《과학지식》은 생활의 과학화에 앞장섰으며, 식품과 과학, 가정에서의 소독, 가정에서의 전기 이용 등의 주제를 다뤘다.

1922년 아인슈타인이 일본을 방문한 것은 일본 과학사에서 대단히 큰 사건이었다. 그는 사촌이자 부인인 엘사와 함께 여객선 가타노마루를 타고 고베항에 입항했다. 초대한 사람은 개조사改造社라는 출판사의 37세 젊은 사장 야마모토 사네히코1885-1952였다. 신문기자였던 그는, 다이쇼 데모크라시라는 민주화운동의 시류에 맞는 베스트셀러를 출판해 많은 돈을 벌었다. 그는 1921년 영국철학자 버트런드 러셀을 초청해 돈을 벌었고, 이 듬해 아인슈타인 초청 이벤트를 생각해 냈다. 당시 조선에서도 이 기회를 통해 아인슈타인을 초청하려는 움직임이 있었지만, 성공하지 못했다.

아인슈타인은 프랑스 마르세유에서 출발해 일본으로 오는 도중, 홍콩에서 상하이로 향하는 선상에서 노벨상 수상 소식을 들었다. 일본에서는 더욱 화제가 될 수밖에 없었다. 아인슈타인은 일본에 43일 동안 머물며,

[그림 14-3] 모지코 미쓰이클럽. 제1차 세계대전 이후 일본에서는 생활의 과학화 운동, 통속교육 전람회, 실험 중심의 과학교육 등이 활발하게 이뤄지고 있었다. 1922년 아인슈타인을 초청한 것은 이러한 시대상을 반영한 것이다. 모지코 미쓰이클럽은 아인슈타인이 일본을 떠나기 전 숙박했던 여관으로, 국가지정 중요문화재로 보존되고 있다.

도쿄·센다이·나고야·교토·오사카·고베·후쿠오카 등에서 강연했다. 교토제국대학[17] 강연을 들었던 도모나가 신이치로[1906-1979]는 물리학에 눈을 떴고, 1965년 노벨 물리학상을 받았다. 아인슈타인은 후쿠오카 모지코항에서 출국했다. 그가 머문 모지코항 클럽은 1921년 미쓰이물산이 만든 곳으로, 아인슈타인을 기리는 국가지정 중요문화재로 보존되고 있다.

일본의 박물관 설립은 천황 즉위, 황태자 성혼, 황태자 탄생 등의 황실 의례를 계기로 이뤄진 것들이 많았다.[18] 교토식물원[1924]은 다이쇼 천황 즉위 기념으로 세워졌고, 우에노공원과 우에노동물원을 도쿄시에 하사한 것은 1922년 황태자[뒷날의 히로히토. 1901-1989]의 성혼을 기념한 것이다. 일본의 대표적인 기업가였던 시부자와 에이치의 제창으로 우에노공원에 과학박물관을 건설하려 했던 것 역시 황태자의 성혼을 기념하기 위해서였다. 계획은 다나하시 겐타로가 수립했고, 자연사박물관과 공업박물관이 결합된 형태였다. 이 계획에는 오코치 마사토시[1878-1952][19] 이화학연구소 소장 등이 참여했다.

유시마성당에 있던 도쿄박물관 건물과 표본은 간토대지진으로 파괴됐다. 다나하시는 이듬해 관장에서 물러났으며, 과학과 사회를 연결시켰던 통속교육관으로서의 교육박물관의 역사도 여기서 끝났다.

도쿄과학박물관

간토대지진으로 과학박물관의 건립 계획이 수포로 돌아가자, 1924년 우에노공원에 지진으로 전소된 도쿄박물관이 재건되기 시작했다. 재건의 실무책임자는 도쿄고등공업학교 교수이자 문부성 독학관이었던 아키호 야스지[1872-1942]였다. 그는 1938년까지 14년 동안 관장으로 재직했다.

[그림 14-4] **국립과학박물관 일본관의 모습.** 도쿄교육박물관이 간토대지진으로 파괴되자, 1931년 도쿄과학박물관이란 이름으로 새롭게 개관했다. 개관식에는 생물학자였던 일본 쇼와 천황이 참석했다. ⓒ Kakidai, 2018

도쿄공업학교 부설 공업교원양성소 목공과를 졸업한 아키호 야스지는 뮌헨 독일박물관을 참고해 새로운 박물관 전시계획을 수립했다. 그는 공업박물관을 세우려 했으나, 1926년 제실박물관이 보유하던 9만 4천 점의 엄청난 자연사 자료가 도쿄박물관으로 이전됐다. 1927년 도쿄박물관의 별관이 먼저 준공돼, 궁내성의 특별전시장으로 이용되어, 대규모 제철소 모형, 공중질소고정장치 등이 전시됐다. 아키호 야스지는 1929년 학예관을 런던·뮌헨·뉴욕 등에 파견해 주요 박물관의 전시방법을 조사했다. 그 결과 현재 우에노공원에 있는 국립과학박물관의 본관은 자연사박물관으로 꾸며지고, 공업박물관은 별관에 위치하는 형태로 바뀌었다.

1929년 도쿄에서는 공학회, 기계학회 등이 주최하는 만국공업회의가 개최됐다. 이때 독일박물관의 오스카 폰 밀러 관장이 일본을 방문했다. 그는 일본공업구락부에서 '과학 및 공업의 박물관'이라는 주제로 강연회를 가졌다. 이를 계기로 일본에서 공업박물관의 설립이 검토되기도 했다.

1931년 우에노공원에 새로운 건물일본관이 세워지면서, 도쿄박물관은 도쿄과학박물관東京科學博物館이란 이름으로 새롭게 출발했다. 11월 2일 개관식에는 생물학자였던 쇼와 천황[20]이 부인과 함께 참석했다. 1877년 설립된 교육박물관이 통속교육관을 거쳐 54년 만에 과학박물관이 된 것이다. 도쿄과학박물관이 되면서 조직이 크게 달라졌다. 1923년 도쿄박물관 시절에는 관장 아래에 경리과, 진열과, 부대사업과의 3과만 있었다. 1932년 도쿄과학박물관은 관장 아래 이공학부, 동물학부, 식물학부, 지학부, 공업부, 도서관, 교육부, 경리과 등을 두었다.

1932년 전시물을 보면, 1층에는 이공신문 윤전기, 지구의, 온도측정기, 광학기기, 파동과 음향, 증기기관, 비행기, 전기, 자기, 전파, 통신, 정밀측정기, 2층에는 동물 표본충견 하치[21]의 모형, 포유류, 조류, 양서류, 곤충과 강당, 3층에는 식물표본, 에디슨 축음기, 메이지천황의 지구의, 최신 고사포, 화산, 광물, 고생물, 기업가 다카바야시 효에1892-1950의 시계 컬렉션, 일본 최대의 운석, 도서실을 두었다. 4층과 옥상에는 기압계, 지진계, 해시계, 20cm 천체망원경 등이 설치됐다. 지하에는 실험설비, 지학 표본이 있었다. 별관에는 야하타제철소의 모형, 외륜선의 기관 등 산업 관련 자료가 전시됐다.

침략 전쟁과 과학박물관

일본은 1929년 세계공황을 맞이하면서 자원을 확보하고 과학기술을 발전시켜야 한다는 생각을 더욱 굳혔다. 「자원조사법」을 만들어, 자국은 물론 식민지의 자원을 조사하기 시작했다. 1937년 시작된 중일전쟁은 자원의 필요성을 더욱 가속화시켰다. 1938년 기획원이 설치한 과학심의회는 군수공업을 중심으로 하는 중공업을 발전시키기 위해 원료와 재료 연구를 목적으로 했다. 같은 해 문부성은 인재양성과 연구시설 확충을 위한 과학진흥조사회를 설치했다. 과학진흥조사회에서는 대도시에 과학박물관을 설치하는 안이 논의됐다.

1938년 「국가총동원법」이 제정됐다. 전쟁을 위한 연구가 본격화되면서, 자연과학 분야에서 시험 연구들이 진행됐다. 이때 정부가 지정한 학교 및 학과의 이공계 졸업생들을 채용하려는 회사나 공장은 미리 후생대신의 허가를 받아야 하는 「학교졸업자사용제한령」이 공포됐다. 또한 문부성은 전쟁에 필요한 이공계 졸업생들을 늘리기 위해 이공계 고등교육기관을 많이 신설했다. 고등상업학교를 공업전문학교로 전환하는가 하면, 문과계 사립학교를 이과 전문학교로 바꾸었다. 조선총독부가 1938년 경성제국대학에 이공학부를 개설한 것도 같은 이유에서다.

중일전쟁 이후 일본은 대학교수들도 군사 연구에 끌어들였다. 세균병기를 개발하기 위해 의학교수들을 육군방역급수부대에 영입했다. 우리가 잘 아는 731부대의 전신이다. 군 자체에 과학기술 연구기관들이 있었지만, 대학에 소속된 연구자를 군사 연구에 동원한 것은 전쟁에 따른 연구인력 보충 외에 새로운 병기 개발에 대응할 전문지식이 필요했기 때문이다.

과학박물관은 1930년대 말 그 역할이 커졌다. 달라진 과학박물관의 기능은 연구였다. 1939년 도쿄제국대학 지질학교수였던 쓰보이 세이타로 1893-1986가 도쿄과학박물관장으로 취임했다. 조선과 인연이 깊은 학자로, 학창시절인 1919년 울릉도와 독도의 지질을 조사한 바 있다. 이 연구로 1921년 영국 케임브리지대학교로 유학을 떠났고, 화산 연구로 박사학위를 받았다.

제2차 세계대전이 일어나던 해에 관장으로 취임한 쓰보이 세이타로는 교육기관이었던 도쿄과학박물관을 연구 중심 과학관으로 바꿨다. 자연과학과 그 응용에 관한 자료를 수집하고 보존하고 전시하는 기능에다가 관련 연구와 사업을 수행할 수 있도록 한 것이다. 이공학부, 천문학부, 공업부, 산업부로 나뉜 조직을 이화학부로 통합하고, 교육학부를 해체했다. 이런 개혁은 당시 일본의 정치경제 상황에 따른 것이다. 쓰보이 세이타로는 1945년 패전 때까지 관장으로 재직했다.

1940년은 일본의 초대 천황인 진무천황[22]이 나라현 가시하라에서 즉위한 지 2천600년이 되는 해였다. 일본은《고사기》[712]와《일본서기》[720]의 신화를 바탕으로 천황제의 역사를 보여 줄 국사관을 건립하고자 했다. 또한 즉위 2천600년을 기념해 올림픽과 만국박람회를 계획했다.

국립자연박물관의 건립 계획도 세워졌다. 동물학회장 야쓰 나오히데[1877-1947], 식물학회장 후지 겐지로[1866-1952], 지질학회장 도쿠나가 시게야스[1874-1940], 조류학회장 다카쓰카사 노부스케[1889-1959], 응용동물학회장 오카지마 긴지[1875-1955] 등이 청원서를 제국의회에 제출해 채택됐다. 그러나 전시통제경제로 인해 국가재정의 70-80%가 군사비로 지출되는 상황에서 국립자연박물관을 건립하는 것은 꿈으로 끝날 수밖에 없었다. 결과적으로 자연박물관은 건립되지 못했지만, 1941년에 자원과학연구소가 창립됐다.[23]

일본은 1940년 독일, 이탈리아와 3국 동맹을 맺고 남진정책을 강행했다. 1941년 미국과 영국에 선전포고한 일본은 불과 5개월 사이에 미얀마, 말레이시아, 네덜란드령 인도네시아, 필리핀, 뉴기니의 일부를 점령했다. 이 승리는 과학계를 요동치게 했다. 동남아 점령지에 영국과 네덜란드가 만들어 놓은 과학연구기관과 박물관이 상당수 있었기 때문이다. 쿠알라룸푸르동물원, 싱가포르에 있는 래플스박물관[24], 에드워드7세의과대학,

보고르식물원1817 등이 일본의 손에 들어왔다. 열대 지역치고는 기온이 선선해 네덜란드인들이 휴양지로 개발했던 반둥에는 파스퇴르연구소, 지질연구소, 봇차천문대1923, 지질학박물관1928 등이 있었다.

수많은 일본 과학자들이 동남아로 투입됐다. 자바인도네시아에 있는 세계적인 보이텐조르히식물원의 원장에는 나카이 다케노신1882-1952이 임명됐다. 쇼난박물관식물원장에는 다나카 다테히데조가 취임했다. 이러한 사정으로 일본 내에 과학인력이 부족해 외국인들을 고용해야 할 상황에까지 이르렀다. 이때 도쿄과학박물관과 식물원은 많은 해외 자료를 확보했다.

문부성은 1941년 중국·만주·남양을 포괄하는 대동아공영권의 천연자원을 조사할 목적으로 자원과학연구소를 설립했다. 이때 조선총독부박물관에 근무하던 조선인 박물학자 조복성1905-1971은 남경박물관과 항주서호박물관에 파견됐다.

1941년 과학기술 신체제 확립요강이 각의에서 결정됐다. 고도국방국가를 완성하기 위한 국가 과학기술체제의 확립, 과학기술의 획기적 발전, 국민의 과학화, 대동아공영권 자원에 근거한 과학기술의 일본화 등이 목적이었다. 이는 생활의 과학화라는 관제 국민운동을 발전시켰다. 자연스레 과학박물관의 역할이 커졌다. 과학박물관은 사회교육과 연구라는 국가적인 과제를 수행하며 발전해 나갔다. 이즈음 식민지 조선의 은사기념과학관이 대동아공영권의 선전시설로, 우수한 일본 문화를 이식하는 수단으로써 활용됐을 것이라는 짐작은 그리 어렵지 않다.

1942년 기술원이 과학기술 연구와 행정의 중추기관으로서 설치됐다. 문부성은 이에 질세라 같은 해 전문학무국 과학과를 과학국으로 승격시켰다. 일본은 기획원이 과학심의회와 기술원을, 문부성이 과학진흥조사회와 과학국을 보유한 이원적인 과학기술 체계를 구축했다.

1943년 제2차 세계대전이 더욱 격화되자, 문부성은 과학연구긴급정비 방책요강을 만들었다. 그리고 각 대학에 과학연구동원위원회를 설치해, 2천 명의 과학자를 전쟁 연구에 동원했다. 전쟁으로 해외 과학연구 정보를 습득하기 어려워지자, 대학 연구자들을 활용하고자 했던 것이다.

패전 후 과학관

일본은 1945년 제2차 세계대전에서 패했다. 그때부터 1952년까지 더글러스 맥아더1880-1964를 총사령관으로 하는 연합국 최고사령부의 통치를 받았다. 사실상 미국의 통치를 받으면서, 일본은 모든 면에서 미국의 영향을 받았다. 무엇보다 과학기술 연구개발과 과학교육 분야에 큰 변화가 있었다.

미국은 제2차 세계대전을 통해 과학기술정책의 중요성을 깨달았다. 1945년 공학자 버니바 부시1890-1974는 대통령에게 〈과학 : 끝없는 변경〉이라는 자문보고서를 제출했다. 미국 과학정책의 기틀을 만든 보고서다. 1947년 대통령 비서실장이었던 존 스틸먼1900-1999은 《과학과 대중 정책》을 펴냈다.

일본은 미국의 통치를 받는 7년 동안 자신들을 이기고 지배하는 미국으로부터 많은 과학기술정책을 배웠다. OECD 국가나 개발도상국이 1970년대에 이르러 과학기술정책에 관심을 갖기 시작한 것을 감안하면, 일본은 매우 앞서가고 있었다. 이 과정에서 미국식 사회교육시설을 만들고, 「교육기본법」1947, 「박물관법」1949, 「도서관법」1950을 만들었다.

미국의 통치를 받는 동안 일본 과학기술계에 첫 노벨상 수상 소식이 들렸다. 1949년 프린스턴연구소와 뉴욕 컬럼비아대학교에서 연구하던 유카와 히데키1907-1981가 노벨 물리학상을 받은 것이다. 1965년 노벨 물리학상을 받은 도모나가 신이치로도 1949년에 프린스턴고등연구소 연구원으로 재직하면서 미국 과학자들과의 교분을 쌓았다.

1950년대에 들어, 일본은 새로운 경제적 부흥기를 맞이했다. 한국전쟁의 덕을 본 것이다. 무엇보다 미국 통치를 벗어나면서, 그동안 제대로 할 수 없었던 과학기술 연구개발을 본격화할 수 있었다. 1952년 항공기 생산과 연구 금지가 해제되고, 1955년 「원자력기본법」이 만들어졌다. 1956년 과학기술청, 1959년 총리를 자문하는 과학기술회의가 설치됐다. 국립대학에서는 산학협동을 위한 수탁연구원제도와 선발위탁학생제도가 실시됐다. 흑백텔레비전, 전기세탁기, 전기청소기 3종의 새로운 과학기술 가전기기가 보급됐다. 「이과교육진흥법」이 만들어진 것도 1950년대였다.

일본은 미국과의 전쟁에서 진 이유를 과학기술력의 차이에서 찾았다. 그래서 과학기술에 대한 투자를 아끼지 않았고, 사회적으로 과학기술 관련 책들이 유행했다. 특히 전쟁 중에 군 연구기관에서 육성한 우수한 과학기술자들이 민간기업으로 자리를 옮기면서 민간 연구개발의 경쟁력이 크게 높아졌다.

1950년대 말, 일본에는 우주개발, 원자력 등의 과학기술에 대한 관심이 높아지면서 대학과 산업계의 지원을 받는 새로운 공립과학관들이 생겨났다. 대학과 산업계의 산학협동이 강조되던 시기다. 산업계는 자금과 시대적 요구를 대학에 제공하고, 대학은 과학기술 지식과 인력을 산업계에 제공하려는 움직임이 강할 때였다. 새로운 과학관은 대학으로부터 콘셉트를, 산업계로부터 자금과 전시물을 지원받았다. 나고야시과학관1962, 오사카과학기술관1963, 도쿄 과학기술관1964이 그 예다. 뮌헨 독일박물관과 시카고과학산업박물관을 모델로 삼고, 이과교육과 산업과학의 진흥을 동시에 꾀하려 했던 것이다.

이에 앞서 아동과 청소년을 위한 과학관들이 전국적으로 생겨났다. 소학교와 중학교는 1차 베이비붐으로 교실이 모자라자 이과실을 보통 교실로 전환했고, 이로 인해 이과교육에 문제가 생기자 공동 이용 실험실로서의 아동과학관과 청소년과학관을 만든 것이다. 1952년 설립된 센다이사이언스룸^{현 센다이시과학관}, 1955년 설립된 야와타아동과학관^{현 기타큐슈시립아동문화과학관}, 홋카이도의 5개 도시에 세운 청소년과학관을 예로 들 수 있다.

이에 반해, 나고야시과학관은 실물을 사용해 과학의 응용인 산업기술에 호기심을 갖게 하고 동기부여를 통해 산업인재를 육성하려는 목적으로 세워졌다. 전시물은 산업계의 지원을 받았다. 앞서 말한 과학관이 이과교육 지원형이라면, 나고야시과학관은 산업인재 육성형이다.

오사카과학기술관^{오사카시립과학관}25과는 다름은 1963년 기업들과 과학기술단체가 힘을 모아 설립한 체험형 과학관이었다. 오사카과학기술센터의 1-2층을 전시관으로 활용했다. 지금도 기업과 단체들이 각각의 부스를 설치해 환경기술, 자원에너지, 도시개발, 지구환경, 신소재 등을 전시하고 있다.

도쿄 기타노마루공원 안에 있는 과학기술관은 도쿄올림픽이 열린 1964년26, 가까운 미래의 과학기술과 산업기술에 관한 지식을 국민에게 보급할 목적으로 일본과학기술진흥재단이 개관했다. 개관식에는 쇼와 천황과 황비가 참석했다. 그해 9월과 11월에는 총리와 황태자가 견학을 할 만큼 정치적·사회적 관심이 높았다.

일본과학기술진흥재단은 1960년 정부와 산업계가 함께 설립했다.27 한국전쟁으로 일본 경제가 살아나면서 산업과 경제 발전을 위해서는 과학기술 인재를 육성해야 한다는 공감대가 형성된 것이다. 1957년 스푸트니크 충격으로 미국 과학교육의 변화가 일어나는 것도 보았을 것이다. 초대 회장은 히타치제작소의 사장 구라다 치카라1886-1969가 맡았다. 과학기술관의 전시물들은 산업계의 출전 방식으로 마련됐다. 산업계가 과학관을 지원하는 전통은 지금도 많은 곳에서 이어지고 있다.

1980년대 초 또다시 전국적으로 과학관 붐이 일어났다. 나카타자연과학관1981, 요코하마어린이과학관하마긴 어린이우주과학센터, 1984, 고베청소년과학관1984이 대표적이다. 공립어린이과학관들이 주를 이루었다. 1980년대에 세워진 대부분의 과학관 역시 이과 지원형 과학관으로 교육위원회 소관 시설이었다. 우리나라 교육청이 운영하는 과학교육원 전시관과 같은 곳이다. 일본의 과학관은 1960년대에 36관, 1970년대에 34관, 1980년대에 73관이 추가로 개관하면서 크게 늘었다.

1980년대 이후에 들어선 과학관들은 나고야시과학관1962, 도쿄과학기술관1964과 달랐다. 전시실에서 원자력으로 대표되는 국가적인 대규모 프로젝트, 전력, 화학공업, 철도 등의 산업 명칭이 사라졌다. 이는 과학관 설립 목적이 산업인력 육성으로부터 기초교육으로 바뀌었음을 보여 준다. 전시물 역시 실물이 많지 않은 것이 특징이었다. 과거에 비해 교육공간이 커지는 경향을 보였다. 이러한 추세는 교육위원회 소관이라는 점이 작용했을 것이고, 실물이 없는 사이언스센터의 특성 때문이었을 것이다. 1980년대에 과학관이 늘어난 이유는 박물관·미술관과 마찬가지로, 각 시·현의 교육위원회가 대규모 생애학습시설의 건설을 추진했기 때문이다.

일본에서는 공립산업기술박물관의 효시로 산업인재를 육성하고자 설립한 나고야시과학관을 꼽는다. 그러나 이와 같은 산업형 과학관은 늘어나지 않고 있다. 심지어 1980년대에 교육위원회가 주도하면서 나고야시과학관조차 이과교육 지원시설로 전환됐다.

국립과학박물관

국립과학박물관은 우에노공원 안에 있다. 공원 안에는 도쿄국립박물관, 국립서양미술관, 도쿄도미술관, 우에노동물원이 있으며, 메이지유신의 주역 중 한 사람인 사이고 다카모리1828-1877의 동상이 서 있는 것이 상징적이다.

우에노공원은 1876년에 세워진 일본 최초의 공원으로, 이듬해 물산개발과 산업육성을 위한 제1회 내국권업박람회內国勧業博覧会가 개최된 곳이다. 기록에 따르면 입장객이 46만 명에 이르렀다. 마치 하이드파크에서 제1회 만국박람회가 열린 것을 연상케 한다. 우에노공원에서는 계속 박람회가 개최되면서 기차, 에스컬레이터 등 첨단 과학기술을 선보이며, 일본의 제조문화모노즈쿠리문화를 상징하는 곳이 됐다.

국립과학박물관의 건물은 1931년에 건축된 중요문화재다. 문부성 건축과에 근무하던 가스야 겐조라는 기사가 네오르네상스 양식으로 설계했다. 하늘에서 보면 비행기 모양인데, 1920-1930년대에 첨단기술이라 할 수 있는 비행기를 상징화한 것이었다. 간토대지진을 경험한 탓에 지진에 강하게 설계돼 있다. 건물은 일본관과 지구관으로 구성되어 있다. 앞날개 쪽이 일본관이고, 뒷날개 쪽이 지구관이다.

건물 밖 왼쪽에는 길이 30m, 무게 150t의 대왕고래가 수면 위에 뛰어올라와 긴 호흡을 하고 다시 바다로 뛰어드는 모습의 상징 조형물이 있다. 1994년에 설치됐다. 건물 오른쪽에는 1939년에 제조돼 1975년까지 달렸던 일본의 대표 화물열차용 증기기관차 D51이 전시돼 있다. 1970년 2월 11일 일본 최초로 인공위성을 쏘아올린 로켓 발사대도 있다.

일본관은 3층으로 이뤄져 있다. 일본의 중요과학문화재와 일본의 자연사로 구성돼 있다. 일본의 중요문화재를 보유한 일본 국립과학박물관

[그림 14-5] **자연사전시관.** 자연사전시관이 나무의 잎, 줄기, 뿌리를 입체적으로 전시하고 있다. 자연사는 국립과학박물관의 주요 전시물로 일본인의 조상, 일본의 자연, 동식물을 전시하고 있다.

은 박물관의 성격이 강하다. 영국에서 1880년에 수입해 제국대학 내 도쿄천문대에서 사용했던 8인치 천체망원경과 니콘일본광학공업이 1931년에 일본 최초로 만들어 국립과학박물관에서 73년 동안 사용해 온 20cm 적도의식 굴절망원경이 전시돼 있다.

1894년 제작돼 도쿄제국대학에서 사용했던 수평진자지진계도 전시돼 있다. 일본에서 가장 오래된 지진계로 중요문화재다. 영국 왕립광산학교 출신의 지질학자 존 밀른1850-1913이 1876년 일본 공부성 공학료의 교수로 왔다가 지진과 화산활동에 흥미를 느끼고 고안했던 것이다. 밀른이 만든 지진계는 영국에서 다시 개량돼 영국제국의 표준 지진계로 사용됐다. 밀른은 1880년 일본에서 세계 최초의 지진학회를 만들었다. 일본이 지진연구의 발상지이자 선구자처럼 포장되는 이유가 여기에 있다. 밀른은 과학의 변방인 일본을 지진학 분야에서 가장 선진적인 국가로 만들었다.

일본의 에디슨이라고 불리는 다나카 히사시게1799-1881가 1851년에

[그림 14-6] **텔레비전 방송 시스템.** 1936년 도쿄과학박물관 강연회에서 사용했던 텔레비전 방송 시스템이다. 다카야나기 겐지로(1899-1990)가 1924년 일본 최초로 개발한 것이다. 암실에 피사체를 두고, 2개의 원판 사이로 아크등의 빛을 비추고, 반사광을 좌우의 광전관으로 받아 영상신호를 만들었다.

만든 기계식 만년자명종만년시계도 있다. 다나카는 1875년 도시바의 뿌리가 되는 전신기공장을 도쿄 긴자에 세웠던 발명가이자 기업가였다. 1931년 도쿄과학박물관이 만들어졌을 때 만년시계를 기탁했다. 일본에 처음으로 들어온 축음기는 1878년 영국에서 들여와 도쿄대학 이학부 실험실에서 소리를 녹음해 재생한 것이다. 소개한 것들은 모두 중요문화재로 선정돼 관리되고 있다.

지구관은 지구 역사, 일본의 과학기술, 생명, 지구환경을 다룬다. 아폴로 11호와 아폴로 17호에서 가져온 월석은 지하 3층, 공룡은 지하 1층, 세계 최대 규모의 대왕오징어는 1층, 제2차 세계대전 때 사용한 함상전투기 제로센零戰은 2층에 있다. 옥상에는 60cm 반사망원경을 설치한 천체관측 돔이 있다.

시어터 360은 2005년에 만들어진, 지름 12.8m실제 지구의 100만분의 1의

커다란 돔형 스크린이다. 돔 중간의 다리에 서서 360도의 입체 영상을 관람할 수 있다.

국립과학박물관은 1949년 「문부성설치법」에 따라 도쿄시에 속했던 도쿄과학박물관이 국립화된 일본 유일의 국립과학관이다. 1962년 생태연구를 하기 위해 미나토구에 있는 국립자연교육원을 통합해 부속 자연교육원을 설치했다. 1971년에는 자원과학연구소를 흡수했다. 반면 1973년 극지연구센터를 국립극지연구소로 독립시켰다. 1983년에는 쓰쿠바 연구학원 도시개발과 함께 쓰쿠바대학 옆에 쓰쿠바실험식물원을 개원했다. 2002년부터는 산업기술사자료정보센터를 개설해, 과학유산에 관한 자료를 수집하고 있다.

국립과학박물관은 2001년 행정법인화 됐다. 관장은 법인화 이후 2009년부터 공모하고 있으며 임기는 4년이다. 2013년부터 2021년 3월까지 수의학자인 하야시 요시히로가 관장을 맡았다. 그는 도쿄대학 교수, 도쿄대학 종합연구박물관 관장을 역임했다. 2021년에는 국립과학박물관에서 인류학을 연구해 온 의학박사 시노다 겐이치가 관장으로 임명됐다. 국립과학박물관 관장에 연구자가 임명된 것은 행정법인화 이후 큰 변화라고 할 수 있다.

도쿄박물관의 초대 관장으로 20년간 관장을 역임했던 다나하시 겐타로 이후, 지질학자 쓰보이 세이다로, 식물분류학자 나카이 다케노신, 동물학자 오카다 요1891-1973 등 자연사 쪽 과학자들이 관장 자리를 거쳐 갔다. 그러나 1960년대 중반부터는 문부성 국장이나 문화청장관을 지낸 관료들이 관장을 맡아 왔다.

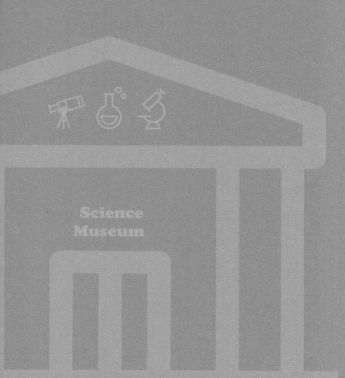

제4부

한반도 과학관의 탄생

Science
Museum

제15장
은사기념과학관과 조선인 과학운동

> 낙망은 청년의 죽음이요,
> 청년이 죽으면 민족이 죽는다.
> – 안창호(1878-1938), 독립운동가

우리나라가 과학 전시와 처음 인연을 맺은 것은 1876년 5월 1차 수신사의 일본 방문 때로 추측된다. 2월 조선이 일본과 〈조일수호조규강화도조약〉를 체결한 뒤였다. 1차 수신사[1] 예조참의 김기수1832-? 일행은 일본이 제공한 증기선을 타고 일본을 방문해 기차, 전기, 전보, 조선소, 근대 병기들을 보았다. 특히 식산흥업형 박람회 개최 뒤 그 전시물을 토대로 만든 박물관을 보고 큰 감명을 받았다고 한다. 수신사 일행이 봤던 박물관은 1872년 세워진 일본 최초의 박물관으로, 동식물 표본과 왕실 유물을 전시하고 식물원과 도서관을 갖추고 있었다.

고종1852-1919은 조선의 개혁 방향을 일본의 근대화에서 찾고자, 1881년 12개 반으로 구성된 조사단조사시찰단을 일본에 파견했다. 고종의 정예 관료로 박정양1842-1905, 어윤중1848-1896, 홍영식1856-1884 등이 핵심인물이었다. 유길준1856-1914과 윤치호1865-1945는 조사단을 따라갔다가 현지에 남아 공부를 계속했다. 조사단은 광업, 공업, 농업, 군사, 경제, 교육, 사회, 문화 등을 반별로 나눠 살폈다. 산업시설로는 수륜제작소, 조선소, 유리공장, 방적소, 제사공장, 성냥공장, 시멘트공장을 방문했다. 농업시설로는 육종장, 수목시험장, 농기구제작소를 방문했다. 교육시설로는 1877년 설립한 도쿄대학과 교육박물관국립과학박물관 전신이 있었다.

고종은 1882년 〈조미수호통상조약〉을 체결한 뒤 미국에도 관심을 가졌다. 이듬해 역사상 최초의 외교사절인 보빙사를 파견했다. 왕후 민씨명성황후의 사촌인 민영익1860-1914과 총리대신 홍순목의 아들인 홍영식이 대표로 파견됐다. 일본에서 공부하던 유길준도 따라갔다. 그들은 샌프란시스코, 시카고, 워싱턴, 보스턴을 돌면서 미국의 외교, 군사, 교육을 살폈다. 보스턴 박람회에서 실용적인 발명품과 제조상품을 만났던 그들은 귀국 후 한성서울에서 국제산업박람회를 개최하겠다고 발표하기도 했다. 보빙사를 따라갔던 최경석?-1886은 미국에서 가져온 종자와 근대식 영농기술로 양주군 망우리에 최초의 농무목축시험장1884을 개설했다. 보빙사의 미국 방문으로 인연을 맺은 에디슨사는 왕실에 전등을 가설하고, 전기시설 공급권을 획득했다. 또한 제물포·서울·평양·의주에 전신시설을 설치했다.

고종은 일본이 그랬듯이 서양 과학기술을 바탕으로 조선을 근대화하려고 했다. 최초의 근대적 정부기구인 통리기무아문1880², 무기를 제조하는 기기창1883, 인쇄 출판을 하는 박문국1883, 농무목축시험장, 기선회사1884, 전보국1886 등을 신설한 이유다. 하지만 개혁은 성공하지 못했다. 일본과 달리 서양 과학기술에 대한 토양, 다시 말해 인력·기술·자본이 전혀 마련되지 않았기 때문이다.

조선은 일본의 압력으로 개국하고서야 서양식 교육기관을 설립하고 과학기술 교육을 시작했다. 원산학사는 1883년 원산에 세운 우리나라 최초의 근대학교였다. 산수와 격치학물리학을 공통 이수과목으로 정하고, 기계, 농업, 양잠 등을 가르쳤다. 우리나라 최초의 이과교육이었다. 이어 1885년 미국인 선교사가 중등교육과정으로 배재학당을 세웠는데, 교과목에는 천문학·생리학·물리·화학 등 과학 교과들이 포함돼 있었다. 1886년 최초의 관립 학교인 육영공원이 설립돼 자연과학을 가르쳤다. 그러나 조선의 과학기술 교육은 전문인력을 양성하지 못한 채 제국주의의 소용돌이 속에 묻히고 말았다. 조선은 1897년에 대한제국을 세웠지만, 1905년 을사늑약과 1910년 한일합병조약으로 일본의 식민지로 전락했다.

최초의 동물원, 식물원

조선 최초의 박물관은 1909년 창경궁 안에 들어선 제실박물관[3]이다. 생물과학관이라고 할 수 있는 동물원[4]과 식물원과 함께 설립됐다. 설립자는 순종 황제1874-1926였으나, 왕실 업무를 담당하던 궁내부의 차관 고미야 사보마츠1859-1935가 건설을 총괄했다.

순종 황제는 1907년 제위에 올랐다. 고종 황제가 헤이그 만국평화회의에 밀사를 파견한 것을 문제 삼아, 일본이 고종 황제를 퇴위시킨 것이다. 순종 황제는 즉위하자마자 황궁을 경운궁덕수궁에서 창덕궁으로 옮겨야 했다. 외교공관들과 이웃한 경운궁보다 멀리 떨어진 창덕궁이 일본의 입장에서 안심이었을 것이다.

순종 황제가 창덕궁으로 옮기자, 통감 이토 히로부미는 총리대신 이완용을 앞세워 또 하나의 계략을 실행에 옮겼다. 황제에게 즐거움을 드리겠

[그림 15-1] 창경원 안 박물관. 박물관은 1909년 명정전 등 창경궁의 전통 목조건물 7채를 전시실로 이용해 개관했다가, 1911년 일본식 벽돌건물을 지어 본관으로 삼았다. 계단 아래쪽에 자격루와 측우대를 배치했다. 서울역사박물관 소장

다며 궁중정원인 어원御苑을 만든 것이다. 한일합병국권 피탈을 위한 예정된 수순이었다.

어원은 창덕궁과 담 하나를 사이에 둔 창경궁 안에 조성됐다. 도쿄제국대학 임시교원양성소 박물과 출신인 시모고리야마 세이치1883-?5, 생물학자 오카다 노부토시1857-1932, 일본 내원료內苑寮의 원예기사 후쿠바 온조1869-? 등이 어원을 만들기 위해 조선에 왔다. 이들은 천체를 관측하던 관상감 자리에 동물원을 만들고, 아름다운 춘당지 곁에 식물원을 꾸몄다. 임금과 왕비가 농사를 짓던 논과 양잠하던 뽕밭이 있던 자리였다. 임금의 활터에는 온실을 지었다. 그리고 명정전, 통명전, 양화당 등 7채의 창경궁 건물을 제실박물관 전시관으로 활용했다.

순종 황제는 1909년 11월 1일 동물원, 식물원, 제실박물관의 관람을 일반인들에게 허용했다. 개원식을 갖지 못한 것은 10월 26일 안중근 의사

[그림 15-2] 창경원 대온실. 일본 어원 식물원의 책임자였던 후쿠바 하야토가 설계하고 프랑스회사가 시공했다. 일제강점기 황궁의 일부를 유원지화했던 식물원은 2004년 등록문화재로 지정되고, 2017년 원래의 모습으로 복원됐다. 서울역사박물관 소장

가 이토 히로부미를 저격한 의거 때문이었다. 한일합병이 이뤄지자, 창경궁은 이듬해 유원지 이름인 창경원1983년 창경궁으로 복원으로 격하됐다. 이에 따라 어원의 박물관, 동물원, 식물원은 각각 창경원 이왕가박물관, 창경원 동물원, 창경원식물원으로 불리기 시작했다. 창경원은 일제강점기를 거치면서 조선인 머릿속에 동물원, 식물원을 갖춘 놀이공원으로 자리했다. 태종이 세종에게 왕위를 물려주고 거처했던 수강궁성종 때 창경궁으로 개축이 일제의 계략으로 놀이터가 되고 만 것이다.

조선총독부는 망국민의 분노를 덮으려는 듯, 동물원과 식물원에 투자를 아끼지 않았다. 1912년 준공된 동물 온실에는 독일에서 수입한 하마와 인도에서 잡은 아시아코끼리를 길렀다. 일본 동물원에도 없는 호랑이와 표범도 길렀다. 1918년에 완공된 큰물새장은 1945년 해방 이전까지 동양

최대였다고 한다.

식물원은 유리로 지어진 국내 최초, 동양 최대 규모의 서양식 온실이었다. 프랑스·독일 등에서 원예기술을 배우고, 일본의 온실재배를 창시한 후쿠바 하야토1856-1921가 설계한 것으로, 수정궁水晶室이란 애칭이 붙었다. 178평의 식물원에는 400여 종의 식물이 자랐다. 중앙에는 바나나·고무·야자·파파야 등의 열대식물이 심어져 있었다.

한반도에 세워진 최초의 근대 동물원과 식물원이 교육 기능과 연구 기능을 수행하지 못했던 것은 애초 일본의 계획에 없었기 때문일 것이다. 지금까지 동물원과 식물원이 놀이공원으로 인식되는 것은 더욱 잘못된 유산이라고 할 수 있다.

아시아 최초의 과학관

제실박물관, 동물원, 식물원, 조선총독부박물관1915이 만들어지고 10여 년이 흘렀을 때다. 1927년 5월 10일 경성서울 남산에 갑자기 과학관이 들어섰다. 은사기념과학관恩賜記念科學館이라고 불린 한반도에 세워진 최초의 과학관이자, '과학관'이란 이름을 가진 아시아 최초의 과학관이었다. 일본조차 과학관이란 이름을 사용하지 않고 있던 시절이었다.[6] 일본은 왜 식민지 조선에 과학관을 세웠을까?

한일합병 이후 조선총독부는 식민지 조선에서 과학기술 교육과 연구를 억제해 왔다. 과학기술 기관은 대한제국 시절 통감부가 주도해서 만든 권업모범장1906을 포함해 공업원료를 분석하고 시험하는 중앙시험소1912[7], 광업을 위한 지질조사소1918와 연료선광연구소1922[8], 보건의료 분야의 위생시험소 등 손가락으로 꼽을 만했다. 이들조차 일본 연구기관들

[그림 15-3] **조선총독부 중앙시험소.** 1912년 조선총독부가 각종 공업 시험과 조사연구를 위해 세운 중앙시험소는 현재 방송통신대학교 역사관으로 이용되고 있다. 그 뒤편에는 대한제국의 공업전습소 건물이 있었고, 경성공업전문학교(1916)와 경성제국대학 예과(1924)가 그 곁에 세워졌다.

의 분소로 작고 독자적인 운영체계를 갖추지 못했다. 일본인들이 주도한 것은 물론이고, 고급행정과 연구 분야에는 한국인들을 거의 참여시키지 않았다. 이런 상황을 봤을 때 은사기념과학관은 파격적이었다.

은사기념과학관은 뜻밖의 일로 설립됐다. 1925년 5월 10일 결혼 25주년을 맞이한 다이쇼 천황 요시히토는 개인 돈인 내탕금內帑金 17만 원을 조선총독부에 내렸다. 조선총독부는 고민 끝에 이 돈을 과학박물관을 세우는 데 쓰기로 결정했다.

은사기념과학관은 남산 왜성대에 있던 조선총독부 청사를 사용하기로 했다. 왜성대는 일본인들이 모여 살면서 임진왜란 때 일본군倭軍이 주둔했다 해서 붙인 이름이다. 원래는 조선 군사들이 무예를 연마했던 무예장이 있어서 예장이라고 불렸던 곳이다. 일본은 1907년 왜성대에 통감부 청사를 세웠다. 한일합병 이후에는 조선총독부가 1926년 경복궁에 새 청사를 지어 이전할 때까지 청사로 사용했다. 은사기념과학관이 초대 통감이었던 이토 히로부미가 처음 세우고 사용했던 건물에 들어선 것은 매우 상징적이다.

왜성대 지역에는 일본인들이 많이 살았다. 그래서 조선총독부 청사 이외에도 일본 상품진열관1912, 일본공사관을 개조한 시정기념관1926, 일본 황실의 조상을 신격화해 숭배하는 경성신사1898가 모여 있었다. 식민지 조선의 수도를 방문한 일본인이라면 꼭 구경해야 하는 관광지였다. 은사기념과학관은 조선 내 일본인들의 중심지에 들어선 것이다.

은사기념과학관은 예산이 부족해 산업체, 연구기관, 해군 등으로부터 전시품을 기증받았다. 그리고 부랴부랴 서둔 끝에 내탕금을 받고 2년 뒤인 다이쇼 천황의 생일날에 개관했다. 하지만 건강이 좋지 않아 늘 골골했던 천황은 5개월 전 심장마비로 사망해 개관의 기쁨을 누리지 못했다.

왜 과학관을 세웠을까?

은사기념과학관이 세워진 1920년대는 식민지 조선에서 사회교육의 필요성이 높아질 때였다. 무단통치를 해오던 조선총독부는 문화통치로 식민지 전략을 바꾸어야 했다. 1919년 1월 21일 고종 황제가 갑작스럽게 승하하자, 2·8독립선언, 3·1운동을 시작으로 다양한 독립운동이 일어났기 때문이다. 대한민국 임시정부가 출범하고, 봉오동전투와 청산리전투에서 일본 군대가 패배한 것은 조선총독부를 더욱 긴장케 했다.

결국 조선총독부는 《조선일보》·《동아일보》 창간1920, 조선어연구회 설립1921 등을 허용했다. 조선총독부의 문화통치는 큰 효과를 봤다. 시간이 흐르면서 고등교육을 받은 일부 지식인들이 일본의 유화정책에 넘어가

친일화됐기 때문이다. 일본의 근대교육과 교실에서 만난 일본인 친구들이 그들의 생각을 바꿔 놓기도 했다.

은사기념과학관은 1877년 교육박물관으로 출발한 일본 도쿄박물관현국립과학박물관을 모델로 삼았다. 도쿄박물관은 1920년 전후로 과학 대중화에 앞장서고 있었다. 과학 대중화란 다름 아닌 사회교육, 통속교육이었다. 조선총독부는 일본 내에서 통속교육에 성공을 거둔 도쿄박물관이 조선에서도 중요한 역할을 할 것이라고 봤던 것이 분명하다.

1920년대 자유교육운동도 은사기념과학관의 설립 동기로 꼽힌다. 획일적인 교수 중심의 주입식 교육에서 벗어나 아동의 관심이나 감동을 중시하는 자유로운 교육을 하자는 운동이었다. 일본에서 일어난 이 운동의 중심에는 과학관 교육이 있었다.

식민지 조선으로 돈을 벌려고 온 일본인 기업가들의 요구도 작용했다. 재조일본인 기업가들은 자국의 식량문제를 해결하기 위한 수탈 장소로 활용하던 조선에서 상공업을 발달시켜야 한다고 요구했다. 1921년 일본정부 관료, 조선총독부 관료와 함께 모인 조선산업조사위원회에서 재조일본인 기업가들은 조선의 공업화를 주장했다. 일본정부는 처음에는 소극적인 태도를 보였지만, 점차 대륙 진출에 대한 욕망이 커지면서 조선의 산업 발전 필요성에 공감하기 시작했다. 이때부터 일본인들의 과학기술 활동이 조선에서 활발해졌다.

한국의 자연, 일본의 산업

은사기념과학관이 사용한 조선총독부 건물은 2층 목조 건물이었다. 총면적은 1,104평, 전시실은 529평, 강연실은 55평이었다. 정문 앞에는

[그림 15-4] 은사기념과학관. 통감부와 조선총독부의 청사로 사용됐던 2층 목조건물로, 1927년 은사기념과학관이 됐다. 1층은 산업과학 전시실과 도서관으로, 2층은 자연사 전시실로, 건물 뒤 가건물은 강연실로 사용됐다. 한국전쟁으로 건물은 전소됐다. 오른쪽 사진은 과학관에 전시됐던 잠수기다. 교토대학 부속도서관 소장

잠망경과 미터m 지시표인 긴 막대를, 중정中庭에는 육군이 기증한 을식 일형정찰기9를 전시했다. 1929년 조선박람회 기간에는 건물 외관에 전등을 달아 일루미네이션을 연출하고, 1932년 육군기념일에는 탐조등을 비쳤다. 진열품은 개관 때 2천257종, 6천500점이었으나, 1933년 3천818종, 1만 7천122점으로 늘어났다. 1940년에는 3천700종, 1만 8천여 점이었다.

1929년 12월 처음 발간한 진열품 목록을 보면, 은사기념과학관은 산업과학박물관이자 자연사박물관이었음을 알 수 있다.

1층에는 산업과학이 전시됐다. 에너지와 관련된 연료가 강조됐고, 새로운 과학기술로 항공기와 선박의 모형이 프로펠러와 같은 실물과 함께 전시됐다. 토목건축부에서는 여러 가지 다리 모형이 전시됐다. 가정과학

부에서는 탁상 스토브·전기세탁기·휴대용 진공청소기 등 당시로서는 획기적인 과학기술 제품이 전시됐다. 전기부에서는 진공관·X선 장치·가이슬러관·특수전기램프·수전반·고압배전반·축전지·전기시계·전기원리모형·전자석·전동발전기 등이 전시됐다.

특이하게도 전기부에 조선 종두 50주년을 기념한 지석영1855-1935 특별전시가 있었다. 선생 사진과 해설, 사용했던 기구들이 전시됐다. 지석영 신화는 일본이 조선의 종두법 도입에 결정적으로 조력한 사실을 부각시켜, 식민지 통치의 정당성을 선전하려고 만들어 냈다는 주장이 있다. 지석영은 1876년 1차 수신사의 일행이었던 스승 박영선으로부터 일본의 종두법우두술에 대해 들었다. 그는 1879년 겨울 부산에 있는 일본 해군 소속의 제생의원을 찾아가 종두법을 배운 뒤 충주의 처가에서 두 살 난 처남에게 처음으로 시술했다. 그리고 1880년 일본을 방문해 종두법에 관한 모든 지식과 기술을 습득했다.

일본 전시품에는 여러 가지 총기, 전투기 모형, 수상정찰기 모형, 군함 단면도, 해전기념탑 모형, 항공모함도, 잠망경 등처럼 전쟁 관련 것들도 섞여 있었다. 조선 산업 전시품은 1929년 조선박람회에 출품된 것 중에서 사회교육에 참고가 될 만한 것을 기증받았다. 시멘트 제작과정 모형, 군자의 염전 모형, 어류 표본, 서선농장 간척 모형, 고래의 태아, 조력발전기 모형 등이 있었다.[10]

산업 진열품은 조선과 일본의 상품이 대조를 이뤘다. 탄광에서 채집한 석탄은 조선의 것이었고, 신기술은 일본이 개발한 것들이었다. 일본의 우월성과 조선의 열등성을 대비시켜, 위대한 과학제국 일본이 미개한 조선을 지배하는 것이 당연한 것처럼 보이도록 한 것이다. 특히 산업기술 전시에 상당한 공을 들였다. 일본기업들을 끌어들여 공장 사진, 제품 등을 전

[표 15-1] 1929년 은사기념과학관 진열품 주요 기증처. 은사기념과학관은 식민지 통속 교육을 위해 정부기관, 연구소, 기업으로부터 산업과학과 자연사 자료를 기증받아 전시했다. 전시 목록에서 일본 산업과 과학기술 발전이 강조되고 있음을 읽을 수 있다.

분야	주요 기증처
연료부	미쓰이물산, 연료선광연구소, 평양광업소, 해군연료창, 일본석유
기계공업부	해군함정본부, 스미토모신동강관, 일본제철소
항공기, 선박부	총독부박물관, 가와사키조선소, 육군성
토목건축부	철도국
가정과학부	총독부 학무국, 가와키타전기
전기부	총독부 체신국, 히타치제작소, 일본전기, 도쿄전기
농업부	불이흥업, 간도조박출품위원회
지리부	총독부 철도국, 내무국, 체신국
지질부	함북도청, 지질조사소, 조명진, 조선광산, 연료선광연구소
사회부	오사카매일신문, 오사카조일신문
도량형부	총독부 식산국
물리부	도쿄전기
화학 및 화학공업부	만주제마, 일본모직, 조선피혁, 중앙시험제작소
식물부	총독부 산림부
동물부	조복성, 원홍구, 모리 다메조
활동사진 및 사진부	구매
과학도서부	도호쿠제국대학, 모리 다메조, 이화학연구소, 해군기관학교

출처 : 은사기념과학관 편, 1932, 《陳列品目錄(昭和 四年 十二月 現在)》

시한 것은 돈을 들이지 않고 전시물을 확보할 수 있었을 뿐더러 일본기업을 선망하게 하는 효과도 있었다.

2층 전시실은 지리와 자연사로 꾸며졌다. 지리부에는 조선의 철도망, 도로망, 하천, 동국여지도 등이 전시됐다. 일본의 궁성도 함께 전시됐다. 성도, 태양계, 혜성 등과 같은 천문 분야는 지리부에 전시됐다. 지질부는 가장 많은 진열품이 전시된 곳이었다. 조선총독부 내무국, 연료선광연구소, 지질조사소, 함북도청, 겸이포 미쓰비시제철소, 개인 광산사업가가 기증한 것들이었다. 조선과 일본에서 자원을 확보하기 위해 지질조사를 많이 한 결과였다.

식물부는 식물성 기름, 열대식물 과실, 외국산 수입목재, 조선산 식목재, 조선인삼, 교수용 식물, 종자발아비교, 식용초, 유독초, 약용해조, 염료식물, 섬유식물, 목재, 백두산·울릉도의 특산식물 등이 전시됐다. 식물을 자연사 관점이 아닌 산업적 관점에서 분류한 것이 특징이다. 전시품은 주로 조선총독부 산림부가 기증했다.

동물부는 식용곤충, 농작물 익충, 원예 해충과 같은 산업적 관점과 형태학적 관점에서 분류돼 전시됐다. 조선산 나비는 조복성과 도이 히로노부1884-?가 채집해 기증했다. 조류는 원홍구1888-1970가 가장 많은 표본을 제공했다. 창경원에서 기르던 타조가 죽자 그 골격 표본을 만들어 전시하기도 했다.

조선총독부는 일본의 도쿄박물관이 통속교육을 했던 경험을 식민지 사회교화에 그대로 활용하고자 했다. 은사기념과학관은 도쿄박물관을 모방해 전시, 강연, 영화 상영, 지방순회 강연, 인쇄, 전람회, 부인의 날, 어린이날 행사 등을 통해 식민지 지배 이데올로기를 선전하는 데 앞장섰다. 도서실에는 과학 관련 도서를 비치해 일반인에게 공개했다. 은사기념과학관은 진열품을 보통학교소학교에 대출해 주기도 했다.

1933년부터 1939년까지 은사기념과학관의 관람객은 총독부박물관보다 많았다. 일제강점기 동안 사회교육 활동이 가장 활발했던 곳은 은사기념과학관이었음을 알 수 있다.

은사기념과학관은 1932년부터 매월 《지식의 원園, 과학관보》를 발행했다. 창간호 표지는 과학관 탐조등의 빛으로 어두운 밤을 비추는 모습이었다. 편집 겸 발행인은 은사기념과학관 주사인 이와사 히코지였고, 주요 필진은 일본인들이었다.《과학관보》는 매월 전달의 개관일수, 관람 단체수와 인원, 개인 관람객수, 전체 관람객수를 기록했다.《과학관보》는 1932년 7월부터 1938년 12월까지 78호가 발행됐으며, 다양한 사진과 함께 과학 강의, 이야기, 실험 등을 실었다. 과학관의 소장품, 진열품과 더불어 과학교육 내용을 소개했다. 은사기념과학관이 매달《과학관보》를 발행한 사실은 과학관 활동이 얼마나 중요했는지를 보여 준다.

조선교육회와 조선교육협회

조선교육회는 1926년 제4차 대의원회에서 다음과 같이 결정했다. "은사기념과학관은 본회 교화부의 사업으로 경영한다. 건물은 구 총독부 청사를 사용한다. 설비비에 하사금 7만 원을 사용하고, 경상비는 국고의 보조금을 받는다." 은사기념과학관의 운영은 민간단체인 조선교육회가 맡고 있었다. 조선총독부는 왜 천황의 은사금으로 세운 과학관을 민간단체에 맡겼을까? 이는 식민지 조선의 교육정책과 관련이 있다.

조선총독부는 1911년 8월 「제1차 조선교육령」을 공포했다. 식민지 지배를 위해 만든 최초의 교육 법령이었다. 「교육칙어」에 따라 천황에 대한 충성심을 높이고, 일본어를 보급하고, 보통교육·실업교육·전문교육 등의 학제를 만드는 것이 주요 목적이었다. 실업교육은 하되, 고등교육은 철저하게 배제했다.

조선총독부 학무국은 1915년 일본인 교원들과 관련자들이 주도하던 경성교육회를 조선교육연구회로 개편하고는 조선에 있는 일본인 유력자들을 교육행정 분야에서 퇴출시켰다. 경성교육회가 1902년부터 이어온 보통학교 교육 현장의 주도권을 박탈해, 총독부 학무당국이 그 주도권을 잡을 목적이었다.

조선총독부는 1922년 「제2차 조선교육령」을 공포했다. 3·1운동에 따른 교육정책의 변화로 조선 민심을 달래기 위해 일본과 동일한 학제를 만든 것이다. 보통학교 수업연한을 4년에서 6년으로 늘리고, 보통학교 교원 양성기관인 사범학교를 설립하고, 고등교육기관인 대학을 설치할 수 있도록 길을 터 주었다. 반면 일본어 교육을 더욱 강화했다.

1923년, 조선총독부는 조선교육연구회를 조선교육회로 바꾸고 조직을 확대했다. 경성에 중앙기관을, 도와 군에는 각각 도회와 군 분회를 두었다. 관료조직이라는 느낌을 지우기 위해 총회를 열고 도·군 대표의 투표로 회장을 뽑는 등의 절차를 마련했지만, 조선교육연구회 때와 마찬가지로 회장은 단일 추천과 만장일치 가결의 과정을 거쳐 정무총감이 맡았다. 회장의 격이 총독부 학무국장에서 정무총감으로 높아지고, 부회장 2인은 각각 학무국장과 친일인사가 맡았다. 평의원은 회장이 지명한 자와 각도 교육회장으로 구성됐는데, 은사기념과학관장도 포함됐다. 조선총독부는 사회교육의 진흥이라는 명목하에 조선교육회의 예산과 구체적인 행사 경비를 국고에서 보조했다.

조선총독부가 민간단체인 조선교육회를 내세운 이유는 은사기념과학관에 대한 반감을 누그러뜨리기 위해서였을 것이다. 조선교육회의 중요한 특징은 조선인이 상당수 참여하고 있었다는 점이다. 조선인은 전체 회원의 60%에 이르렀다. 다만 간부 중 조선인은 20% 내외였다. 기관지 《문교의 조선》에서 조선인 필자의 글 역시 전체 편수의 10% 미만이었다.

조선교육회는 은사기념과학관을 조선총독부로부터 위탁받아 운영하면서 그 규모를 키웠다. 조선총독부는 왜 정무총감이 직접 회장을 맡으며 조선교육회를 강화했을까?

1920년대 조선인의 큰 불만 중 하나는 조선에 고급 인력을 양성하는 대학이 없다는 점이었다. 1916년 설립된 경성공업전문학교1922년 경성고등공업학교로 개칭가 유일한 고등교육기관이었고, 학생들의 절반 이상이 일본인이었다.[11]

일본 유학도 쉽지 않았다. 1910년 국권 피탈 이후 1919년 3·1운동 때까지 10년 동안 도쿄제국대학을 나온 조선인은 한 명도 없었다. 몇 사람이 와세다대학을 나왔을 뿐이다. 속성 과정으로 만든 조선의 학제를 일본 대학에서 인정하지 않았던 것이 일본 유학의 장애물이 됐다.

조선인들은 3·1운동을 계기로 조선교육회조선총독부의 어용단체 조선교육회와 이름이 같음를 세웠다. 민족의 실력을 양성하기 위해 교육 문제를 해결하자는 취지였다. 1920년 6월 20일 한규설1856-1930, 이상재1850-1927, 윤치소1871-1944[12] 등 100여 명이 경성 안국동에 있던 윤치소 집에 모여 설립발기회를 개최했다.

민립대학 설립운동은 제일 먼저 《동아일보》가 주창하고 나섰다. 이어 조선청년회연합회가 민립대학의 설립을 주창했다. 조선교육회는 1922년 1월 총독부의 설립인가를 받기 위해 조선교육협회로 이름을 바꿨다. 그리고 1923년 3월 조선중앙기독교청년회관에서 총회를 개최하고 민립대학 설립 모금을 위한 조선민립대학기성회를 출범시켰다.

조선교육협회는 한국인 교육 차별금지, 교육용어의 일본어 사용 중지, 한국사 학과목 개설 등을 요구했으며, 많은 사람들이 회원으로 참여했다. 이는 조선총독부가 1922년 「제2차 조선교육령」을 통해 일본식 교육을 강화하고, 학교에서 주로 일본어를 사용하게 한 것에 대한 저항이었다.

한편 조선교육협회는 1922년 11월 알베르트 아인슈타인이 일본에 왔다는 소식을 듣고, 상무이사인 강인택1892-196213을 보내 아인슈타인을 초청하려 했다. 아인슈타인이 일본을 방문한다는 소식은 이미 6월에《동아일보》지면을 통해 알려진 상태였다.

아인슈타인은 일본에 오기 전인 1921년 미국을 방문했다. 예루살렘에 유대인을 위한 대학을 설립하기 위해서였다. 그는 미국 방문에서 75만 달러를 모금했다. "재능 있는 많은 유대인 자손들이 고등교육의 기회를 갖지 못하는 것을 지켜보는 일은 무척이나 고통스러웠다"라는 아인슈타인의 말은 조선교육협회 회원들이 가슴에 묻고 있던 한이 아니었을까 싶다.

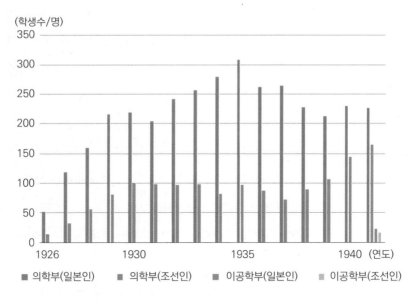

[그림 15-5] **경성제국대학 의학부 · 이학부 학생수.** 경성제국대학은 식민지 조선의 유일한 대학이었지만, 일본인 학생이 조선인 학생보다 훨씬 많았다. 이공학부는 1941년에 교육이 시작돼 조선인 졸업생은 손에 꼽을 정도였다.
출처 : 弘谷多喜夫 & 広川淑子, 1973.

조선총독부는 조선교육협회의 민립대학 설치운동을 그냥 지켜보지 않았다. 1923년 11월 조선제국대학창설위원회를 조직해 방해하기 시작했다. 조선총독부가 1924년 경성제국대학 예과1926년 본과를 설치하자, 민립대학 설치운동은 힘을 잃었다. 모금도 여의치 않았다. 조선교육협회는 결국 민립대학을 설립하지 못하고 1938년 해산했다.14 「제3차 조선교육령」이 내리자, 구 교육령 규정으로 조직된 조선교육협회는 그 근거마저 잃게 된 것이다.

조선총독부는 경성제국대학에 이공학부를 뺀 법문학부와 의학부만 설치했다. 이공학부는 중일전쟁으로 이공계 인력이 모자라자 1938년에서야 설치됐고 교육은 1941년부터 시작됐다. 경성광산전문학교는 1939년 경성고등공업학교 광산학과가 분리돼 만들어졌다. 1945년까지 일본에는 제국대학 7개를 포함해 이공계 대학이 17개, 전문학교가 35개였던 것에 견주면 조선의 이공계 고등교육기관이 얼마나 적었는지 알 수 있다.15 또 조선 고등교육기관의 학생 수는 매우 적었고, 학생은 주로 조선에 거주하는 일본인의 자녀들이었다.

과학관 직원과 연구자

은사기념과학관의 설립은 초대 관장인 시게무라 기이치1875-1938와 주사인 이와사 히코지, 두 일본인이 주도했다.

시게무라는 히로시마에서 태어나 해군기관학교를 졸업하고, 영국 유학을 다녀온 엘리트 기술장교였다. 해군 소기관사에 임관한 후 러일전쟁에 참전했으며, 조선造船감독관으로서 런던과 워싱턴에 주재하기도 했다. 이후 해군기관 소장, 제1함대 기관장, 해군연료창장을 역임하다가 1926년 조선에 왔다. 그의 나이 51세였다. 시게무라 기이치가 과학관장으로 임명된 것은 과학기술에 대해 잘 알고, 러일전쟁 종군으로 보인 충성심이 인정됐기 때문이다. 또 조선총독 사이토 마코토1858-1936가 해군대장 출신이었던 것과 무관하지 않다. 은사기념과학관의 진열품 중 해군에서 온 것이 많았던 이유는 시게무라의 군 경력과 관련이 클 것이다.

조선총독부가 과학관을 세우면서 과학 분야 연구자가 아닌 전쟁영웅을 관장에 앉힌 것은 부적절하다는 지적이 있다. 강력한 식민지 통치를 위한 군학 복합military-academic complex의 일례라는 것이다. 시게무라는 1938년 협심증으로 사망할 때까지 13년간 은사기념과학관 관장으로 근무했다.

은사기념과학관 2대 관장은 이토 기하치로1882-1977가 맡았다. 도쿄제국대학 법과대학을 졸업한 경찰 관료 출신이다. 나가사키현 지사를 역임하다가 어떤 인연인지 조선으로 건너와 은사기념과학관 관장이 됐다. 그의 활동은 1938년 조선총독부 정무총감 오노 로쿠이치로1887-1985가 위원장으로 활동했던 박물관건설위원회에서 최남선1890-1957 등과 함께 위원으로 참여한 것말고 알려진 바가 없다.

과학관 주사 이와사 히코지는 보통학교 교사 출신이었다. 조선교육회가 발간하는 일본어 교육잡지 《문교의 조선》16에 아동과학에 관한 글을 꾸준히 연재한 것으로 봐서 과학기술 관련 전공자였을 것으로 보인다. 그는 은사기념과학관에서 전시, 강연, 영화, 활동사진회, 출판, 어린이날 행사 프로그램 등 모든 분야의 일을 도맡았다.

은사기념과학관의 임직원은 관장, 주사, 주사보, 기술직인 공수工手뿐이었다. 연구인력이 없었다. 결국 연구는 외부 촉탁으로 이뤄졌다. 도이 히로노부는 조선 곤충학을 연구한 학자였다. 은사기념과학관은 도이 히로노부를 중심으로 전국 각지에 촉탁 연구원을 파견해 곤충류, 조류, 동식물을 채집해 표본을 만들고 과학관에 전시했다. 도이는 1932년 조선박물학회에서 과학관 소속으로 조선산 잠자리에 대해 발표하기도 했다.

조복성도 과학관 연구에 참여했다. 1929년 조선인 최초로 곤충학 논문을 썼던 곤충학자다. 평양고등보통학교 사범과를 졸업하고, 경성제국대학 예과 생물학교실의 조수로 일했다. 평양고등보통학교 시절 박물학 교사였던 도이 히로노부가 경성제국대학 예과 생물학과 교수였던 모리 다메조1884~1962에게 소개한 것이다. 두 스승 덕분에 조복성은 1926년 일본이 최초로 조직한 백두산 탐험대에 참가하고, 1929년 울릉도를 탐사해 울릉도 곤충 탐사에 관한 첫 논문을 썼다.

조복성은 그림솜씨가 뛰어나 일본인 주도의 조선 생물학계에서 주목을 받았다. 조복성은 모리 다메조, 도이 히로노부와 함께 1934년《원색 조선의 나비류》라는 책을 냈는데, 수록된 나비 284점은 경성제대 예과와 은사기념과학관에 소장된 나비 표본을 대상으로 조복성이 그렸다. 그는 분류학에서 중요한 형태학적 특징에 정통했다.

조복성은 1931년 5월 개성 출신 김병하1906~?와 함께 동아일보 학예부 주최로 백두산부터 한라산에 이르는 조선의 곤충 6천690점을 전시하는 조선곤충전람회를 개최하기도 했다. 당시 26세였던 조복성은《동아일보》에 다음과 같이 적었다.

조선은 농업국인만치 곤충에 대한 상식이 필요한대, 이와 반대로 곤충에 대한 상식이 발달되지 않은 것을 무엇보다 유감으로 생각한다. 곤충의 종류와 농작물 간의 관계, 곤충과 인생 간의 관계, 곤충과 지질 간의 관계를 생각할 때 곤충 연구가 필요한대, 곤충을 연구하는 학자가 전무하다.

그가 곤충 연구에 왜 뛰어들었는지 이해할 수 있는 대목이다. 조복성과 김병하는 1933년 수집한 조선 나비와 갑충을 스페인 발렌시아대학 박물관에 기증하기도 했다.

1930년대 중반부터 조복성은 일본인 학자들과 함께 만주, 화북, 내몽골 등 일본 점령 지역의 곤충들을 연구했다. 그리고 1945년 해방될 때까지 딱정벌레와 나비에 대한 58편의 논문을 발표했다. 조복성은 해방 후 국립과학박물관의 초대 관장이 됐다.

은사기념과학관에 기여도가 높았던 모리 다메조는 도쿄제국대학 부설 임시교원양성소 박물과 출신이었다. 1909년 대한제국 관립한성고등학교 교수로 와서, 이후 경성고등보통학교와 경성제국대학 예과에서 강사[17]로 근무했다. 모리는 1923년 한국산 민물고기 102종의 목록을 보고한 이후 1936년까지 한국산 어류 522종을 발표했다. 식물 연구도 했는데《조선식물명휘》[1922]에 2천904종 506변종을 수록했다. 그는 1935년 중등 이상 학교의 교원들이 결성한 경성박물교원회[18]에서 초대 회장을 맡았다. 은사기념과학관에서는 촉탁 연구원으로 박물 표본 수집에 큰 도움을 주었다.

생물학자 오카다 노부토시는 대한제국 시절 어원에서 일한 경력이 있다. 그는 경기도에서 1년 동안 야생 조수와 새집, 새알 등을 수집해 창경원 동물원에서 키웠다. 그 역시 과학관 소속으로《조선박물학회잡지》에 연구 결과를 발표했다.

조류학자 원홍구의 이름은 은사기념과학관 진열품 목록에 등장한다. 그는 수원농림학교를 마치고 1911년 제1차 일본 관비유학생으로 일본 가고시마고등농림학교로 유학했다. 귀국 후 농업시험장과 수원고등농업학교에 근무하다가 1920년에 개성 송도고등보통학교 교사로 부임했다. 그곳에서 미국 프린스턴대학교 대학원 출신인 로이드 해럴드 스나이더 교장을 만나 조류 채집의 길에 들어섰다. 수원고등농업학교 25주년기념논문집 1931에 자신이 채집한 조선조류목록을 발표했다. 원홍구는 조선인들이 만든 조선박물연구회에 참여해 조복성, 어류학자 정문기1898-1995**19**, 식물학자 정태현1883-1971 등과 함께 동식물 우리말 이름 짓기 운동을 펼쳤다.

지질학자 박동길1897-1983은 도호쿠제국대학 이학부 지질광물학과를 졸업한 후 1년간 과학관에서 촉탁으로 근무했다. 해방 전까지 경성고등공업학교, 경성광산전문학교 교수를 지냈다. 도쿄공업학교 출신의 응용화학자 홍인표도 1930년대 촉탁으로 과학관에서 일하면서 화학물질을 분석했던 것으로 보인다.

조선박물학회와 조선박물연구회

은사기념과학관은 일본 학자들이 주도한 조선박물학회와 유기적인 관계를 맺고 있었다. 학회는 표본을 전시할 공간을 찾은 것이고, 과학관은 표본을 쉽게 구할 수 있는 상생협력의 관계였다고 할 수 있다.

조선박물학회는 1923년 10월 21일 조선총독부 학무국장을 중심으로 설립됐다. 조선에는 농업·임업·수산업·광업·공업·의학 방면의 시험장과 조사소가 있었으나, 그 기초가 되는 박물학을 연구하는 연구기관이 없었기 때문이다. 학회는 박물학을 조사 연구하고, 자연 지식을 보급하고, 초·중등 박물 교재를 개발하는 것을 목적으로 했다. 강연, 실물 표본 전시, 표본 감정 등이 주요 사업이었다. 창립총회는 정동제일고등여학교 강당에서 열렸고, 4일 동안 열린 박물표본전람회는 일반인도 관람할 수 있었다. 학회는 박물학을 전공한 경성제일고등보통학교 이와무라 도시오**20**, 경성사범학교 고노 소이치1887-?**21**, 숙명여자고등보통학교의 여교사 성의경22 등 31명이 발기인으로 참여해 창립했다. 학회 사무소는 경성 제일고보 박물교실에 두었고, 연회비는 3원이었다.23

조선박물학회 회원은 꾸준히 늘어나 1926년에 174명, 1938년 308명이 되었다. 이중 조선인은 1926년 21명, 1938년 43명으로 12-14%밖에 되지 않았다. 조선박물학회는 조선화학회1929, 일본토목학회 조선지부, 일본 공업화학회 조선지부에 비해 조선인의 비율이 그나마 높은 편이었다. 박 물학식물, 동물, 지질의 경우 현지인의 도움 없이는 연구하기가 힘들었기 때 문일 것이다.

조선박물학회는 1924년부터 1944년까지 40여 차례에 걸쳐 《조선박물 학회잡지》를 발간했다. 학술지에 게재된 논문은 318편으로, 282편이 일 본인 학자들이 작성한 것이었다. 조복성, 정태현, 도봉섭1904-? 등과 같은 조선인 학자들은 연구 성과를 일본인 학자들과 공동으로 발표했다. 논문 저자는 모두 91명으로 일본인이 83명91%, 조선인이 7명8%이었다. 식민지 시대 조선의 박물학 연구는 일본인들이 주도했다고 할 수 있다. 일본인 학 자들은 경성제국대학 예과나 의학부, 수원고등농림학교, 총독부 산하 임 업시험장, 농사시험장, 수산시험장, 은사기념과학관 등에서 근무하며 조 선산 동식물을 채집했다. 놀랍게도 곤충학자 조복성의 논문이 22편으로 3 위였고, 나비학자 석주명1908-1950이 17편으로 5위였다.

조선박물연구회는 1933년 조선인 박물학자들이 만든 단체로, 배화여 자고등보통학교의 이덕봉1898-198724, 정태현, 박만규1906-1977, 석주명 등이 설립했다.25 사무국은 서울 휘문고등보통학교26에 두었다. 조선박물 학회에서 일본인 학자들과 함께 일하던 조선학자들은 왜 학회를 따로 만 들었을까?

조선박물연구회의 가장 중요한 사업은 조선에서 나는 동식물의 각 지방 명칭을 조사해 통일하는 것이었다. 조선말로 이름이 없는 동식물에는 조선이름을 따로 제정하고자 했다. 일본인이 주도하는 조선박물학회에 맡겼다가는 조선의 동식물이 모두 일본화되는 것을 우려했기 때문이라고 할 수 있다. 조류명은 원홍구, 곤충명은 조복성, 어류명은 정문기, 식물명은 정태현과 이덕봉이 참여했다.

조선박물연구회는 1934년 11월 24일부터 30일까지 조선일보와 함께 휘문고등보통학교에서 조선박물전람회를 개최했다. 동물 600여 종곤충 400여 종, 포유류 20종, 조류 40여 종, 파충류 20여 종, 식물 200여 종, 광물 67종이었으며, 표본마다 조선어 명칭을 소개했다.

1937년에는 조선박물연구회의 역작이라고 할 수 있는《조선식물향명집》이 발간됐다. 2천여 식물의 이름을 분류학적 체계에 따라 학명, 우리 이름, 일본명 등으로 정리한 우리나라 최초의 식물도감이다. 정태현, 이덕봉, 도봉섭, 중동중학교 교사 이휘재1903-1986가 공동으로 집필했다.

《조선식물향명집》을 만들 때, 최고의 실력자는 정태현이었다. 그는 우리나라 최초의 근대적 식물학자라고 할 수 있다. 한학을 공부하다가 26세의 늦은 나이에 1년제 수원농림학교를 졸업했다. 1908년 대한제국 말 임업권농모범장 기수로 임명됐으나, 곧바로 국권이 피탈되는 바람에 일터를 잃었다. 1913년 조선총독부가 임업시험소27를 다시 세우면서 기수가 됐다. 그가 성장한 것은 나이 어린 임업시험소장 이시도야 쓰토무1891-195828 덕분이었다. 정태현은 이시도야와 임산자원 개발을 위한 한약재를 조사했다. 이시도야가《조선삼림수목감요》1923를 출판했을 때 정태현을 공저자로 넣은 것은 두 사람의 관계, 이시도야의 배려, 정태현의 기여도 등을 드러낸다.

정태현의 또 다른 스승은 도쿄제국대학의 나카이 다케노신1882-1952

교수였다. 나카이는 도쿄제국대학 이학부를 졸업한 조선식물 연구[29]의 권위자였다. 1909년과 1911년, 한반도 식물을 처음 소개하는 영문 책*Flora Koreana I, II*을 출간했다. 조선총독부가 그를 적극 지원한 덕분이었다. 그는 1927년 조선총독부가 펴낸《조선삼림식물편》제1-7집의 저자이기도 했다. 그가 많은 연구업적을 내놓을 수 있었던 이유는 정태현과 같은 조선인 연구자들이 채집한 표본 때문이었다. 정태현은 나카이의 통역자와 조수로 일하면서, 조선 식물에 대한 체계적인 연구를 했다. 정태현은 1943년 목본식물을 정리해《조선삼림식물도설》[30]을 펴냈다. 임업시험장에서 근무하면서 쌓은 연구 결과이자 나카이의 영향을 받은 책이다. 출판은 조선인이 주도했던 조선박물연구회에서 했다.

석주명 또한 조선박물연구회의 중요한 학자였다. 송도고등보통학교를 거쳐, 조류학자 원홍구가 앞서 공부했던 일본 가고시마고등농림학교 농학과를 졸업했다. 스승은 훗날 일본 곤충학회장을 지낸 오카지마 긴지[1875-1955][31]였다.

조선에 돌아온 석주명은 함흥 영생고등보통학교와 개성 송도고등보통학교의 박물 교사가 됐다. 그는 교사로서 가만히 있지 않았다. 1931년 조선산 곤충을 연구하고 우리말 곤충이름을 통일하고자, 김병하와 함께 송도고등보통학교 내에 송경곤충연구소를 만들었다.

석주명은 일본과 조선의 전문 학술지에 120여 편 이상의 논문을 발표했다. 그는 일본인이 잘못 기록한 한국산 나비의 동종이명 844개를 제거해 250여 종으로 재정리했다. 1938년 영국 왕립아시아학회에 한국산 나비에 대한 영문 논문을 게재했는데, 1940년 뉴욕에서 영문 단행문으로 인쇄되기도 했다. 일본 학술진흥회에서 연구비를 받을 만큼 뛰어난 연구능력을 가졌던 그는, 1942년 경성제국대학 부속 생약연구소 촉탁 연구원이 돼

1945년까지 제주도시험장에서 근무했다. 해방 후에는 국립과학박물관에서 동물학 연구부장으로 일했다.

도봉섭은 조선박물연구회에서 학력이 가장 높았다. 함흥의 부유한 상인 집안 출신으로 경성제일고등보통학교^{현 경기고등학교}와 도쿄제국대학 의학부 약학과를 졸업했다. 1930년 경성약학전문대학 교수가 됐다. 조선기업 천일약품의 지원을 받아 계농생약연구소를 세워, 조선인 연구자들과 함께 생약을 연구하기도 했다. 그는 조선인 최초로 1932년 조선약학회에서 논문상을 받았다. 일본 식물학자 이시도야와 경성약학전문대학 식물동호회를 만들어 1933년 약용진기식물전시회를 개최하기도 했다. 이시도야와는 1932년, 1938년 두 차례에 걸쳐 《경성부근식물소지》를 편찬했다. 도봉섭은 해방 후 서울대학교 약대 학장으로 재직했으나, 한국전쟁 때 북으로 가 평양의과대학 교수가 됐다.

박만규는 1933년 조선인 최초로 일본 문부성 중등박물교원 자격시험을 통과했다. 그는 도쿄원예학교 연구과를 졸업한 장형두¹⁹⁰⁶⁻¹⁹⁴⁹³², 평양사범학교 교장을 지낸 신 쓰다^{1878-?}, 이왕가식물원 주임이었던 오타니 겐자부로와 함께 경성식물회라는 동호회를 만들었다. 해방 후 제3대, 제6대 국립과학관장을 역임했다.

식민지 시절 조선인의 한계를 느끼고, 조선 동식물의 이름이 사라질 것을 우려해 설립했던 조선박물연구회는 1945년 광복 후 박물교원연구회 등과 합쳐서 조선생물학회로 새로 출발했다. 정부수립 후에는 한국생물학회로 이름을 바꾸었다.

1930년대 조선인 과학 대중화운동

일제강점기에 은사기념과학관이 사회교육 차원에서 과학지식 보급운동을 펼칠 때 조선에서는 조선인이 중심이 된 또 하나의 과학 대중화운동이 펼쳐졌다. 과학데이 운동이 그것이다.

과학데이를 처음 제안한 사람은 김용관1897-1967이었다. 1918년 경성공업전문학교 요업과 1회 졸업생인 그는 조선총독부 장학생으로 일본 유학까지 다녀온 신지식인이었다. 조국을 근대화하고 산업을 발전시키려면 과학기술의 발전이 필요하다고 보고, 1924년 박길룡1898-1943, 건축과33, 현득영방직과 등 경성공업전문학교 동기들과 더불어 발명학회를 설립했다. 발명학회는 발명가를 양성하고 발명을 공업화하는 이화학연구기관을 설립하자는 취지에서 만들어졌다. 그러나 교육 여건이 부실한 조선에서 발명가가 많이 나올 리 없었고, 발명학회는 유명무실할 수밖에 없었다.

1932년부터 김용관은 침체된 발명학회를 재건하기 위해 학계·언론인·문인 등 사회 저명인사들을 끌어들이기 시작했다. 조선변호사협회장을 지냈던 이인1896-1979, 시인 주요한1900-1979, 독립신문 사장을 지냈고 대한자강회를 조직해 교육운동에 힘썼던 윤치호 등이 그런 인사였다. 새롭게 개편된 발명학회는 이듬해 우리나라 최초의 과학잡지인《과학조선》34을 창간하면서 과학계몽운동을 펼쳤다. 과학문맹퇴치운동이었다.

김용관은《과학조선》에 게재한〈과학의 민중화〉라는 글에서 "우리 조선과학계도 각 전문 대가가 통속 저술에 힘쓰고 통속 강연회를 개최하는 동시에 통속과학 잡지가 있어야 그 전도가 점차 발전될 것"이라며 과학 대중화의 중요성을 역설했다.

1934년 2월 28일 발명학회 인사들을 중심으로 31명의 사회 저명인사들이 서울 중앙기독교청년회관현 YMCA 회관에 모였다. 그들은 과학 대중화를 위해선 과학데이와 같은 적극적인 행사가 필요하다는 데 의견을 모았고, 일반인들에게 진화론으로 널리 알려진 찰스 다윈의 서거일인 4월 19일을 과학데이로 정했다.

제1회 과학데이를 맞기 앞서 4월 16일부터 3일간 김용관은 매일 오후 7시 반에 라디오에 출연해 과학지식 보급의 필요성을 설명했다. 과학데이인 4월 19일 밤 8시 중앙기독교청년회관에서는 800여 명의 인사와 시민들이 참석한 가운데 제1회 기념식이 열리고 밤늦도록 3명의 대중과학 강연이 이어졌다. 20일에는 은사기념과학관, 경성방직 영등포방직공장, 중앙시험소, 중앙전화국 등을 견학하는 프로그램이 진행됐고, 21일에는 수공동 보통학교에서 과학활동사진이 상영됐다.[35] 《동아일보》, 《조선일보》 등 주요 일간지는 사설과 기사를 통해 과학데이 행사를 적극 후원해 주었다.

제1회 과학데이는 조선 지식인들에게 새로운 계기를 마련해 주었다.[36] 조선중앙일보사장 여운형1886-1947, 동아일보 사장 송진우1889-1945, 보성전문현 고려대 교장 김성수1891-1955, 이화여전 교수 김활란1899-1970 등 내로라하는 100여 명의 사람이 7월 5일 서울 공평동 태서관에 모여 과학지식보급회[37]를 결성했다. 과학자로는 조복성, 김병하, 안동혁1906-2004 등이 참여했다. 과학지식보급회는 생활의 과학화, 과학의 생활화를 슬로건으로 내세웠다. 또한 발명학회에서 운영하던 《과학조선》을 인수하고, 지방순회 강연회를 개최하면서 조선 과학 대중화운동을 이끌어 나갔다.

1935년 과학지식보급회가 주관한 제2회 과학데이는 경성·개성·평양 등에서 성대하게 치러졌다. 경성에서는 과학데이 깃발을 앞세운 54대의 자동차가 종로에서 안국동을 돌아 을지로를 행진했다. 악대는 당대 최고의 시인이었던 김억1896-?이 짓고 홍난파1891-1941가 작사한 〈과학의 노래〉를 연주했다.

새 못되야 저 하늘 날지 못노라

그 옛날에 우리는 탄식했으나

프로페라 요란히 도는 오늘날

우리들은 맘대로 하늘을 나네

후렴 과학 과학 네 힘의 높고 큼이여

　간데마다 진리를 캐고야 마네

　19일 밤 중앙기독교청년회관에서 열린 과학데이 기념식에서 경성보육학교 합창단이 〈과학의 노래〉를 또 한 번 불렀고, 일제하 최고의 정치가였던 여운형은 〈과학자에게 고하는 일언〉이라는 주제로 강연을 했다. 그러나 조선인들이 주도했던 과학지식보급회와 과학데이는 얼마 가지 않아 막을 내려야 했다. 누가 봐도 독립운동임을 쉽게 짐작할 수 있는 과학 대중화운동을 조선총독부가 가만히 두고 보지 않았던 것이다. 1937년 중일전쟁이 일어난 것도 악재였다.

　조선총독부는 1937년부터 과학데이 행사의 옥외 개최를 막았다. 1938년에는 제5회 과학데이를 추진하던 김용관을 이유 없이 체포했다. 12월 정기총회에서는 실질적인 후원자이자 활동가였던 이인이 부회장에서 고문으로 물러나고, 친일화된 원익상 목사 등이 부회장에 선출됐다. 또한 경성고등공업학교와 규슈제국대학 출신으로 학무국 사회교육과장으로 있던 친일 관료 김대우, 경성고등공업학교 교수 고야마 가즈노리가 고문으로 들어왔다. 이후 과학지식보급회는 과학지식보급협회로 이름이 바뀌었고, 기관지인《과학조선》은 전쟁 협력지로 전락하고 말았다.

　과학데이는 1934년부터 1942년까지 진행됐지만, 1937년부터 일제의 전시체제에 따른 개입과 행사 제한으로 본래의 의미가 퇴색됐다. 발명학회는 조선총독부가 지원하는 제국발명협회 조선지부1937로 흡수돼 친일단체로 변했다. 조선총독부는 물자절약과 전시 대용품의 발명을 장려하는 데 이를 이용했다.

한편 과학지식보급운동이 한계에 부딪히자, 과학관을 세워야 한다는 주장이 나왔다. 조선 과학지식보급운동 6주년을 맞이한 1938년, 곤충학자 김병하는 《동아일보》에 "지내온 과학운동이 다만 선전적이었고 이론적이었다"며 과학관의 설립이 필요하다고 주장했다. 그는 "발명가, 연구가의 지식정도를 조사하여 보면 대학이나 전문학교의 출신보다 오히려 소학교 졸업자가 90%를 점령하고 있어 시대가 요구하는 현대 최고교육을 받은 자라고 전부 연구적 소질이 있다고는 볼 수 없다"고 지적했다. 그는 40만 원으로 과학관을 세워 연구할 곳을 찾아 방황하는 이 땅의 청년 발명가와 연구가들을 북돋아 줘야 한다고 주장했다.

김병하는 1906년 개성에서 태어나 송도고등보통학교를 졸업하고 평양 숭실전문학교와 송도고등보통학교 교사로 근무하던 곤충학자였다. 그는 조선 과학지식보급운동에 적극 참여했으며, 그 운동의 일환으로 과학관 건립을 꿈꿨다. 그는 식물학회 간사 장형두, 중동학교 역사교사 사공환, 보성고보 지리교사 강재호, 의학박사 신성우 등과 함께 1936년 백두산 탐험단에 나섰는데, 《조선일보》는 이를 최초의 과학탐구운동으로 소개하기도 했다. 김병하는 《동아일보》에 〈백두산 곤충기〉, 〈천둔산에서 밍청이 잡이〉, 〈생활상태로 본 곤충의 사회〉 등을 연재하며 일제강점기에 활발한 과학 대중화 활동을 했다.

중일전쟁과 동원령

1937년 중일전쟁이 발발하자, 일본은 전시체제로 돌입했다. 전력 증강은 과학기술의 확립과 직결된다고 본 일본은, 1938년 「국가총동원법」 제정과 함께 과학심의회를 설치하고 군수공업의 원료와 재료를 확보하고자 했다. 문부성에서는 그동안 등한시했던 과학 진흥을 행정의 일환으로 규정하고, 중요 사항을 조사 심의할 목적으로 과학진흥조사회를 설치했다. 「국가총동원법」에 따른 과학동원계획1938은 식민지 조선에도 영향을 미쳐 과학교육의 변화를 일으켰다.

1938년 조선총독부는 「제3차 조선교육령」을 공포했다. 일본어, 일본사, 수신, 체육을 강조했다. 이과 교육과정을 전면 개편하고, 공장 및 광산의 기능인을 양성하기 위해 공업학교와 공업전문학교를 증설했다. 이때 금광으로 돈을 번 이종만은 1938년 5월 조선총독부의 권유로 사재 120만 원을 들여 평양에 대동공업전문학교를 설립했다. 숭실전문학교가 신사참배 거부로 폐교되자, 인수해 세운 것이다. 조선인이 설립한 유일한 이공계 고등교육기관이었다.[38] 초대 교장은 와세다대학 공학교수 요시카와 이와키 박사였다. 조선총독부는 이과 중등교원양성소1941를 개설하고, 경성제국대학 내에 이공학부1939와 대륙자원연구소1944의 설치를 추진했다.

조선총독부의 어용단체인 조선교육회에서는 1938년 이과교육을 개선하기 위해 중등학교 물리·화학·박물 담임교원들을 대상으로 이과 강습회를 개최했다. 강사는 육·해군 장교와 총독부 관계자들이었다. 시국과 관련된 과학지식을 전반적으로 강의해 학교교육의 새로운 방도를 열고자 한 것이다.

1938년 경남에서는 부산과학관 건설 계획이 수립됐다. 6월 15일 중등학교장회의에서 부산에 과학관을 설립해 물리·화학·박물 등의 각 교과를 조직적으로 교수할 계획을 세운 것이다. 건설 예산은 80만 원으로 잡았다.

1939년 은사기념과학관도 확대됐다. 국민정신총동원 과학관연맹을 결성하고 부서를 총무부와 학예부로 나누었다. 총무부장은 이와사 히코지가 임명되고, 학예부는 이화학과·기계공학과·전기공학과·동물학과·식물학과·광물학과·천문지리학과·산업과의 8과를 두었다. 경비도 늘었다. 매년 4만-5만 원이었던 경상비가 1942년 7만 5천여 원으로 증가했다. 전시 동원체제에서 은사기념과학관은 군사훈련에 관한 새로운 전시물을 제작하고, 방공전람회를 개최해 일반인이 관람하도록 종용했다. 그 결과 과학기술은 국방력, 경제력을 향상시키는 도구로 인식되어 갔다.

1941년 총독부 편수관이었던 이노우에 사토시1892-?가 3대 은사기념과학관 관장으로 임명됐다. 나가사키현 출신으로 홋카이도제국대학 농과대학 농과를 졸업했다. 1920년 조선총독부 기수로 임용돼 조선에 왔으며, 고등보통학교 교유教諭39를 지냈다. 그는 재임 시절 모형항공기 제작 강습회, 라디오 이론과 조립 강습을 개최하고, 향토이과연구회, 진열품연구회, 향토동식물연구회, 곤충채집연구회, 지하자원탐구회, 바다연구회, 약초채집연구회, 버섯연구회 등을 만들었다.

한편 조선총독부는 1935년 조선 지배 25주년을 기념하기 위해 종합박물관 건립을 구상했다. 당초 계획은 경복궁 후정에 조선총독부박물관과 은사기념과학관을 통합해 3층의 단일 건물을 짓는 것이었지만, 고고미술관지상 2층, 지하 1층, 과학관지상 3층, 지하 1층, 사무소지상 3층, 조선자원관조선총독부박물관 개조의 4개 건물을 가진 종합대박물관으로 규모가 확대됐다. 예산은 100만 원에서 240만 원으로 확대됐다. 전쟁으로 경제 상황이 어려웠음에도 불구하고, 박물관 예산이 늘어난 것은 그 중요성을 역설하고 있었다. 박물관건설위원회는 정무총감이 위원장을 맡고, 시게무라 기이치 은사기념과학관장, 최남선 중추원 참의 등이 위원으로 참가했다.

1939년 가장 먼저 과학관 공사가 시작됐다. 이는 중일전쟁 이후 과학관의 위상을 보여 준다. 종합박물관을 계획할 당시 역사조선, 자원조선, 과학조선의 구현을 강조했지만, 자원과 과학 영역의 중요도가 더 커진 것이다. 그러나 전쟁으로 인한 물자난, 철근 부족 등으로 과학관마저 완성을 못하고 일본은 패망했다. 만일 종합박물관이 완성됐더라면, 500년 역사를 지닌 경복궁은 총독부 박물관, 미술관, 과학관을 갖춘 종합대박물관으로 변경됐을 것이다.

은사기념과학관은 일본이 식민지 조선에서 물러날 때까지 중요하게 생각했던 곳이었음을 종합박물관 계획에서도 읽을 수 있다. 박물관 학자들은 식민지에서 박물관의 역할에 대해 분명하게 말하고 있다. 지배의 정당화다. 19세기 서구 제국주의 국가들은 식민지에 있는 유적을 박물관화해 지배를 정당화했다. 특히 과학에 의한 문명화는 제국주의가 식민지 지배를 정당화하기 위한 것이었다. 일본의 역사학자이자 정치학자인 야마무로 신이치는 "조선총독부박물관이나 총독부 은사기념과학관은 일본인이 가진 새로운 학문의 우위성을 보여 주는 장치"라고 말한 바 있다.

은사기념과학관은 지배자가 피지배자에 대한 은혜를 과시하는 방법으로 이용했던 대표적인 사례였다. 은사기념과학관에는 '과학문명＝천황의 은사'라는 이데올로기가 박혀 있었다. 은사기념과학관은 천황을 정점으로 하는 과학제국 일본을 상징하는 건조물이었다. 초대 관장인 시게무라 기이치는 조선반도의 전통적인 생활문화는 고래古來의 미신, 구래舊來의 인습이라고 말하고, 과학지식의 보급을 통해 생활문화의 과학화를 도모한다고 말했다. 그의 말에는 일본의 과학을 통해 조선을 문명화과학화＝문명화한다는 식민지 지배 이데올로기가 담겨 있었다.

북선과학박물관

일본이 제2차 세계대전을 치르면서 가장 크게 느낀 어려움은 에너지와 철강 확보였다. 1940년 미국이 철강, 석유를 일본에 팔지 못하도록 차단했기 때문이다. 일본은 그 대안을 찾아야 했다. 조선의 청진이 딱 그런 곳이었다.

청진은 일제강점기에 개발된 항구도시로 일본과 만주를 연결했다. 러일전쟁 이후 일본의 대륙침략기지로 급성장했다. 조선 북쪽 지역 최대의 노천 철광석 산지인 무산철산이 근처에 있어서, 일본은 자본과 기술을 투입해 제철산업을 발전시켰다. 북한 최대의 김책제철소는 1937년 미쓰비시와 일본제철이 합작해 세운 청진제철소를 뿌리로 한다.

1942년 10월 3일 청진에 조선의 두 번째 과학관인 북선과학박물관北鮮科學博物館이 개관했다. 설립자는 오노 겐이치[40] 함경북도지사였다. 그의 지시로 과학관을 설립하고 운영할 함경북도과학교육재단이 세워졌다. 재단은 민간 기부금 110만 원으로 설립됐다. 일본인 광산사업가 이와무라 죠이치가 50만 원을, 수산사업가 미야모토 데루오가 10만 원을 냈다.

오노 겐이치는 유럽을 시찰하고 온 이후 과학관을 통한 과학교육의 필요성을 느꼈다고 한다. 그는 물상부·생물부·수산과학부·지질광물부·발전전기화학공업부·철강부·화학공업부·방공과학부 등의 전시실을 두고, 부설로 교재대여부·공작부목공. 금공·영양과학부·광산과학부 등을 두고자 했다. 그의 속뜻은 무엇이었을까? 조선총독부 학무과장 출신이었던 그는 「국가총동원법」이 제정된 이후 청진에 기술교육을 활성화해 광산과 제철소에서 일할 사람을 확보하고자 했던 것은 아닐까?

일본은 중일전쟁으로 인적자원과 물적자원을 확보하는 것이 국가적 과제였다. 1938년 「국가총동원법」을 제정한 이유다. 군부가 모든 인적·

물적 자원을 마음대로 동원하겠다는 뜻이었다. 중일전쟁은 곧이어 태평양전쟁으로 확대됐다. 일본으로서는 식민지 조선에 대한 전략을 바꿀 수밖에 없었다. 일본 내로 한정했던 생산기지를 식민지 조선으로 확대하고, 일본인 중심의 고등기술교육을 조선인에게까지 확대해야 했다. 청진도 예외가 아니었다. 청진부에는 중등학교가 12개 있었다. 신흥공업 지역으로서 과학기술 인력 양성이 필요했기 때문이다.

북선과학박물관은 청진과 나남 사이의 간선도로에 위치하고 있었다. 함경북도의 지리적·산업적 중요성을 감안한 것이다. 대지 3천 평 위에 지상 2층, 지하 1층의 3층 건물로 건설됐다. 본관은 1천200평이었다. 전시물은 청진·나남·경성의 중학교가 가지고 있던 박물 표본, 물리화학 자료를 활용했다. 철, 석탄, 철강공업, 수산화학공업, 섬유화학공업도 전시했다. 증기기관·자동차·비행기·선박은 실물을 잘라 전시했다. 철강실·전기실·글라이더 등을 만드는 공장, 자동차를 수선하는 공장도 가지고 있었다.

북선과학박물관의 설립은 식민지 조선의 시대적 상황을 반영한 것이라고 할 수 있다. 북선과학박물관은 중등학교 이과교육의 종합도량, 조선 북쪽 지역의 자원 및 공업 박물관, 제일선 산업전사 및 일반 대중의 과학기술 상식 보급 및 향상, 통속과학기술대학, 이과교육 자료 대여 등을 사명으로 삼았다. 북선과학박물관이 은사기념과학관과 다른 점은 통속교육을 뛰어넘어 기술인력을 적극적으로 양성하고자 했던 데 있다. 산업혁명 시대에 탄생한 유럽의 과학관들이 추구했던 사명이기도 하다.

제16장

근대화와 국립과학관

과학기술 발달의 기준은
과학박물관 시설 상황 여하에 따라 평정한다.

– 이일우, 과학행정가

1945년 10월 13일, 조선인이 운영하는 최초의 과학관이 출범했다. 명칭은 국립과학박물관으로, 일제강점기 은사기념과학관의 전시물과 건물을 물려받았다. 초대 관장으로 조선총독부박물관에 근무했던 생물학자 조복성이 임명됐다. 일본이 물러간 뒤 아직 정부가 수립되지 않아, 조선이 미군의 통치를 받던 시절이었다. 군정청 학무국 교화과 소속이었던 국립과학박물관은 한동안 휴관한 뒤, 1946년 2월 8일에 개관식을 갖고 일반인에게 공개됐다. 개관식에는 조복성 관장, 학무국 교화과의 조선인 과장 최승만1897-19841과 미국인 과장 네스비치 대위가 참석했다.

조선은 해방을 맞았지만, 과학기술을 끌어 나갈 전문가가 턱없이 부족했다. 한반도 생산시설을 현상 유지하기 위해 약 4만 명의 과학기술자가 필요했지만, 전문학교 이상의 교육을 받은 고등 기술자는 고작 1천여 명에 불과했다. 순수과학 분야는 더욱 초라했다. 수학 20여 명, 물리학 20여명, 화학 50여 명, 생물학 10여 명에 지나지 않았다. 국립과학박물관에는 생물학자인 조복성과 석주명, 지질학자인 이민재, 약학을 전공한 백준원 1912–?이 참여해 우리 과학관 만들기에 나섰다.

조복성은 중국 남경박물관, 항주 서호박물관의 연구원 경력을 인정받아 해방 후 국내 생물학 연구의 중심기관이었던 국립과학박물관의 관장에 임명됐다. 그는 국립과학박물관장과 조선생물학회 부회장으로 일본어로 된 동식물의 명칭을 조선어로 바꾸는 일에 참여했다. 그리고 국립과학박물관 동물학연구부에서 발간한 《동물학연구보고》에 하늘소과 곤충의 조선어 명칭을 정리한 4편의 연구논문을 발표하기도 했다. 1948년에 출판한 《곤충기》는 60여 종의 토종 곤충에 대한 이야기를 담은 우리나라 최초의 곤충책이다. 석주명은 이 책의 일독을 권하는 서평을 썼다. 조복성은 1951년 3월까지 관장으로 재직하다가 대학으로 떠났다.

경성제국대학 생약연구소의 촉탁 연구원이었던 석주명은 해방 후 국립과학박물관의 동물학 부장으로 임명됐다. 그는 국립과학박물관에서 일하면서 나비의 우리말 이름 짓기에 앞장섰다. 한국산 나비 248종의 우리말 이름을 직접 만들거나 정리하여 1947년 조선생물학회에서 통과시켰으며, 나비 이름의 유래를 추적한 책을 펴냈다. 그가 만든 나비 이름에는 각시멧노랑나비, 수풀알락팔랑나비 등 순수한 우리말이 많다. 현재 사용하는 우리나라 나비 이름의 3분의 2 이상이 그가 지은 이름이다. 석주명이 쓴 《조선 나비이름의 유래기》는 국립생물자원관 생물다양성도서관에서 전자책으로 볼 수 있다.

이민재도 국립과학박물관의 초기 연구자였다. 제일고등보통학교를 졸업하고, 경성광산전문학교에서 수학했다. 평남 낭림광업소 채광주임 및 화약취급 주임으로 근무하다 해방 후 국립과학박물관 지질광물학 연구관으로 근무했다. 1957년 국립과학관 기정, 관장서리4대 관장를 역임했다. 백준원은 경성약학전문학교를 졸업한 후 1948년 국립과학박물관 화학부장으로 3년간 근무했다. 후에 서울 신당동 백성의원 원장이 됐다.

국립과학박물관은 해방 후 국가적으로 중요한 연구기관이었다. 1959년까지 과학기술 분야 정부 연구소가 11개에 불과했는데, 국립과학박물관은 준연구기관의 성격을 띠고 있었다. 당시 근무자들을 보면 그 시대를 대표하는 과학자였음을 알 수 있다. 그만큼 국립과학박물관의 위상이 높았다고 할 수 있다. 우리말 생물 이름 짓기, 생물상 조사와 같은 연구를 수행했다.

1947년 발간된 《과학나라》 2호에 따르면 국립과학박물관의 기구는 연구부, 기술부, 총무부로 구성돼 있었다. 연구부는 동물학, 식물학, 광물학, 천문학, 고생물학, 화학, 전기학, 기계학, 가사학 및 공예학의 9개 연구실로 이뤄져 있었다. 기술부는 영화실, 표본제작실, 목공실, 사진실, 미술실의 5개 실로 구성됐다. 총무부는 서무계, 도서계, 회계계, 의무계로 이뤄져 있었다. 학교나 단체가 영화를 보려고 할 때 총무부에 연락한 것을 보아, 관람객 대응은 총무부에서 했음을 알 수 있다.

1946년 10월 국립과학박물관은 화학자 이태규1902-1992, 물리학자 박철재1905-1970가 회장과 부회장을 맡았던 조선과학교육동우회와 함께 '우리과학전람회'를 개최했다. 초중등 학생이 640점의 과학작품을 출품했으며, 최고상에 문교부장관상이 수여됐다. 후원은 문교부와 《경향신문》이 맡았다. 1948년 조선과학교육동우회와 함께 개최한 강연회에는 이태규 서울대 문리과대 학장, 김동일1908-1998 공과대 학장, 안동혁 중앙공업연구소장 등 최고의 과학기술자들이 나섰다.

화학자 이태규는 1931년 일본 교토제국대학에서 조선인 최초로 이학 박사를 받았으며, 조선인 최초의 교수가 됐다. 세계적인 촉매학자로, 일본이 미국 프린스턴대학교와 독일 뮌헨대학교에 파견할 정도였다. 화학공학자 안동혁은 일본 규슈제국대학 응용화학과를 졸업한 후 경성공업전문학교 교수를 역임했다. 일제강점기에 발명학회 강연회, 과학데이 운동에 참여했다. 화학섬유공학자 김동일은 도쿄제국대학 응용화학과를 졸업했다. 일제강점기에 인공섬유를 개발했으며, 경성방직 등에서 일했다.

국립과학박물관은 미군정 아래에서도 어린이날 무료 영화 상영, 공예품 전람회 개최, 다도해 학술조사대보회, 조선생물학회 연구발표회 등을 개최하며 활발한 활동을 벌였다. 1947년 9월 조선산악회 주최 울릉도학술조사대 귀환보고 강연회에서는 식물학자 도봉섭, 동물학자 석주명, 농림학자 김종수, 지질광물학자 옥승식, 약학자 조중찬 등이 참여했다. 국립과학박물관은 양재 강습회와 같은 문화행사장으로도 많이 활용됐다.

국립과학관 재건운동

국립과학박물관은 대한민국 정부가 수립된 이듬해인 1949년 7월 14일 이름이 문교부 국립과학관[2]으로 변경됐다. 국립과학관은 관장인 조복성을 비롯해, 학자들이 수집한 생물학 자료들을 주로 전시했다. 그러나 1950년 6월 25일 한국전쟁이 일어나고, 9월 27일 서울수복을 위한 마지막 전투과정에서 목재로 지었던 과학관 건물과 수집 자료들이 잿더미가 되고 말았다. 석주명이 세계에서 하나밖에 없다고 자랑하던 나비 표본과 일생 동안 모은 장서도 함께 사라졌다. 석주명은 10월 6일 전쟁으로 불탄 국립과학관을 재건하기 위한 회의에 참석하러 가던 길에 이유는 알 수 없으나 한국군의 총격으로 사망했다.

전쟁이 끝나자 국립과학관을 재건하자는 목소리가 나오기 시작했다. 과학원 공작교육실장 이일우는 1953년 《동아일보》에서 낙후한 과학수준을 향상시키고 우리의 생활을 생산적 과학적으로 개편하려면, 과학관의 영향력을 중시해야 한다며, 지역 단위 향토과학관을 건설해야 한다고 주장했다. 그는 향토과학관의 건설을 정부에 기대하면 백년하청이고, 문화단체들이 나서 교육자치운동의 하나로 추진해야 한다고 말했다.

이일우의 주장 이후 언론에서는 간간이 국립과학관의 재건축에 대한 이야기가 흘러나왔다. 1954년 11월 《경향신문》은 문교부가 남산 기슭에 있던 과학관을 한미재단이 원조하는 3억 환[3]의 예산으로 신축할 것이라고 전했다.

국립과학관 건설이 지지부진하자, 1956년 3월 과학원 사무국장이었던 이일우가 〈국립과학관 재건을 촉함〉이란 제목으로 언론에 또다시 문제를 제기했다. 현대국가의 선·후진을 평정함에 있어 과학기술의 발달을 척도로 하고, 과학기술 발달의 기준은 과학박물관 시설 상황 여하에 따라 평정한다면서, 원자시대에 처한 국민대중의 과학기술 함양을 위해 과학관의 건설을 촉구했다. 그는 건물보다 내부시설에 비중을 두어야 한다며, 자료의 조사와 연구 수집 등의 중요성을 강조했다. 이일우는 문교부 국장이 겸임 관장을 맡는 것은 어느 하나를 소홀히 할 수 있다며, 전임 관장을 임명해 책임을 부여해야 한다고 주장했다.

당시 관장은 물리학자 박철재였다. 그는 조복성에 이어 2대 관장1951-1956을 맡고 있었지만, 잿더미가 된 과학관에서 아무 일도 할 수 없는 상황이었다. 박철재는 제일고등보통학교, 연희전문학교 수물과를 졸업하고, 1940년 교토제국대학에서 이학박사를 받았다. 교토제국대학 이학부 강사를 하다가 해방을 맞았다. 해방 후 문교부 과학교육국 부국장과 국립과학관장이사관을 지냈다. 한미쌍무협정에 따라 1959년 원자력연구소를 건립했을 때 초대 연구소장에 취임했다.

1958년 5월 유네스코 과학 전문가가 한국을 방문했다. 한국은 전쟁 후 재건을 위해 과학 전문가의 파견과 과학관의 건립을 바랐으나, 과학관 재건의 꿈은 이뤄지지 않았다. 1959년 국립과학관 대지 2천800평 중 일부가 중앙교육연구소와 외국어강습소 청사로 제공됐다. 나머지는 TV방송국 대지로 전용했다. 게다가 국회의원이 일부 땅을 대여해 개인주택을 건축하는 말썽이 났다.

국립과학관 재건은 이승만 정부 시절1948-1960에 몇 차례 논의가 있었지만, 이렇다 할 성과가 없었다. 1960년 4·19를 맞아, 관계기관들이 과학관을 교통이 편리한 창경원 내에 건립하기로 의견을 모았다. 그리고 3개년 계획으로 창경원 내 3천600평 대지에 약 15억 환의 예산을 들여 새 건물을 짓기로 하고, 1차 연도의 예산으로 5억 환을 계정했다. 그러나 1961년 5·16군사정부가 들어서면서 기초공사비를 10분의 1인 5천만 환으로 줄였다.

1961년 남산 중앙방송국 옆의 국립과학관은 창고를 수리한 사무실에서 관장 이하 5명의 직원이 간판만 붙들고 있는 상황이었다. 해방 후 국립과학박물관으로 개칭했을 때만 해도 4만여 점의 각종 기구와 표본, 2만 5천여 권의 도서, 관장 이하 13명의 직원이 있었다. 그런데 6·25전쟁으로 국립과학관이 잿더미로 변한 이후, 과학관 자리에는 중앙교육연구소 청사, 원자력원4 청사, 한국연극연구소, 소극장 등이 잡다하게 들어서 있었다.

국립과학관은 1961년 10월 창경원 안 어린이놀이터 근처에 2층 210평

[그림 16-1] **국립과학관 별관.** 국립과학관 별관은 창경원 안 어린이놀이터 근처에 1961년 10월부터 짓기 시작해 1962년 8월 30일에 개관했다. 개관기념으로 전자과학전시회가 열렸다. ⓒ 국가기록원

규모의 별관부터 짓기 시작했다. 남산에 있던 구 목조건물의 크기에 비하면 10분의 1도 안 됐지만, 10년 넘게 유명무실했던 것에 비하면 반가운 소식이었다. 별관은 1962년 8월 30일 개관했다. 건물에는 370명을 수용하는 영사실, 5개 사무실, 2층 소전시실이 들어섰다. 개관기념으로 전자과학전시회가 개최됐다.

새로운 국립과학관의 관장은《우리나라 식물명감》1949을 썼던 식물학자 박만규1906-1977가 임명됐다. 광주사범학교를 졸업한 뒤 일본 문부성 중등교원검정에 합격하여 경기중학교, 경복중학교에서 교유教諭를 지냈다. 일제강점기에 장형두와 경성식물회를 만들고 조선박물연구회에 참여한 바 있다. 해방 후 문교부 편수관, 장학관 등을 시작으로 편수국장, 국립도서관장을 역임했다. 이후 고려대, 가톨릭대에서 식물분류학을 강의했다. 국립과학관 건립 한미협의회에도 참여했다.

창경원 국립과학관은 5·16군사정부가 수립했던 5개년 과학관 재건 계획과 달리 별관 공사로 끝이 났다. 원래 계획은 창경원 동쪽에 지상 5층, 지하 1층 규모의 과학관을 건설하는 것이었다. 국립과학관은 이동과학실험기구를 설치하여 각급 학교에 빌려 주는 일, 우리나라의 천연자원 및 역사적 유물자료를 수집 진열해 박물관 구실을 함께하는 일, 외국의 과학 상황을 영화로 소개하는 일 등의 계획을 세웠지만, 계획뿐이었다.

1966년 3월 12일 국립과학관 재건을 위해 국립과학관 건립 한미협의회가 발족됐다. 위원장은 서울대 동물학과 강영선1917-1999 교수, 부위원장은 가톨릭대 박만규 교수가 맡았다.

국립과학관 건립 한미협의회는 1966년 9월 10일부터 16일까지 7일 동안 미국의 저명한 과학자 13명과 우리나라 과학자, 정부 관계자[5]가 참가한 가운데 서울에서 열렸다. 미국에서는 한국 과학관 재건을 돕겠다고 처음 제안한 미국학술원 태평양과학회의 의장 해럴드 쿨리지1904-1985[6], 미국박물관협회장 조지프 앨런 패터슨, 미국국립박물관장 프랭크 A. 테일러1903-2007, 스미스소니언의 아시아 인류학자 유진 크네즈1916-2010, 오리건 과학산업박물관장 로벤 매킨리, 시애틀 퍼시픽과학센터 관장 딕시 리 레이1914-1994[7], 하와이 화산박물관장 조지 루르 등 쟁쟁한 전문가들이 찾아왔다.

유진 크네즈 박사는 한국과 인연이 깊었다. 1946년 미군정 때 서울에 와 국립인류박물관현 국립민속박물관을 세웠다. 1959년에는 시러큐스대학교에서 〈삼정동김해 : 한국의 마을〉 연구로 박사학위를 받았다. 스미스소니언 큐레이터로 근무하면서, 1977년 한국 마을을 주제로 순회전시를 기획하기도 했다.

한미 전문가들은 자연사박물관과 과학센터 두 분야를 갖춘 과학관을 설립하는 데 합의하고, 양국 정부에 건의하기로 했다. 문교부장관은 국무회의에서 "새로 짓게 될 과학관은 자연사박물관, 과학센터, 서비스센터 및 자연교육원, 수족관 등의 부속시설을 갖춘 현대적인 것으로, 각 부문의 걸친 도서와 자료를 전시하고 성인과 교사를 위한 과학교육을 할 수 있도록 꾸밀 것"이라고 보고했다.

새로운 과학관은 동양 최대 규모가 될 것이라는 언론보도가 나왔다. 명칭은 '국립과학문화박물관'으로, 비용은 한국 정부의 보조금, 미국 민간 재단과 기업체의 모금으로 충당할 것으로 예상했다. 지방도시에 분관을 마련하고 이동과학차에 의한 지방순회까지 기획됐다고 보도됐다. 그러나 동양 최대의 과학관 건립은 미국에서 모금이 제대로 이뤄지지 않으면서 흐지부지됐고, 문교부도 그다지 성의를 보이지 않았다.

1969년 2월 국립과학관에서 관장이 구속되는 사건이 발생했다. 관장이 신축공사를 빌미로 시공업자로부터 돈을 받았다는 것이었다. 이 사건으로 국립과학관은 4월 문교부에서 과학기술처1967년 4월 21일 업무 개시로 소속이 변경됐다. 문교부가 혹을 뗀 것이었지만, 과학기술처는 환영했다. 과학전람회도 문교부로부터 넘겨받았다.

학생과학관

국립과학관 재건이 더딘 가운데 학생과학관이 생겨나 학생들의 과학교육을 맡았다. 서울 남산 어린이회관은 1969년 박정희 대통령의 영부인 육영수가 설립한 육영재단育英財團이 세웠다. 천체과학실8·과학전시실·과학오락실·과학실험실·공작공예실·도서관 등은 물론, 수영장·어린이극장·시청각실·음악실까지 갖췄다. 1970년 7월 25일 개관했는데, 너무

[그림 16-2] 서울 남산에 위치한 구 어린이회관. 대통령 영부인 육영수가 1970년 설립했으며, 천체투영관, 과학전시실, 과학실험실, 과학오락실 등을 갖추고 있었다. 박정희 대통령은 기공식과 준공식에 모두 참석해 힘을 실었다.

많은 사람들이 몰려 개관하자마자 휴관하는 사고가 발생했다. 더운 여름에 당시로서는 보기 드문 에어컨이 건물에 가동되면서, 피서지로 소문이 났던 것이다.[9] 1971년 5월 5일에는 실물 크기의 아폴로 달착륙선 모형이 어린이회관 앞에 설치돼 큰 인기를 모았다. 육영재단이 운영했던 어린이회관은 1975년 서울 능동에 새 건물을 지어 이전하고, 남산에 있는 어린이회관 건물은 과거의 전시물을 그대로 전시하며, 서울특별시교육청 교육정보연구원으로 사용되고 있다.

경상북도학생과학관이 1971년 4월 개관했다. 우리나라 최초의 공립학생과학관이 지방에 생긴 것은 특이한 일이다. 미국에서 시작된 과학교육 혁신운동과 대구라는 특수성이 관여된 것으로 판단된다.

미국은 1957년 스푸트니크 충격 이후 과학교육과정을 실험과 탐구 중심으로 바꾸기 위해 노력했다. 그 결과 물리과학학습회PSSC의 《PSSC 물리》와 《물리과학입문IPS》, 미국화학회의 《화학연구CHEMS》, 생물과학과정연구BSCS의 《생물》, 미국지질연구소가 만든 지구과학과정프로젝트 ESCP의 《지질학》, 학교수학연구그룹SMSG의 《수학》 등과 같은 교재가 탄생했다.

《PSSC 물리》가 우리나라에 들어온 것은 1961년이다. 경북대학교 사범대 물리학과 길버트 허드슨[10] 교수가 미국에서 교재를 가져와 의예과 학생들에게 가르친 것이 효시다. 교사를 위한 교육은 1964년 L. A. 샌더먼과 슈바이하르트 2명의 풀브라이트 교환교수가 서울대학교 사범대에서 시작했다. 그리고 1965년 서울대학교 정연태1922–1992 교수를 회장으로 하는 물리교육연구회가 만들어지면서 《PSSC 물리》가 보급되기 시작했다. 1969년 전국 10곳에 시범학교가 선정되면서, 신과학교육운동은 실험교육을 활성화하며 학생과학관 탄생의 발판을 마련했다.

대구는 특히 《PSSC 물리》에 관심이 많았다. 물리교육연구회가 PSSC 교재를 번역할 때, 경북대는 실험지도서를 번역했다. 또 경북교육위원회 교육청는 PSSC, BSCS 등 미국 고등학교 교과서와 함께 간이실험기구를 보급했다. 1971년 대구에는 국내 최초로 독립된 학생과학관이 건립되었고, 각 군에는 학생과학교실이 설치됐다. 이는 김판영1923– 교육감과 신재국 장학사라는 교육자의 힘이 컸다. 김판영은 박정희 대통령이 다녔던 대구 사범학교 심상과를 졸업했으며, 경상북도교육위원회 초대, 2대 교육감을 연거푸 지냈다. 1971년 경주에 청소년 교육을 위한 화랑의 집을 만들어 5·16민족상을 받았다. 신재국은 경북대 사범대 물리과를 졸업하고 경북교육위원회 장학사로 근무하면서 과학전람회, 실험교육, 발명교육 등에 앞장섰다.

1973년 1월 박정희 대통령이 '전 국민의 과학화운동'을 제창하자, 문교부는 후속 조치로 서울과 경북을 제외한 전 지역에 학생과학관을 건립하는 계획을 마련했다. 1974년부터 전국적으로 잇달아 건립된 학생과학관[11]은 전시, 과학교실 운영, 과학영화 상영을 주요 사업으로 추진했다. 과학기술 전시와 학교 밖 과학교육을 담당하는 역할은 국립과학관과 다를 바 없었다. 학생과학관은 전시 체험과 교육 중심의 제3세대 과학관을 지향하고 있었다. 학생과학관은 이후에 시·도 교육청이 운영하는 공립과학관으로 자리를 잡았다. 대부분 교육과학연구원의 부속 시설로 운영되고 있다.

서울 와룡동 국립과학관

국립과학관 본관의 개관식이 1972년 9월 8일에 열렸다. 박정희 대통령 내외, 최형섭 과학기술처장관 등이 참석했다. 남산 국립과학관이 사라진 뒤 22년 만에, 별관이 지어진 지 10년 만에 국립과학관 본관이 들어선 것이다. 1억 원의 예산을 들여 1년 2개월 만에 연건평 1천500평의 3층 건물을 짓고 223점의 전시물을 전시했다. 1층 전시실에는 전기·전자·우주항공 분야를, 2층 전시실은 에너지·기계·화학·기상·물성 분야를, 3층 전시실은 지질·광업·곤충·해양·생물·인체 분야를 전시했다. 컬러TV 방영 과정, 레이더 월세계 탐색, 열의 팽창, 정유공장 모형, 임신에서 분만까지의 과정, 철새의 이동, 1천 종의 곤충 표본 등 다양한 볼거리와 체험물을 전시했다. 야외에는 공군이 기증한 전천후 요격기 F86D를 전시했다. 이웃한 창경원과 통할 수 있는 과학의 문을 만들어, 창경원 입장객에는 무료 입장할 수 있도록 했다.

[그림 16-3] **국립서울과학관 특별전시관.** 1979년 개관한 국립과학관 산업기술관은 2000년대에 들어 특별전을 위한 전시관으로 이용되다가, 2017년 국립과천과학관 소속 국립 어린이과학관으로 바뀌었다.

관장은 경기고, 미국 퍼듀대학교 화학공학과를 졸업한 전상근이었다. 문경시멘트공장장, 충주비료공장 생산부장, 경제기획원 기술관리국장, 과학기술처 연구조정관 등을 거쳤던 기술 관료였다. 연구직이 아닌 고위 직 기술 관료가 국립과학관장을 맡게 된 것이 이때부터였을 것이다. 그는 국립과학관장 이후 과학기술처 종합기획실장으로 영전했다.

1973년 1월 박정희 대통령이 '전 국민의 과학화운동'을 제창함에 따라 과학기술처도 분주해졌다. 최형섭 장관은 생활의 과학화에 역점을 두고, 국립과학관 상설전시관을 확충하고, 새마을사업을 위한 기술봉사단을 동 원하겠다는 계획을 발표했다. 아울러 과학 엘리트 양성을 위한 한국과학 원 운영계획과 기초과학진흥을 위한 과학기술재단의 설립계획도 발표 했다.

1970년대 급속한 과학기술의 발전과 선진국의 기술패권주의 강화에
대응하기 위해 분산된 과학기술 연구기관을 한곳에 집중 배치하는 연구단
지 조성계획이 이때 수립됐다. 과학기술 두뇌 집단의 협동연구단지를 만
들어 시설을 공동 활용하고, 인력과 과학기술 정보를 상호 교류하도록 하
겠다는 계획이었다. 연구단지 부지는 1973년 대전 유성구 일원의 840만
평으로 정해졌다.

　　1973년 7월 10일 국립과학관에서 큰 이벤트가 열렸다. 아폴로 17호가
달에서 채집해 온 월석과 태극기를 전시했던 것이다. 1972년 닉슨 대통령
이 기증한 것으로, 와룡동 국립과학관에 전시하다가 현재 국립중앙과학
관이 보관하고 있다. 이에 앞서 닉슨 대통령은 1970년 4월 월석이 박힌 기
념패를 주한미국대사를 통해 박정희 대통령에게 전달한 바 있다. '존경하
는 한국국민에게 드림'이란 문구가 적힌 기념패 한가운데에는 태극기가

[그림 16-4] **월석과 태극기.** 1972년 닉슨 대통령은 아폴로 17호가 달에서 가져온 월석과
태극기를 국립과학관에 기증했다. NASA가 평가한 월석의 가치는 1973년 1g당 5만 달러였
으며, 지금은 30만 달러가 넘을 것으로 보인다.

조각되어 있고, 그 둘레에 4개의 월석이 박혀 있었다. 이 기념패에 박힌 월석은 현재 청와대에서 보관하고 있다.

국립과학관은 월석 공개 행사와 맞춰 전 국민의 과학화를 위해 과학교실을 열고, 산업기술관을 신축해 중화학공업에 관한 전시를 하겠다고 밝혔다. 1979년 7월 국립과학관은 연건평 1천470평의 새로운 산업기술관을 개관했다. 제철기계·화학·전자·비철금속·조선 등 6개 중화학공업 분야, 25개 주제다. 포항제철·한국특수강·강원사업·한국베어링·대우중공업·효성중공업·고려아연·온산동제련·현대중공업 등의 기업이 참여했다. 삼성전자는 컬러TV 공장 모형, 금성통신은 전자교환기 특성을 보여 주는 모형 등을 소개했다.

산업기술전시관 개관식에는 박정희 대통령의 큰딸인 박근혜가 참석했다. 그는 최종완 과학기술처장관, 오원철 대통령 경제 제2수석비서관과 함께 박 대통령의 휘호가 새겨진 '전 국민의 과학화'비를 제막했다. 산업기술관의 개관과 달 착륙 10주년을 맞아 국립과학관에서는 과거에 전시했던 월석과 태극기를 다시 꺼내 전시했다. 또한 한국아마추어천문가협회와 공동으로 우주개발 강연회를 개최했다.

1979년에는 국립과학관 행사가 유난히 많았다. 가장 큰 행사는 제1회 학생과학발명품경진대회다. 과학기술처, 《동아일보》, 《소년동아》가 공동 주최했으며, 주관은 국립과학관이 맡았다. 협찬은 한국야쿠르트가 맡았으며, 그때부터 지금까지 도움을 주고 있다. 우수 입상 학생은 미국과 일본 견학을 보냈다. 9월에는 독일문화원과 아인슈타인 탄신 100주년 기념 전시회를 열었다. 11월에는 노벨 물리학상 수상자인 스티븐 와인버그, 셸던 리 글래쇼, 압두스 살람 등에 대해서는 김정흠1927~2005 존스홉킨스대 박사가, 노벨 화학상 수상자인 허버트 브라운과 게오르크 비티히의 업적에 대해서는 서강대 윤능민 학장1927-2009이 특강을 했다. 다만 11월 큰 화재가 발생해 학생과학발명품경진대회 수상작과 일부 전시품이 불에 타 과학인들을 안타깝게 했다. 월석은 다행히 피해를 입지 않았다.

한편 한국과학기술단체총연합회는 9월 전 국민의 과학화운동의 일환으로 시민, 중·고 과학교사, 과학기술자 등 1천500명이 참석한 시민과학의 밤 행사를 중앙국립극장에서 개최했다.

1970년대 국립과학관은 전 국민 과학화운동의 실행기관으로서 학생을 위한 사업에만 매진했다. 전국과학전람회1949, 학생과학교실1973, 전국학생과학발명품 경진대회1979, 학생 컴퓨터교실1979 등이 대표적이다. 전 국민을 대상으로 하는 과학강연회는 1979년에 신설됐다. 1970년대 국립과학관은 전시물 수가 많지 않았고, 연구내용은 찾아볼 수 없었다.

1980년대 국립과학관 사업 중에는 전국 과학유산 발굴 사업에 착수한 것이 눈에 띈다. 전국에서 과학유산을 찾아내 과학진흥 자료로 쓰겠다는 것이었다. 과학사물에 대한 최초의 조사였다.

자연사 분야에서는 성과들이 있었다. 이승모 곤충연구실장은 직접 채집한 표본을 전시하고,《한국접지》라는 나비도감을 냈다. 어류학자 최기철1910-2002 서울대 명예교수는 30여 년간 수집한 담수어 표본 147종 12만 점을 국립과학관에 기증했다. 최 교수의 기증 표본은 1990년 국립과학관이 대전 대덕단지로 옮겨가면서 개관기념 전시회를 통해 공개됐다. 개관식에는 런던 자연사박물관장이었던 동물학자 닐 찰머스1942-가 참석했다.

대덕연구단지 시대

과학기술처가 또 다른 국립과학기술관을 세우겠다는 계획은 1979년

3월에 수립됐다. 와룡동에 있는 국립과학관이 800만 서울 시민을 위한 과학관으로는 규모가 작고 확장할 대지가 없으며, 건물이 현대 과학관으로 부적합하다는 이유였다. 원래 서울대공원 옆에 3만 평 규모의 과학관을 건설할 계획이었으나, 1982년 건설부지가 과천에서 대전으로 수정됐다.

1982년 제5차 경제사회발전 5개년 개발계획에 따라 대덕연구단지를 조성하면서 종합과학관을 그 안에 건설하기로 바꾼 것이다. 종합과학관은 상징성, 국력 과시, 확장가능성, 관련 시설의 연결성, 전국권의 접근성, 대중교통의 편리성 등을 고려해서 과천보다 대덕이 더 적합하다는 결정이었다.

대덕연구단지에는 표준과학연구소1978.3.를 시작으로, 선박연구소, 원자력연구소, 화학연구소1978.4., 에너지기술연구소1979.7., 전자통신연구소1983.1., 한국과학기술원1990.4. 등이 차례로 입주했다. 일부 기관은 원으로 승격

대덕연구단지 내 종합과학관의 건축 설계는 공간연구소의 김수근1931-1986이 맡았다. 한국과학기술연구원 본관1969, 세운상가1968, 88올림픽 주경기장1977, 국립부여박물관1967 등을 설계했던 건축가다.

1990년 국립과학관은 명칭을 국립중앙과학관으로 변경하고, 대덕으로 이전해 10월 9일 개관했다. 부지 5만 평, 건물 8천690평을 확보한 종합과학관으로, 국립서울과학관와룡동 국립과학관을 소속기관으로 두었다. 부지 규모가 당초 계획의 6분의 1, 건평도 2분의 1가량으로 축소됐지만, 서울 와룡동 시절에 비하면 매우 커졌다.

전시관은 상설전시관2천182평, 특별전시관405평, 탐구관153평, 천체관, 옥외전시장으로 구성됐다. 상설전시관은 우주에서 인간까지, 우리나라의 자연, 한국과학기술사, 자연의 이해, 자연의 이용의 5개 분야 302개 주제를 전시했다. 전시품 수는 5천700점으로, 1979년 국립과학관 시절보다

20배 늘어났다. 탐구관과 천체관은 중앙과학관을 세우면서 처음 생겼다. 탐구관은 과학원리를 체험할 수 있는 체험형 전시품 40여 점을 전시했으며, 전시품이 훼손될 경우 새로운 것으로 교체됐다. 천체관은 23m 돔 영상관에 천체투영기와 영상장치를 갖췄다.

국립과학관이 대덕으로 옮겨지면서 연구부서의 조정이 있었다. 1988년 연구관리부는 전시과, 공학연구실, 이화학연구실, 해양자원학연구실, 생물학연구실로 구성돼 있었다. 그런데 1990년 운영과, 종합전시연구실, 과학기술사연구실, 자연사연구실로 바뀐 것이다. 종합전시연구실은 전시과에서 수행했던 종합적인 전시계획을 수립하고, 전시물을 제작하고 전시 사물을 보존하는 업무를 맡았다. 전시 기능, 과학기술사 연구, 자연사 연구가 강조됐지만 공학, 이화학, 해양자원학, 생물학 등의 연구는 축소됐다. 1988년 전체 직원 86명 중 연구관과 연구사는 8명에 불과했다. 연구 인력 22명은 대부분 기술직이었다. 1990년 연구직이 11명으로 늘어났다.

국립과학관 앞 광장에 뫼비우스띠가 생긴 것은 1992년이다. 대덕연구단지를 상징하는 조형물이다. 그해 11월 27일 연구단지 조성 준공식이 국립중앙과학관에서 열렸다. 노태우 대통령, 김진현 과학기술처장관 등이 참석했다. 이때 불모지를 살아 숨 쉬는 땅으로 변화시킨다는 의미를 담은 뫼비우스띠 조형물이 세워졌다.

1990년대 국립중앙과학관의 운영은 1980년대와 큰 차이가 없었다. 과학캠프1991, 생활과학교실1993과 같은 청소년 대상 체험 프로그램을 만들고, 일반인 대상 주부컴퓨터교실1991과 전통과학대학1994을 연 것이 눈에 띌 뿐이다. 가족 프로그램으로는 자연탐험대1994, 대덕연구단지탐방제도1995, 사이언스데이1998, 과학놀이 한마당1998이 신설됐다.

국립중앙과학관이 활성화된 것은 2000년대에 들어서다. 자기부상열차

[그림 16-5] **국립중앙과학관.** 국립중앙과학관 본관 건물은 건축가인 김수근이 설계했다. 상설관은 중앙공간이 매우 넓고 높아 웅장하다. 건물 앞의 조형물은 2007년 장승효 작가가 월인과 십이지신을 로봇으로 형상화한 작품이다.

2008, 생물탐구관2008, 과학기술캠프관2008, 창의나래관2011, 유아용 꿈아 띠체험관2012, 과학교육관2014을 잇따라 세웠다. 그 역할을 과학전시, 과 학교육의 요람에 맞춘 것이었다. 과학체험의 전당에 만족했던 것이다. 이 를 위해 과학관 전문인력을 양성하고, 전시산업을 육성하려고 했다.

2011년부터 세계과학관심포지엄을 개최한 것은 국립중앙과학관의 역 할에 대해 새로운 기대를 걸게 했다. 1990년 대덕연구단지에 입주해 새로 운 종합과학관을 꿈꿨던 국립중앙과학관이 2010년까지 20년 동안 어떤 연구결과를 내놓았는지에 대한 조사는 부족하다. 2012년 중앙과학관 연 구개발 예산이 약 2억 원 수준인 것으로 보아, 국립중앙과학관이 전시와 교육에 치중하고 연구 부문은 등한시했음을 미뤄 짐작할 수 있다. 그 연구 부문은 한국자연사와 한국과학사겨레과학였다. 미국 스미스소니언이 1천

900억 원, 일본 국립과학박물관이 690억 원의 연구예산을 투입한 것과 비교된다. 무엇보다 전문 연구 인력의 수에서 현격한 차이를 보였다. 이유는 국립중앙과학관의 정체성과 역할을 제대로 확립하지 못했던 데 있다. 일본 국립과학박물관자연사와 과학기술사, 런던 과학박물관과 독일박물관과학기술사과 같은 외국 국립과학관과 경쟁할 수 있는 역량을 키우지 못한 것이다.

과학관의 육성

노태우 정부1988-1993 시절인 1991년 「과학관육성법」이 제정됐다. 과학기술처가 2001년까지 1천500억 원을 투입해 대구·광주·춘천 등 10개소12에 과학관을 추가 건설하기 위해 마련한 것이다. 이 법은 개인이나 기업이 과학관을 세울 때 후원회를 두고 수익사업을 할 수 있도록 허용했다. 이 법에 따라 1996년 LG가 기업홍보관이었던 엘지사이언스홀1987을 과학관으로 등록했다.

김영삼 정부1993-1998와 김대중 정부1998-2003 시절에는 과학관보다 과학문화에 초점이 더 모아졌다. 한국과학기술진흥재단13이 1996년 한국과학문화재단으로 바뀌면서 과학문화사업이 확대됐다. 김대중 정부가 들어서면서 과학기술처는 1998년 2월 과학기술부로 승격됐다. 또 장관이 의장이었던 과학기술장관회의가 대통령이 의장인 국가과학기술위원회로 격상됐다.

이와 더불어 한국과학문화재단의 예산이 1997년 20억 원에서 2002년 176억 원으로 성장했다. 이는 과학문화사업을 확장하기 위해 과학기술진흥기금과 기술개발 복권의 운영을 한국과학문화재단에 맡겨 안정적인 재원을 확보했기 때문이다. 어린이들에게 1년에 1권 이상의 과학도서를 보내는 사이언스 북스타트 운동, 대한민국과학축전, 지역과학축전 등이 활성화됐다. 과학기술앰배서더 사업은 과학자와 학생들의 만남을 통해 롤모델을 제시하는 특별한 사업이었다. 청소년과학기술진흥센터의 설립은 지역 과학관이 부족한 상황에서 지역의 청소년 체험활동을 강화하는 수단이 됐다.

노무현 정부2003-2008가 들어서면서, 노태우 정부 때 수립된 「과학관 육성법」에 따른 과학관 육성 기본계획이 비로소 수립됐다. 제1차 과학관 육성 기본계획은 과학관 시설 확충에 역점을 뒀다. 2003년 등록 과학관 수는 국립 7개, 공립 31개, 사립 18개였다. 이 계획에는 국립과천과학관 건립과 함께 2012년까지 영호남 지역에 국립종합과학관을 1개씩 건립하겠다는 계획이 포함됐다. 각 시도별로 지역의 역사, 산업, 문화와 부합되는 주제 중심의 대규모 공립 전문과학관서울, 경기, 대전, 대구, 광주 제외을 세우고, 시·군·구별로 중소 규모의 테마과학관 23개를 2012년까지 세우겠다고 밝혔다. 2012년까지 과학관 수를 100개로 늘리겠다는 제1차 과학관 육성 기본계획은 5년이 아닌 사실상 10년 계획이었다.

제1차 과학관 육성 기본계획에 앞서 대전시민천문대, 김해시민천문대, 영월봉래산천문대, 무주적상산천문대 등 6개 테마과학관 지원사업이 진행되고 있었다. 국립중앙과학관이 주도하는 한국과학관협회의 설립도 제1차 과학관 육성 기본계획에 포함됐다.

노무현 정부 때 지역 과학관이 늘어나면서 과학문화사업은 지역 과학관 지원과 청소년 과학탐구반, 생활과학교실 등이 혼재될 수밖에 없었다. 국공립 과학관의 운영과 한국과학문화재단의 과학문화사업이 이원적으로 이뤄지게 된 것이다.

이명박 정부2008-2013 시절에는 한국과학문화재단이 한국과학창의재단으로 바뀌었다. 교육인적자원부와 과학기술부가 교육과학기술부로 통합되면서 교육과정평가원의 수학·과학 교과서 개발, 과학재단의 영재교육이 과학창의재단 사업으로 들어왔다. 그 결과 과학문화사업보다 과학교육의 비중이 더 커졌다.

2009년 제2차 과학관 육성 기본계획은 제1차 과학관 육성 기본계획의 연장선에 있었다. 2003년 56개, 2008년 72개였던 과학관이 2013년 117개로 늘어났다. 임대형 민간투자사업BTL 방식의 과학관 설립에 정부가 건립비의 50%를 지원하고, 테마과학관의 설립에 정부가 건립비의 50% 이내에서 최대 10억 원을 지원한 효과였다. 임대형 민간투자사업 과학관은 6개, 테마과학관은 2004년부터 2013년까지 10년 동안 39개가 건립됐다.

국립과천과학관은 와룡동 서울과학관이 수도권 인구 2천500만을 감당하기에 작다고 보고, 새로운 수도권 과학관을 세우겠다는 취지에서 탄생했다. 과학기술부는 2001년 국립과학관추진위원회를 구성하고, 15개 수도권 후보지 제안서를 검토해 2002년 2월 과천시 서울대공원 인근을 부지로 선정했다. 1979년 새로운 국립과학관 후보지로 꼽혔던 곳이다.

국립과천과학관은 2008년 11월 개관했다. 부지면적 24만 3천970m², 건축 연면적 4만 9천50m², 전시면적 1만 9천127m²로 국내 최대 규모다. 본관 건물은 평면으로 성운nebula을, 3차원적으로 비행기와 우주선을 형상화했다. 우주를 만진다는 콘셉트로 첨단 비행체가 우주를 향해 날아오르는 모습을 건축으로 보여 준 것이다. 본관에는 기초과학관·첨단기술관·자연사관·전통과학관·어린이탐구체험관·특별전시관·연구성과전시관·명예의전당의 8개 전시실이 들어섰다. 그리고 별관에 천체관측소천체투영관포함, 곤충관, 생태체험학습장, 야외전시장 등이 건립됐다. 국립중앙과학관에 속해 있던 와룡동 서울과학관은 국립과천과학관 직제에 포함됐다.

노무현 정부의 과학문화 정책은 지역 균형발전을 도모하는 것이었다. 2003년 제1차 과학관 육성 기본계획을 세우면서, 과학기술부는 영호남 지역인 대구와 광주에 국립과학관을 세우기로 결정했다. 그러나 지방비의 분담이 문제가 돼 미뤄지다 공공기관의 성격을 가진 국립대구과학관과 국립광주과학관이 2013년 개관했다. 국립부산과학관의 건립계획은 제2차 과학관 육성 기본계획에 담겼다. 2006년 부산시와 부산과학기술협의회가 중심이 되어 100만 시민 서명운동을 펼친 결과, 노무현 정부가 이를 수용한 것이다. 국립부산과학관은 2015년에 개관했다.

2018년 통계에 따르면, 현재 우리나라에는 135개의 과학관이 있다. 국립 5개, 공립 87개, 사립 39개다. 주제로 보면 자연사가 29.6%, 천문이 24.4%를 차지해 두 분야가 절반을 넘는다. 이러한 현상은 공·사립 과학관에서 더욱 두드러진다. 한 번의 투자로 지속적으로 운영할 수 있기 때문으로 풀이된다. 앞으로 공·사립 과학관의 숙제는 지속가능성이다.

연구소형 과학관

우리나라 국공립 과학관에는 연구 기능이 매우 취약하다. 뮌헨 독일박물관, 워싱턴 D.C. 스미스소니언 박물관, 런던 과학박물관처럼 과학기술사 자료를 체계적으로 연구하는 곳도 없고, 일본 국립과학박물관, 런던자연사박물관처럼 자연사를 연구하는 과학관도 없다. 다행스럽게도 다른 부처에서 새로운 과학관을 만들었다.

환경부가 운영하는 국립생물자원관2007, 국립생태원2013, 국립낙동강생물자원관2015 등은 생물자원과 생물다양성을 연구하고, 생물다양성에 관한 전시와 교육을 담당하고 있다. 또 국립문화재연구소는 천연물기념센터2007를 운영한다. 국립중앙과학관이 세계생물다양성정보기구GBIF 한 국사무국인 한국생물다양성정보기구를 운영한다는 사실이 오히려 낯설 게 느껴진다.

해양수산부는 국립해양박물관2012과 국립해양생물자원관2015을 운영 하고 있다. 국립해양생물자원관은 해양생물자원을 수집하고 보존하고 전 시하고 연구하는 과학관이다. 2020년 해양수산부는 경북 울진에 국립해 양과학관을 개관했다.

국립수목원은 산림청 소속으로 1999년 개원한 과학관이다. 1468년 조 선 제7대 세조대왕릉 부속림으로 출발했다. 1949년 중앙임업시험장 광릉 출장소가 되면서 연구 기능을 수행하고 있으며, 1980년대에 수목원을 조 성하고, 산림박물관1987을 건립했다. 국립수목원에는 산림생물표본관 2003, 열대식물자원연구센터2008, 유용식물증식센터2014, DMZ자생식물 원2016 등이 있다. 영국의 큐가든을 떠올리게 한다.

산림청 소속인 국립백두대간수목원은 2017년에 개원했다. 산림자원 의 보전과 복원 연구를 위한 멸종위기침엽수보전원, 종자영구보존시설 등이 있지만, 백두산호랑이시베리아호랑이가 자유롭게 생활하는 호랑이 숲으 로 더 잘 알려져 있다.

수목원arboretum과 식물원botanic garden은 같은 개념이다. 식물원이 좀 더 포괄적이라고 할 수 있다. 우리나라에는 64곳의 수목원과 식물원이 있 는데, 2020년 현재 국립 2곳, 공립 30곳, 사립 29곳, 학교 부설 3곳이다. 서 울대 관악식물원1967이 해방 후 세워진 최초의 식물원이고, 사립으로는 미국에서 한국으로 귀화한 민병갈1921-2002이 1960년대부터 가꾸어 온 천 리포수목원이 최초다.

우리나라에는 1985년 설립된 한국동물원수족관협회라는 곳이 있다.

2020년 현재 21곳의 동물원과 수족관이 가입돼 있다. 대표적인 곳이 서울 대공원 안에 있는 서울동물원이다. 동물원은 중요한 과학관인데, 안타깝게도 그런 대접을 받지 못하고 있다. 공원이나 유원지에 속해 있기 때문이다. 그나마 종보전연구실을 운영한다는 사실이 위안이 된다. 우리나라에서 세계동물원수족관AZA의 인증을 받은 곳은 서울동물원과 에버랜드 동물원 2곳뿐이다. 인증은 동물복지, 보전연구, 생태교육, 안전훈련, 재정상태 등의 기준을 통과해야만 부여된다. 세계적으로 240곳이 있다.

동물원은 동물을 체계적으로 연구하는 곳이다. 런던동물학회가 설립한 동물원1828, 프랑크푸르트동물학회가 운영하는 동물원1858, 시카고동물학회가 세운 브룩필드동물원1934이 대표적인 예다. 그동안 수많은 동물들이 관광용으로 서커스의 눈요기와 재주꾼으로 혹사당해 오면서 우리들의 인식이 그리 굳어진 것은 참으로 잘못된 일이다.

동물원이 과학관으로 거듭나서 동물복지, 동물의 생태와 보전 연구 그리고 교육에 도움이 되길 바란다. 동물원은 동물 연구자들이 함께하는 동물보전센터로 발전해야 한다. 또한 전시 방식도 디오라마 방식을 넘어 동물의 생활환경을 복원한 몰입형 전시immersion exhibit로 바뀌어야 한다.

우리에게 과학관은 무엇인가?

매년 전 세계적으로 3억 명이 넘는 사람들이 과학관을 찾는다. 우리나라에서도 1천만 명 정도가 과학관을 방문한다. 사람들은 왜 과학관을 찾을까?

과학관의 종류는 다양하다. 그만큼 보고 체험할 것이 많고, 즐거움이 넘친다. 과학관은 일반적으로 유물 중심의 과학박물관, 교육 중심의 과학센터, 우주를 포함한 자연 중심의 자연사박물관을 말한다. 하지만 시카고 과학산업박물관 관장을 지냈던 빅터 대니로프는《미국의 과학박물관》을 정리하면서, 대중 천문대와 천체투영관, 동물원과 수족관, 식물원과 수목원, 생태공원, 해양박물관, 항공우주박물관, 산업박물관, 의학박물관, 교통박물관도 과학관으로 분류했다. 과학을 다루는 박물관으로 폭넓게 본 것이다.

과학관의 역할은 시대에 따라 진화하고 있다. 뉴욕과학관 관장이었던 앨런 프리드먼은 *Physics Today*에 쓴 〈과학박물관의 진화〉에서 과학관을 3세대로 정리했다. 제1세대 과학관은 과학 유물을 수집, 보존, 연구, 교육하는 곳이다. 파리 국립공예원, 런던 과학박물관, 스미스소니언이 대표적인 곳이다. 제2세대 과학관은 기존의 과학 유물을 유지하면서 대중교육과 체험을 강조한 곳이다. 독일박물관, 시카고 과학산업박물관이 예다. 제3세대 과학관은 과학 유물을 포기하고 과학교육과 상호작용형 체험 전시물을 중심으로 운영한다. 이를 과학센터라고 한다. 파리 발견궁전, 버클리 로런스과학관, 샌프란시스코 익스플로러토리움이 예이다. 어린이와 학생들에게 인기가 높다.

과학관을 찾아오는 사람들은 다양하다. 발걸음을 떼는 아이부터 연구자에 이르기까지 찾는 사람에 따라 얻는 가치가 다르기 때문이다.

과학관마다 어린이관을 두는 것은 런던 과학박물관이 1931년 처음 시작한 이래 세계적인 추세다. 어릴 때부터 과학에 익숙하도록 하기 위해서다. 공학과 수학을 특별히 강조하는 과학관도 있다. 과학적 사고와 탐구력을 기르는 것은 과학자가 되려는 아이에게만 요구되는 소양이 아닐 것이다. 어린이박물관의 효시로 보는 브루클린 어린이박물관1899은 과학관 내 어린이관과 차이가 없다. 과학기술정보통신부는 2017년 서울에 국립어린이과학관을 개관한 이래, 광주·대구·대전·부산에 있는 국립과학관 안에 커다란 어린이과학관을 새로 짓고 있다. 호기심 많은 어린이들에게 희소식이다.

과학관은 학생들에게 매우 중요하다. 런던 과학박물관의 연구에 따르면 10-14세에 만난 과학은 그들의 진로에 큰 영향을 미친다. 과학관은 그들에게 과학을 자산처럼 활용할 수 있는 과학자본science capital을 만들어 준다. 스미스소니언, 보스턴 과학박물관, 버클리 로런스과학관은 초·중·고 과학기술공학수학STEM 교과과정을 만들어 학교에 보급하는 곳으로 유명하다. STEM의 핵심은 과학지식이 아니라 체험과 과학적 탐구에 있다. 특히 과학관에서 과학자, 공학자들을 만나는 프로그램은 청소년의 꿈과 진로 선택에 크게 기여하고 있다.

과학관의 중요한 협력자이자 이용자는 과학교사다. 매년 수많은 과학교사들이 과학관에서 새로운 과학 프로그램을 개발하기도 하고 배우기도 한다. 과학교사들이 전하는 학교현장 의견은 과학관이 교육과정을 개발할 때 절대적이다. 과학교사 워크숍은 과학교사들에게 새로운 교육 프로그램을 제공하고, 최신 연구동향을 알 수 있는 과학자들과의 만남을 주선한다.

과학관은 연구자들에게 보물창고와도 같은 곳이다. 뉴욕 미국자연사박물관, 런던 자연사박물관, 파리 자연사박물관은 세계적인 자연사 연구기관이다. 지구 곳곳을 누비며 조사연구 활동을 하고 있으며, 수장고에는 연구자들에게 전율을 느끼게 하는 수백 년 된 컬렉션이 빼곡하다. 컬렉션은 생물다양성 연구의 귀중한 자료이다. 최근에는 유전연구도 활발하다.

과학기술사는 스미스소니언 국립미국역사박물관, 독일박물관, 런던과학박물관, 일본 국립과학박물관에서 집중적으로 연구하고 있다. 역사학에서 과학기술사학을 독립시킨 곳이다. 과학기술사학자들의 연구결과를 바탕으로 과학유산은 이용자에게 수준 높은 전시와 교육 프로그램을 제공한다.

과학관에는 전문가들이 활동하는 새로운 과학예술 영역이 있다. 샌프란시스코 익스플로러토리움은 과학자, 공학자, 수학자, 예술가를 초청해 세상에 하나뿐인 독창적인 전시물을 만든다. 새로운 상상력으로 만들어

낸 체험과 예술은 과학에 새로움을 더해 준다.

과학관에는 성인들이 잘 방문하지 않는다는 편견이 있다. 우리나라에서는 사실이지만, 선진국에서는 그렇지 않다. 일본과학미래관의 경우 66%의 방문자가 성인이다. 이유는 성인들이 찾는 고급 콘텐츠의 유무에 있다. 그 노하우는 도서관, 박물관, 미술관에 있을지도 모른다. 국가를 대표하는 과학관인 뮌헨 독일박물관, 파리 라빌레트과학산업도시는 세계적인 과학기술도서관을 자랑한다. 스미스소니언은 박물관마다 도서관을 두고 있다. 방문자는 주로 성인이다. 박물관과 미술관의 경우 소장품의 가치를 따지듯이, 과학관의 경우도 역사적·과학기술적으로 가치 있는 것들이 성인들의 발걸음을 즐겁게 해 준다. 성인들은 체험 욕구보다 지적 욕구가 강하다. 저명한 과학자들의 특강은 지적 욕구가 강한 성인들의 일정표를 조정하게 만든다. 또 하나의 이유는 학술대회와 세미나를 과학관에서 개최하기 때문이다. 과학관만큼 멋진 공간은 없을 것이다. 과학관에서 성인들의 동아리 활동을 활성화하는 것은 성인들을 위한 과학관 만들기의 노력이다. 천체 관측, 야생화 촬영, 새 탐사, 세밀화 그리기 등 재미있는 주제와 프로그램이 많다.

과학관은 1990년대 들어서 지역사회와의 협력을 강화하고 있다. 과학축제가 대표적이다. 1989년 시작된 에든버러과학축제가 처음이지만, MIT박물관은 케임브리지과학축제를, 싱가포르사이언스센터는 싱가포르과학축제를, 국립중앙과학관은 사이언스데이를 주관한다. 과학축제에는 지역 내 대학, 연구소, 과학동아리 등이 참가해 흥을 돋운다. 과학축제를 국제행사로 치르는 곳도 있지만 본질은 지역축제다. 그래서 과학축제는 지역경제에도 도움이 된다. 과학관은 과학축제와 같은 문화행사를 개최하면서 예술과의 융합을 추구한다. 이 또한 시대가 요구하는 과학관의 역할이다. 과학관은 앞으로 사회문제의 과학적 해결을 위한 시민과의 소통을 강조할 것이다. 도쿄 일본과학미래관은 2006년부터 과학사회를 만들기 위한 사이언스 아고라를 개최해 오고 있다. 시민, 과학자, 정부, 기업, 언론이 함께 참여해 머리를 맞댄다.

끝으로 과학관은 국가적으로 지역적으로 어떤 의미를 가질까를 생각해 보고자 한다. 간략하게 정리하면 과학에 대한 자부심이고, 과학문화에 대한 의지다. 과학에 대한 자부심은 과학을 만든 주체와 결과물에 초점을 맞춘 것이다. 파리 국립공예원, 뮌헨 독일박물관, 런던 과학박물관, 스미스소니언, 도쿄 국립과학박물관이 수집하고 연구하고 전시하고 교육하는 내용이다. 지역 과학관으로는 맨체스터 과학산업박물관, 캘리포니아과학센터를 예로 들 수 있다. MIT박물관, 캐번디시연구소박물관은 대학과 연구소의 자부심을 표현하고 있다. 홍보관보다 과학관이 더 품위가 있기 때문일 것이다. 역사가 짧고 긴 것은 중요하지 않다. 많은 과학관의 전시물은 당대에 수집했던 것임에 주목해야 한다. 미래에 대한 청사진을 제시하는 것도 과학에 대한 자부심을 내세우는 방법이다.

과학문화에 대한 의지는 과학관에 대한 투자, 전문인력으로 표현된다. 시민들이 자주 찾는 과학관에 투자하는 것은 국가와 지역의 과학문화를 활성화하고 인재를 육성해 미래를 만드는 일이다. 아낄 일이 아니다. 작은 과학관이 투자 대비 효율이 더 높다는 것은 잘 알려지지 않은 사실이다. 특성화, 지역 내의 역할 때문이다. 한번은 꼭 가보야 할 곳, 지역 청소년을 위한 STEM 교육 프로그램이 존재의 가치를 높이고 있다. 무엇보다 적은 예산으로 최대 효율을 내는 전문인력의 노력과 고민이 과학관을 찾는 청소년과 시민들에게 즐거움을 주고 있다.

지속가능한 과학관을 위해

　　과학관과의 인연은 묘하게 시작됐다. 2005년은 세계 물리의 해였다. 아인슈타인의 3대 이론브라운운동. 광전효과. 특수상대성이론 100주년을 기념한 특별전이 세계 곳곳에서 열렸다. 국내 특별전 기획을 돕는 과정에서 뮌헨 독일박물관과 런던 과학박물관을 방문했고 과학관에 눈을 뜨게 됐다. 그 이후 과학문화 정책 연구와 청소년 교육을 위해 외국 과학관에 자주 가면서, 과학관에 빠져들었다. 언론과 다른 즐거운 과학소통의 장을 만난 것이다. 과학관 연구로 박사학위를 받고, 국립과학관에서 근무하게 된 것은 이런 인연에서 비롯됐다.

　　《과학관의 탄생》은 과학관에서 틈틈이 찾아 읽었던 논문과 기록에 바탕을 두고 있다. 그 사이, 과학관을 발전시켜 온 사람들을 하나둘 알아 가는 기쁨이 있었다. 과학관을 발전시키는 운동장도 발견했다. 그 운동장에는 과학자, 과학정책 전문가, 정치가, 예술가, 교사, 학생, 시민들이 함께 뛰고 있었다.

탄생은 성장과 종말을 예고하는 단어다. 과학관의 생명력을 연구하면서 탄생의 의미가 무척 크다는 것을 깨달았다. 과학관은 어떻게 시작됐고 발전했는지 알아야 앞으로 어떤 방향으로 갈지를 알 수 있다. 많은 과학관이 미션과 비전을 갖추고 있지만, 체격에 맞지 않게 큰 옷을 입고 있는 경우를 더러 봤다. 어떤 곳은 작지만 정체성과 특색을 갖춰 시민들의 사랑을 받고 있었다. 시골에 자리한 맛집 같은 곳이었다.

과학관의 정체성은 시대에 따라 변할 수 있다. 유명한 과학관 중에서 자연사박물관에서 과학박물관으로, 과학박물관에서 과학센터로 바뀐 경우가 많다. 무엇이 정답인지를 찾는 것은 오히려 잘못된 방향이다. 과학관이 국가와 지역과 시대의 요구에 맞는 기능과 역할을 갖추는 것이 방향이어야 한다. 《과학관의 탄생》에는 세계적인 과학관이 그동안 무엇을 고민했는지를 담고자 했다.

우리나라도 어느새 선진국이 됐다. 1인당 국민소득과 과학기술 투자로 볼 때 이제 충분히 자존감을 높일 때가 됐다. 이는 과거를 들춰낼 수 있는 자신감을 포함한다. 이 이야기를 꺼내는 이유가 있다. 《과학관의 탄생》을 읽은 독자들이 프랑스·영국·미국·독일·일본의 과학관에 비해 우리나라 과학관을 초라하게 볼까 해서다. 특히 많은 지면을 할애한 일본의 과학관에 불편해할지도 모르겠다. 이제 그 초라함과 불편함을 넘어설 때다. 서양에서 어떻게 과학관이 발전해 왔고, 동양 최초로 산업혁명을 일으킨 일본에서 과학관을 어떻게 수용해 발전시켜 왔는지를 보는 것은 우리 과학관 발전을 위해 필요하다. 우리나라도 마음만 먹으면 언제든 과학관 선진국이 될 수 있을 만큼 과학기술이 발전한 나라가 됐기 때문이다.

《과학관의 탄생》에는 우리나라가 과학기술의 발전만큼 과학관도 발전했는가라는 의문을 포함하고 있다. 우리나라 과학관은 현재보다 훨씬 나은 과학관이 됐어야 옳다. 이 책을 읽은 독자가 문제의식을 가지고 도와준다면 우리는 조만간 과학관 선진국이 될 것이다. 《과학관의 탄생》은 지속가능한 과학관이 되기 위한 연구의 시작이다. 지속가능성이란 단어에 꽂힌 이유는 과학관이 갖추어야 할 최고의 덕목이기 때문이다. 생명력의 다른 표현이다. 우리나라 과학관들이 지속가능한 과학관이 되길 바란다.

이 책은 많은 분들의 도움으로 이뤄졌다. 늦깎이 과학관 공부를 이끌어 준 서울과학기술대학교 김경훈 교수님과 국립중앙과학관 조청원 전 관장님의 가르침을 잊지 못한다. 또 과학관을 소재로 열정적인 토론을 아끼지 않았던 수많은 전·현직 과학관 선후배께도 감사드린다. 그들의 이야기를 다 담지 못해 아쉽다.

부족한 원고는 과학관의 가치를 보고 도서원고 공모전의 당선작으로 선정한 한국방송통신대학교 출판문화원과 예리한 조언과 꼼꼼한 편집을 담당해 준 이두희 선생님의 도움으로 독자를 만나게 됐다. 또한 투박한 글과 오탈자는 김수미 선생님의 지극한 정성으로 다듬어졌다. 사진을 제공한 전문균 박사님을 비롯해 도움을 주신 모든 분들께 깊이 감사드린다. 그리고 늘 가족을 위해 희생해 온 한아내 문귀례 여사와 성실하기 그지없는 민서, 윤서, 신범에게 짧은 말을 남긴다.

사랑합니다.

미주

제1부 과학문화의 여명과 과학관의 시원

제1장 자연을 담은 원시 과학관

1   불이 인간에게 미친 가장 큰 영향은 음식을 부드럽게 만든 것이다. 불은 식품의 화학적 조성을 바꾸고, 세균과 기생충을 없애 주었다. 불로 익힌 음식은 소화시간을 줄여 주어, 인간에게 더 이상 큰 치아와 긴 창자가 필요 없어졌다. 창자의 길이가 줄면서 에너지 소비가 줄었고, 치아가 작아지면서 뇌 용량이 커졌다. 600cc밖에 안 됐던 인간의 뇌는 50만 년 전 1천300cc로 급격하게 커졌다. 인간의 뇌가 커졌다는 것은 뇌에 영양을 공급해 줄 고급 식사가 제공됐다는 뜻이다. 불은 인간의 진화 속도를 높였을 뿐 아니라, 인간의 활동시간을 늘려 주었다. 청동기시대, 철기시대를 열어 준 것도 불이었다. 뮌헨 독일박물관이 명예의 방 천장에 인간에게 불을 가져다 준 프로메테우스를 그린 이유는 불이 문명을 일으켰다고 보았기 때문일 것이다.

2   수학자 윌리엄 휘스턴(1667-1752)은 1680년에 나타난 키르히 혜성의 주기를 계산해, 노아의 홍수가 기원전 2342년에 이 혜성의 중력 때문에 일어났다고 주장했다.

3   동물원을 일컫는 주(zoo)는 동물학 연구를 목적으로 세운 런던동물원(London Zoological Gardens)에서 유래했다. 수족관을 뜻하는 아쿠아리움(aquarium) 또한 수생동물 사육장을 뜻하는 아쿠아틱 비바리움(aquatic vivarium)의 줄임말로 런던동물원에서 처음 사용됐다.

4   유목민은 아직도 전 세계적으로 3천만-4천만 명에 이른다. 아라비아의 베두인족, 북극의 사미족, 몽골족이 대표적이다.

5   카사바는 남아프리카가 원산지로, 고구마처럼 뿌리가 굵어진 덩어리를 먹는다.

제2장 메소포타미아에서 탄생한 과학기술

1 라마수스는 인간의 머리, 황소의 몸, 새의 날개를 가진 동물이다.

2 성경 창세기에는 4개의 강이 에덴에서 흘러나온다. 티그리스는 세 번째 강이고, 유프라테스는 네 번째 강이다. 나머지 두 강의 위치는 확인되지 않고 있다.

3 수메르인들은 지하에서 흘러나오는 신성한 물을 압주라고 했다. 압주는 모든 존재의 근원이며, 신들이 태어나고 살았다. 압주의 신이 엔키로 메소포타미아 지역의 최고의 신이다. 엔키의 상징은 염소와 물고기다. 별자리 중 염소자리(바다염소자리)는 반염소 반물고기로 표현되고 있다.

4 수메르인이 세운 메소포타미아 문명은 셈족(아카드인, 아시리아인, 바빌로니아인), 인도유럽어족(페르시아인)에 의해 계승됐다. 인종과 언어가 달랐지만, 그 문화가 계승된 것은 수학, 과학기술, 문자 때문이었을 것이다.

5 대(大) 플리니우스가 쓴 《자연사》는 37권으로 이뤄졌으며, 동물·식물·약리학·광물학·천문학 등 자연과학을 중심으로 기록한 백과사전이다.

6 성경에서 오스납발로 등장하는 아슈르바니팔왕은 서쪽의 키프로스, 동쪽의 이란, 남쪽의 이집트 일부를 포함하는 대제국을 통치했다. 그는 왕립도서관을 세운 매우 학문적인 군주였다.

제3장 최초의 과학관, 무세이온

1 트라데스칸트 부자는 아버지와 아들이 같은 이름을 썼다. 1981년 그들이 묻힌 런던 램버스성모교회에 식물 표본 수집과 정원 발전에 노력했던 업적을 기려 정원박물관이 세워졌다.

2 박물관의 원조는 아테네 아크로폴리스에 있었던 피나코테케라는 주장이 있다. 유명한 그림을 수집하고 시민에게 공개해 미술관의 뿌리라고 여겨지는 전시관이다. 지금은 바티칸미술관을 지칭할 때 사용하고 있다.

3 알렉산드로스 대왕의 위대한 업적은 동서양 문화의 교류에 있다. 인류 역사에서 대륙 간 문화교류를 실행한 사람은 기원전 4세기 알렉산드로스 대왕과 15세기 크리스토퍼 콜럼버스 둘뿐이다.

4 알렉산드로스의 이복형제라는 이야기가 있다.

5 프톨레마이오스 1세는 왕국의 전통성을 확보하기 위해 바빌론 네부카드네자르궁전에서 죽은 알렉산드로스 대왕의 주검을 훔쳐 알렉산드리아로 옮겼다. 궁전에 만든 영묘는 로마의 초대 황제인 아우구스투스(옥타비아누스, BC 63-AD 14)가 알렉산드리아를 방문했을 때까지 있었다고 한다.

6 1830년 독일 역사학자 요한 구스타프 드로이젠이 처음 헬레니즘이라는 용어를 썼

다. 그리스적(hellenistic)이란 용어에는 그리스를 모방했다는, 폄하하는 뜻이 담겨 있다.

7 자연철학은 아이작 뉴턴에 이르기까지 과학이란 용어 대신에 쓰였다. 1687년 뉴턴 이 출판한 《프린키피아(*Principia*)》의 이름은 《자연철학의 수학적 원리》였다.

8 스티븐 와인버그는 《세상을 설명하는 과학》에서 그리스 철학자들을 과학자나 철 학자가 아닌 시인으로 봤다. 탈레스는 원소에 대해, 데모크리토스는 원자에 대해 추론했지만, 아무런 정보를 이끌어 내지 못했고 검증 노력도 없었다는 것이다.

9 세라페움은 프톨레마이오스 1세가 외래 신에 대해 배타적인 이집트인과 마케도니 아인들의 종교를 통합하기 위해 만든 세라피스를 모신 신전이다.

10 왕을 신으로 생각했던 이집트인들은 그리스계 프톨레마이오스 왕들과 로마 지배자 들도 신처럼 숭배했다. 캐사레움은 카이사르를 모셨던 신전으로, 그 앞에는 '클레오 파트라의 바늘'이라는 두 개의 오벨리스크가 있었다. 기원전 1450년 태양의 도시 헬 리오폴리스에 세웠던 것을 캐사레움 앞으로 옮긴 것이다. 런던 템스 강변과 뉴욕 센 트럴파크에서 볼 수 있는 클레오파트라의 바늘은 19세기에 영국과 미국이 가져간 것이다.

11 칼 세이건은 히파티아가 알렉산드리아의 대주교 키릴로스(375-444) 아래에 있던 광신도에 의해 잔인하게 살해됐다고 했다. 키릴로스 대주교는 네스토리우스파를 탄압했지만, 성인으로 추대됐다. 콘스탄티노플 대주교였던 네스토리우스는 마리 아가 신의 어머니가 아닌, 그리스도의 어머니라고 말했다. 게다가 전례어로 라 틴어 대신 예수의 모국어인 시리아 방언을 사용해 박해를 받았다.

12 판테온 벽을 장식하던 기둥의 머리 부분은 현재 영국박물관이 소장하고 있다. 파 리에 있는 팡테옹(1790)은 루이 15세 때 로마의 판테온을 모방해 만든 신고전주의 의 대표적인 건물이다.

제4장 지혜의 전당, 바이트 알 히크마

1 사마르칸트는 테무르 베그 구르카니(1336-1405)가 몽골의 분열을 틈타 세운 티무 르제국(1370-1507)의 첫 수도였다. 티무르제국이 멸망하자 테무르의 후손 자히르 알딘 무함마드 바부르(1483-1531)가 인도의 무굴제국(1526-1857)을 세웠다. 테무 르는 몽골어, 티무르는 아랍어다.

2 사인 함수표는 인도 수학자 아리아바타(476-550)가 499년에 쓴 《아리야바티야》에 처음 등장했다.

제5장 대항해시대와 과학혁명

1 자석이 중국 문헌에 처음 등장한 것은 기원전 3세기 《관자(管子)》라는 책이다. 자석을 이용해 나침반을 만든 것은 11세기 송나라 때로 보인다. 송나라 심괄(1031-1095)은 《몽계필담》에서 자침을 가벼운 갈대 또는 나무 등에 붙여 물에 띄우거나, 명주실에 자침을 매다는 방법을 설명했다.

2 파도바대학교는 1222년 볼로냐대학교의 교수와 학생들이 학문의 자유를 위해 파도바에 와서 설립했다. 15세기 베네치아공화국 시절에 전성기를 누렸다. 천문학자 코페르니쿠스가 졸업했고, 근대 해부학의 창시자 베살리우스와 천체물리학자 갈릴레오가 교수로 재직했다. 파도바대학교에서 학자들이 많은 성과를 낸 것은 베네치아공화국 안에 있어 바티칸의 간섭을 적게 받았기 때문이다.

3 과학혁명은 1543년 코페르니쿠스가 《천구들의 회전에 관하여》를 출간할 때부터 1687년 뉴턴이 《자연철학의 수학적 원리》를 출판할 때까지 140여 년의 기간을 말한다. 신학에 종속됐던 천문, 물리, 의학 등 전통적인 과학 분야에서 변화가 일어나기 시작했다.

4 최초의 발견이 갖는 의미를 잘 알고 있었던 갈릴레오는 목성의 위성을 발견하자마자 관측 노트(이탈리아어)를 쓰는 것을 멈추고, 출판(라틴어)을 서둘렀다. 결국 목성 위성에 대한 최초 발견자, 최초의 발견 시점은 그의 성과가 됐다. 비슷한 시기에 독일의 천문학자 시몬 마이어(1573-1624)도 목성의 4개 위성을 발견했다. 그는 제우스(목성)의 연인들의 이름을 따서 이오(강의 요정), 유로파(페니키아의 공주), 가니메데(트로이의 왕자), 칼리스토(아르카디아의 공주)라는 이름을 붙인 것에 만족해야 했다.

5 벤섬은 현재 스웨덴 땅으로, 스웨덴은 튀코브라헤박물관을 세웠다. 덴마크도 뒤질세라, 1989년 쾨벤하운(코펜하겐)에 튀코브라헤천체투영관을 세웠다.

6 물리학자 스티븐 와인버그는 베이컨이 과학혁명 중에서 가장 과대평가된 학자라고 혹평했다. 베이컨은 실용적인 목적이 아닌 과학을 부정했고, 후세의 과학에 미친 영향이 과장됐다는 것이다.

7 14-17세기에 이뤄진 과학혁명은 자연과 우주에 대한 이해를 넓혔지만, 자연에 개입하고 지식의 힘으로 자연을 소유하는 결과를 낳았다는 주장이 있다.

8 영국왕립연구소는 1799년 대중들에게 새로운 과학기술을 알리기 위해 헨리 캐번디시 등이 주도해 만들었다. 연구소 안에는 패러데이박물관이 있다.

9 갈릴레오박물관은 1930년 피렌체대학이 세운 과학사연구소박물관의 이름을 2010년 바꾼 것이다. 메디치 가문이 15세기부터 수집한 과학기구를 소장하고 있으며, 갈릴레오의 잘린 손가락을 전시하고 있다.

제2부 근대 과학관이 태동한 자연탐구 시대

제7장 세계 식물자원의 보고, 큐왕립식물원

1 조지 3세는 1801년 아일랜드왕국을 합병해 그레이트브리튼아일랜드연합왕국의 첫 왕이 됐다. 독일계 피를 가진 그는 1814년 하노버왕국이 세워지면서, 하노버 왕도 겸했다. 그러나 그의 재임 시절 아메리카 대륙에서 독립전쟁이 일어나 미국이 독립했다.

2 런던원예학회는 웨지우드도자기회사를 세운 조지아 웨지우드(1730-1795)의 아들 존 웨지우드(1766-1844)가 1804년 윌리엄 타운센트 에이턴, 조지 뱅크스 등과 함께 설립했다. 빅토리아 여왕의 부군인 앨버트 공이 회장을 역임하면서, 왕립원예학회로 바뀌었다.

3 후커 부자가 살았던 큐가든 근처의 집은 유적지로 보존되고 있다.

4 유네스코 세계유산에 오른 식물원은 이탈리아 파도바식물원, 큐왕립식물원, 싱가포르식물원의 셋이다.

5 리조(Rhizo-)는 뿌리라는 뜻을 가진 접두사다.

제8장 제국주의 유산, 영국박물관과 런던 자연사박물관

1 콜럼버스의 신대륙 발견은 신대륙과 구대륙에 엄청난 변화를 가져왔다. '콜럼버스 교환'이 일어난 것이다. 콜럼버스는 두 번째 항해 때 말, 돼지, 소, 닭을 싣고 카리브해의 섬으로 갔다. 그때까지 신대륙에 없었던 동물들이다. 말은 이동성이 뛰어나 인디언들이 아메리카들소를 사냥하는 데 유용했다. 신대륙으로 넘어간 농작물로는 보리, 밀, 벼, 사탕수수, 커피, 양파, 면화 등이 있었고, 질병으로는 천연두, 콜레라, 말라리아, 결핵 등이 있었다. 반면 칠면조, 옥수수, 땅콩, 감자, 딸기, 담배, 토마토, 매독(질병)이 신대륙에서 구대륙으로 넘어갔다.

2 인도가 원산지인 사탕수수는 중동을 거쳐 지중해로 보급됐다. 설탕이 고급 소비재에서 일상적인 소비재가 되면서 노동자들의 값싼 열량 공급원이 됐다.

3 슐론이 초콜릿 우유를 팔기 전부터 우유를 섞어 마시는 방법은 알려져 있었다. 의사 헨리 스투베가 출판한 《인디언 넥타르》(1662)에는 달걀, 설탕, 우유를 섞어 위장 만능약처럼 사용했다는 이야기가 나온다.

4 영국박물관이 무료 입장 정책을 씀으로써 문화 복지가 탄생했다고 할 수 있다.

5 제임스 쿡은 괴혈병을 최초로 해결한 선장이다. 괴혈병은 입천장이 붓고 염증과 출혈 끝에 이가 빠지는 병이다. 환자는 혈변, 고열, 경련을 겪은 다음 사망한다. 당시 사람들은 원인이 비타민 C 결핍 때문이라는 사실을 몰랐다. 쿡 선장은 소금에

절인 양배추를 선원들에게 강제로 공급해, 괴혈병을 막았다. 그럼에도 불구하고 선원의 3분의 1이 말라리아로 사망했다. 세계일주를 처음 했던 마젤란 선단의 경우 270명 중 15명만 생존해서 돌아왔다. 장기간 배를 타는 것은 죽음의 문턱에 들어서는 것만큼 위험했다.

6 런던 헌테리안박물관은 1799년 스코틀랜드 출신 외과의사 존 헌터(1728-1793)의 컬렉션을 기초로 왕립외과대 부속 박물관으로 설립됐다. 한편, 존 헌터의 형인 해부학자 윌리엄 헌터(1718-1883)의 수집품은 글래스고 헌테리안박물관(1807)의 핵심 소장품이 됐다.

7 뉴턴의《프린키피아》(1687), 갈릴레오의《프톨레마이오스와 코페르니쿠스, 두 우주체계에 대한 대화》(1632), 코페르니쿠스의《천구들의 회전에 관하여》(1543), 아리스토텔레스의《자연학》(BC 330?), 베살리우스의《인체의 구조에 대하여》(1543), 아인슈타인의《상대성 : 특수 상대성과 일반 상대성 이론》(1916) 등이 10위 안에 들었다.

8 백악은 흰색의 부드러운 석회암을 말한다. 영국 물에 석회질이 많은 이유는 백악기 지층이기 때문이다.

9 영국이 1807년 세계 최초로 런던지질학회를 설립한 이후, 프랑스(1830), 독일(1848), 미국(1885), 일본(1893)이 그뒤를 이었다. 설립연도를 보면 나라마다 언제부터 지질자원에 관심을 가졌는지 알 수 있다.

10 세지윅지구과학박물관은 1904년 에드워드 7세가 참석한 가운데 개관했다. 화석 수집가였던 존 우드워드(1665-1728)가 케임브리지대학교에 기증한 화석을 기반으로 세워진 우드워디안박물관(1728)을 모태로 한다.

11 런던 자연사박물관의 중앙 홀은 2014년 자연사박물관 역사상 단일 기부로 가장 많은 500만 파운드를 기부한 마이클 힌츠(1953-)의 이름을 땄다.

12 카네기자연사박물관을 세운 앤드루 카네기는 공룡에 특별히 애착을 가지고 있었다. 그는 박물관에 거대한 공룡을 발굴하고 싶다는 생각을 전했고, 박물관 탐사대는 미국 와이오밍주에서 원하던 공룡을 발굴하는 데 성공했다. 디플로도쿠스 카네기아이(*Diplodocus carnegiei*)로 명명된 공룡은 1899년 대중들에게 첫선을 보였다. 카네기자연사박물관의 디피는 런던, 파리, 빈, 베를린, 멕시코시티, 부에노스아이레스 등으로 복제품이 퍼져 나가면서 세상에서 가장 유명한 공룡이 됐다.

13 젠켄베르크자연사박물관은 내과의사였던 요한 젠켄베르크(1707-1772)가 죽은 뒤, 1817년 프랑크푸르트 시민들이 세웠다. 광물학·식물학·골상학·해부학 등에 관심이 많았던 요한 볼프강 폰 괴테(1749-1832)가 젠켄베르크의 컬렉션을 살리자고 시민들을 설득한 것이다. 젠켄베르크자연사박물관은 컬렉션도 매우 훌륭하지만, 1912년 1월 6일 기상학자 알프레트 베게너(1880-1930)가 대륙이동설을 처음

발표한 장소로도 유명하다. 관장을 역임했던 아이작 블룸(1833-1903)은 포름알데
히드를 처음으로 보전처리에 사용한 과학자다.

제9장 미국 독립과 필박물관

1 미국 역사는 1776년 〈독립선언서〉에서 출발했지만, 독립의 승인은 1783년 영국과
   의 파리조약으로 이뤄졌다.

2 루이 아가시는 하버드대학교 교수로 재직하면서 어류, 빙하, 공룡 등의 연구에 많
   은 업적을 남겼으며, 비교동물학박물관(1859)을 설립했다.

3 조지 워싱턴은 미국인이라는 국민의식이 없는 식민지 병사들을 하나로 뭉치게 한
   독립영웅이다. 영국과의 전쟁에서 승리했고, 13개 식민지를 통합하는 리더십을 발
   휘했다. 독립영웅 중에서 워싱턴의 초상화가 많이 그려진 이유다.

4 200여 년 전 찰스 윌슨 필의 고민은 국내 자연사 과학관에도 중요한 메시지를 주고
   있다. 사립 과학관들은 언젠가 운영난에 시달리고, 국가가 소장품을 사 주길 바랄
   것이다. 달성군 화석박물관의 경우 소장자가 기증하고 운영에 참여하는 모델을 택
   했다.

제3부 과학관과 국가 개혁

제10장 프랑스혁명과 과학관

1 파리 국립자연사박물관은 12곳에 전시관과 연구시설을 갖추고 있으며, 연구·수
   집·교육·전문성·보급의 5가지를 사명으로 삼고 있다. 직원 2천여 명 중 500명이
   연구원이다. 350명의 석사 및 박사 과정 학생이 공부하는 교육기관이기도 하다.

2 프랑스 최초의 식물원은 몽펠리에식물원이다. 몽펠리에의과대학교가 프랑스 최
   초의 의과대학인 점을 생각하면, 식물원과 의학은 밀접한 관계가 있었음을 알 수
   있다.

3 앙리 그레구아르는 프랑스혁명에 참여했지만, 나폴레옹 전제에 반대했던 정치가
   였다. 그는 흑인 노예제도에 반대한 인권운동가이기도 했다.

4 나폴레옹이 이집트원정에 나선 이유는 영국이 지배하는 인도 무역로를 빼앗고, 이
   집트를 정복하고 싶은 욕심 때문이었다. 가벼운 면이 아닌, 두꺼운 모직 옷을 입
   고 있었던 원정대는 뜨거운 열과 전염병, 사막의 모래 때문에 많은 희생을 치러야
   했다.

제11장 미국 지식의 전당, 스미스소니언

1 내셔널몰은 연방의사당(1800)과 링컨기념관(1922) 사이의 1.6km 길과 공원 지역을 일컫는다. 몰이란 이름은 런던 버킹엄궁전에서 트래펄가 광장에 이르는 더몰(The Mall)이라는 길 이름에서 가져왔다.

2 스미스소니언 연구소를 몇 개 소개하면 다음과 같다. 보존생물학연구소는 블루리지산에 있으며 국립동물원의 멸종위기 동물을 연구한다. 국립자연사박물관이 운영하는 해양스테이션은 플로리다주 포트피어스에서 해양환경을 연구한다. 천체물리관측소는 매사추세츠주 케임브리지에 본부가 있으며, 하버드대학교 천문대와 협력하고 있다. 또 300여 명의 과학자들이 애리조나와 하와이에서 천문학, 천체물리학, 지구 및 우주 과학을 연구한다. 환경연구센터는 미국 동부 체사피크만에서 인간과 생태 시스템에 대한 이해를 증진하기 위한 연구를 수행한다. 열대연구소는 파나마공화국에서 열대생물의 진화와 행동을 연구한다.

3 알른윅성은 영화〈해리포터〉시리즈를 촬영한 장소로 유명하다. 지금도 퍼시 공작의 후손들이 관리하고 있다.

4 내셔널지오그래픽협회 초대 회장은 돈 많은 법률가 가디너 그린 허버드(1822-1897)였다. 알렉산더 그레이엄 벨의 장인으로, 1877년 벨전화회사(현재의 AT&T)를 만들고 초대 사장을 맡은 바 있다. 2대 회장을 맡은 벨은《내셔널지오그래픽》초대 편집장에 사위인 길버트 호비 그로스브너를 앉혔다.《내셔널지오그래픽》은 스미스소니언이라는 토대 위에서 발전했다.

5 컬럼비아 여신의 왼쪽에는 지혜를 상징하는 부엉이와 책을 읽는 과학이 있고, 오른쪽에는 해머와 측정도구를 쥐고 있는 산업이 있다. 체코 태생의 미국 조각가 카스퍼 부베를의 작품이다.

6 미국 정부의 탐사대, 학술조사대가 수집한 컬렉션은 국립과학진흥협회의 이름으로 특허국이 보관하고 있었다. 연방의회는 1857년 이러한 컬렉션을 스미스소니언으로 이관하고, 매년 유지비를 지원할 것을 승인했다.

제12장 영국 만국박람회와 런던 과학박물관

1 1848-1849년 런던에 콜레라가 발생해 1만 4천여 명이 목숨을 잃었다. 오·폐수가 템스강으로 흘러들어 환경 문제를 일으킨 것이다. 만국박람회는 불과 2년 뒤에 개최됐다.

2 영국은 빅토리아 시절(1837-1901)에 최전성기를 누렸다. 인구가 증가하고 철도가 발달하고 식민지가 확충됐다. 1837년부터 시작된 전신 업무는 영국의 도시들과 대륙을 연결했다. 1850년 섬유산업계는 토요일 반휴와 일요일 전휴제도를 채택해,

노동자들이 주말을 즐기며 삶의 질을 높일 수 있도록 했다. 1페니 우표는 영국 어디로나 편지를 전달했다. 라이엘의 《지질학 원리》, 다윈의 《종의 기원》은 성서 이론을 뿌리째 흔들었다. 1870년 촌락과 지방에 무상 교육기관인 국립학교가 만들어졌고, 1891년에는 의무교육이 시작됐다. 빅토리아 여왕은 장관들과 의견이 대립되면 늘 양보할 만큼 현명했지만, 의논을 받을 권리, 격려하는 권리, 경고하는 권리만큼은 고집했다. 그는 입헌군주제의 모범을 보였다.

3 예술협회는 1753년 예술·제조·상업을 장려하기 위해 만들어진 단체다.

4 아우구스트 폰 호프만은 왕립화학대학의 초대 교수였다. 독일로 돌아가 염료공업의 발전에 크게 기여했다. 그가 쓴 화학자들의 전기가 꽤 유명하다.

5 영국은 산업혁명을 통해 고등교육과 기술교육에 대한 수요가 급증했지만, 중세 대학들은 외면하고 있었다. 1826년 런던에 유니버시티칼리지가 생겨나, 옥스퍼드대학교나 케임브리지대학교에 입학할 수 없는 학생들에게 과학·기술·사회학 등 새로운 학문을 가르쳤다. 이는 비국교도, 중산 부유계층에게 환영을 받았다. 이에 자극을 받은 귀족들이 1829년 만든 대학이 킹스칼리지런던이다.

6 7대 데번셔 공작 윌리엄 캐번디시는 케임브리지대학교 트리니티칼리지 재학 시절 수학으로 스미스상을 받았다. 스미스상은 1769년부터 1998년까지 매년 수학과 이론물리 분야에서 성적과 에세이가 우수한 학생 두 명에게 시상해 왔다. 케임브리지대학교 총장 시절 개인적인 기부를 통해 실험실을 갖춘 캐번디시연구소(1874)를 설립했다. 캐번디시라는 명칭은 그의 친척인 실험물리학자 헨리 캐번디시(1731-1810)를 기리기 위한 것이었다.

7 찰스 윌리엄 지멘스는 에른스트 베르너 폰 지멘스(1816-1892)의 동생으로 특허 보호에 유리한 영국으로 귀화했다. 형과 함께 설립한 지멘스의 영국대표로 일했다.

8 헨리 로스코는 순수한 바나듐(V, 원자번호 23)을 처음으로 분리한 화학자다. 1881년 화학산업협회를 만들고, 초대 회장을 역임했다.

9 벨위원회의 공식 명칭은 '과학박물관과 지질박물관에 대한 위원회'로, 새로운 과학박물관의 건립과 지질학박물관(1835)의 이전 문제를 논의했다. 지질학박물관을 자연사박물관과 과학박물관 사이에 짓고, 두 과학관과 연결되도록 제안했다. 지질학박물관은 자연사 쪽과 통합할지, 과학 쪽과 통합할지 논란이 있었지만, 1988년 자연사박물관과 통합됐다.

10 템스강에 떠 있는 HMS벨패스트 순양함은 제2차 세계대전과 한국전쟁에 참전했던 배로, 1971년 제국전쟁박물관의 일원이 됐다.

11 철도 컬렉션은 국립철도박물관이 생겨나기 전 특허국박물관, 런던과학박물관 등에 보관되어 왔다. 1927년 노스이스턴철도가 처음으로 철도박물관을 개관했으며, 1948년 철도가 국유화되면서 여러 철도회사들의 컬렉션이 한곳에 모이기 시작했

다. 1968년에 제정된 「교통법」에 따라 런던 과학박물관이 국립철도박물관을 만들기 시작했다.

12 왕립과학대학은 1881년 설립된 과학사범학교를 모태로 하며 초대 학장은 토머스 헉슬리였다. 1890년 왕립과학대학이 되었다가 1907년 임페리얼칼리지의 일부가 됐다.

13 뉴커먼학회는 증기기관을 발명한 토머스 뉴커먼을 기리는 국제학회로, 런던 과학박물관 내에 사무실이 있다.

14 웰컴 트러스트의 후원으로 2000년 웰컴 건물이 완성됐다. 건물의 2개 층은 의학사를 전시하며, 웰컴박물관이라고 한다. 미국 출신의 제약업자 헨리 웰컴(1853-1936)의 수집품을 중심으로 전시하고 있다.

15 아이언브리지는 1779년 공업도시인 브로슬리와 탄광도시인 마들리를 연결하기 위해 만든 다리다.

16 맨체스터 과학산업박물관은 1960년대 산업유산을 보전하자는 바람을 타고, 맨체스터 지역의 산업유산을 모아 1969년 노스웨스턴과학산업박물관으로 임시 개관했다. 1978년 맨체스터 의회가 영국철도로부터 1975년 폐쇄된 리버풀로드역을 구입했다. 금액은 1파운드였다. 보수공사를 거쳐 1983년 맨체스터 과학산업박물관이 새롭게 개관했다.

17 면은 양모보다 끈끈하게 달라붙는 점착성이 크고, 탄력이 적어 꼬기 쉽고 연속실로 뽑기 쉬워 기계방적에 유리했다. 원료는 미국 남부에서 흑인 노예들이 생산한 면화를 값싸게 사왔다.

제13장 독일 산업혁명과 독일박물관

1 영국 케임브리지대학교의 수학교수 찰스 배비지(1791-1871)는 독일자연과학자의 사회에 참석해 감명을 받았다. 그는 영국 과학의 쇠퇴 원인으로 과학연구 담당자가 대부분 비전문가고, 국가 보조가 전혀 없으며, 직업인이 아니라는 점을 꼽았다. 이런 지적 때문에 1831년 영국과학진흥협회가 만들어졌다. 협회는 회원들을 과학자(scientist)라고 불렀다. 1834년 철학자 휴웰이 화학자, 내과의사, 수학자를 통칭하기 위해 지은 용어다.

2 미국은 독일의 교육제도를 벤치마킹한 후 대규모 자본과 인력을 투입해 빅사이언스(big science)를 구축했다. 또 앤드루 카네기, 존 록펠러와 같은 기업가들은 연구소, 대형 재단, 연구대학을 설립하고, 펠로십, 그랜트와 같은 연구 후원제도를 만들었다. 미국이 독일을 제치고 세계 과학기술의 중심에 설 수 있었던 이유들이다.

3 왕국, 대공국, 공국, 후국은 다스리는 군주가 왕, 대공, 공작, 후작으로 분류된 데

따른다.

4 프로이센은 개신교도가 많았고, 바이에른은 가톨릭교도가 많았다. 바이에른이 프로이센이 주도한 독일제국에 가입했지만, 두 왕국은 종교적으로 대립돼 있었다. 그런 상황에서 독일박물관을 함께 만든 것은 특이한 일이다.

5 루트비히 공은 오토 왕의 뒤를 이어 바이에른왕국의 마지막 왕인 루트비히 3세(재위 1913-1918)가 됐다. 오토 왕은 정신질환 때문에 즉위하자마자 삼촌인 루이트폴트 공이 섭정했다.

6 빌헬름 2세는 1911년 과학진흥을 위한 빌헬름카이저학회를 만들었고, 그 아래 여러 연구소를 두었다. 첫 연구소의 개관식에 참석한 빌헬름 2세는 흉갑과 독수리 문장이 새겨진 프로이센 투구를 쓰고 있었다. 그는 제1차 세계대전을 일으키고, 무기 연구와 제작에 연구소를 동원했다.

7 제1차 세계대전 때 독일 잠수함과 비행기의 위력은 대단했다. 1914년 원양항해를 할 수 있는 배가 8천 척(4천 척은 영국 국적)이었는데, 5천 척의 배를 독일 잠수함이 침몰시켰다. 또한 독일 비행기는 정찰, 폭격, 공중전, 보병에 대한 직접 사격 등에 나섰다.

8 독일 국민들은 왜 박해와 폭력의 상징인 나치에 열광했을까? 노동자는 아우토반 건설로 일자리와 복지를 얻었고, 소매상은 증오하던 대형 백화점에 높은 세금을 부과해 이득을 얻었다. 수공업자는 신규 마이스터 면허의 규제를 지지했고, 농부는 농산물 보호관세와 가격 상승을 환영했다. 기업가는 노동자의 임금협상 폐지로 시름을 덜었다. 나치는 모든 직업과 계층의 마음을 파고들면서 독재체제를 만들었다. 특히 자동차, 라디오, 비행기 등 새로운 과학기술은 나치의 중요한 선전도구가 됐다. 민족주의적 성향을 가진 많은 과학기술자들은 나치의 지배 아래에서 망명하지 않았다. 그들은 패전 후에도 살아남아 1960년대 라인강의 기적을 만들어 냈다.

9 라이프니츠협회는 96개 비대학 연구기관 연합체로 1990년에 설립됐다. 라이프니츠협회는 독일박물관(뮌헨), 자연사박물관(베를린), 독일해사박물관(브레머하벤), 젠켄베르크자연사박물관(프랑크푸르트 암 마인), 독일광산박물관(보훔), 게르만국립박물관(뉘른베르크), 로마-게르만중앙박물관(마인츠), 동물연구박물관(본)의 8개 연구박물관을 운영하고 있다.

제14장 일본 메이지유신과 과학박물관

1 유니버시티칼리지런던은 당시 영국 대학 중에서 인종과 종교에 관계없이 학생을 받아준 유일한 대학이었다. 조슈와 사쓰마에서 온 일본 유학생이 이 대학에 진학한 이유다.

2   화승총을 처음 받은 다네가시마에는 일본 최대의 로켓 발사장인 다네가시마우주센터(1969)가 있다.

3   네덜란드는 국제 화폐였던 은을 일본으로부터 독점 수입해 많은 이득을 남겼다. 네덜란드에서는 무역이 번성하자 과학도 함께 발전했다. 굴절에 관한 스넬의 법칙을 발견한 빌레브로르트 스넬(1580-1626), 빛의 파동이론을 발견한 크리스티안 하위헌스(1629-1695), 현미경을 발명한 안톤 판 레이우엔훅(1632-1723) 등이 네덜란드의 대표 과학자다. 프랑스의 과학자 르네 데카르트도 네덜란드에서 활동했다.

4   나가사키조선소는 1898년 5천 t의 대형 화객선 '히타치마루'를 건조할 만큼 대단한 기술력을 보유했다. 미쓰비시는 일본 최대 중공업체인 나가사키조선소의 경영권을 넘겨받아 선박, 증기 원동기, 전투기, 전함, 무기를 생산하면서 대표적인 재벌로 성장했다. 미쓰비시의 창업자 이와사키 야타로(1835-1885)는 증기선을 이용한 해운업에 뛰어들어 군수물품을 독점적으로 운반했다. 내부 정보를 이용해 돈을 불리고, 일본 산업화의 상징인 미이케탄광과 하시마탄광, 야하타제철소 등을 불하받았다.

5   토머스 글로버는 일본의 차와 생사를 다른 나라에 수출하고, 무기와 탄약 등을 일본에 공급하던 무역상이었다. 그가 공급한 사쓰마 지역의 무기는 바쿠후의 무기를 압도했지만, 판매대금이 회수되지 않아 망했다. 이후 탄광, 증기선, 양조 등의 사업에 손을 댔다. 1866년 그는 영국 기술자를 초빙해 선박을 수리하는 고스게수선장을 나가사키 항구에 세웠다. 그가 세운 요코하마양조장이 오늘날 기린맥주의 전신이다. 글로버의 가장 큰 공은 이토 히로부미 등 조슈 사무라이들을 몰래 영국으로 유학시킨 일이다. 그가 살던 나가사키의 주택은 일본의 산업혁명유산으로 등록됐다.

6   시부사와 에이치는 유럽 유학 후 1873년 제일국립은행을 설립했다. 1902년에는 대한제국의 허락 없이 자신의 얼굴이 들어간 일본화폐를 대한제국에 유통시키며 식민지 개척에 앞장섰다.

7   공부성은 1885년 의원내각제가 만들어지면서 체신성과 농상무성으로 분할·통합됐다.

8   문부성은 2001년 과학기술청을 병합해 문부과학성이 될 때까지 130년 동안 교육행정을 담당했다.

9   개항 이전 사무라이를 교육하던 번교의 최고 교육기관은 창평횡이었다. 바쿠후는 개항 이후 서양 교육을 위한 개성소를 새로 세우고, 관비 유학생을 외국에 보냈다. 의학소는 네덜란드 의사들이 1849년 나가사키에 세운 종두소를 인수해 발전시킨 서양의학교다. 1872년 메이지 정부는 창평횡을 대학본교, 개성소를 대학남교, 의학소를 대학동교라고 불렀다. 그러나 대학본교는 국학(国学)과 한학(漢学) 사이의

내분으로 없어지고, 대학남교와 대학동교는 개성학교로 통합돼 도쿄대학으로 발전했다.

10 후쿠자와 유키치는 1만 엔 지폐에 등장하는 계몽사상가다. 1862년 유럽 사절단에 참여했던 경험을 적어 《서양사정》(1866)을 출판했는데, 첫해 20만 권 이상 팔렸다. 조선 최초의 미국 유학생이었던 유길준이 서양 문물을 소개하기 위해 국한문을 섞어 펴낸 《서유견문》(1895)은 이 책을 본뜬 것으로 알려져 있다. 《서양사정》에서 처음 사용한 박물관(博物館)이란 용어는, 오늘날 동양 3국의 공식 용어가 됐다. 후쿠자와가 쓴 《서양사정》과 《문명론지개략》(1875)은 일본 근대화는 물론, 조선 개화파에 큰 영향을 미쳤다.

11 시모노세키사건은 양이정책을 실행했던 조슈번이 1863년 시모노세키해협을 지나는 미국 상선, 프랑스와 네덜란드 군함을 포격해 격침시킨 사건이다.

12 일본은 빈 만국박람회에서 일본색이 강한 공예품을 선보여, 자포니즘(Japonism)이란 일본미술 열풍을 일으켰다. 자포니즘에 빠졌던 화가 중에는 오스트리아 상징주의 화가 구스타프 클림트(1862-1918)가 있었다.

13 메이지유신 이후 과거의 것을 버리고 새로운 것을 받드는 풍조가 급속하게 퍼지면서, 일본 문화재는 외국으로 유출되거나 고물상의 손에 넘어갔다. 1868년 「신불분리령」, 1870년 신도국교와 제정일치의 정책인 대교선포가 원인이었다.

14 서적관은 1872년 세워진 일본 최초의 근대적인 도서관으로, 1877년에 독립했다. 1948년 군정 시절 미국 국회도서관 사절단의 권고에 따라 국립국회도서관이 됐다. 우리나라에는 국회도서관과 국립도서관이 분리돼 있지만, 일본에는 국립국회도서관 하나만 있다.

15 모리 아리노리는 일본에서 영어를 쓰자고 주장했다. 그는 급진적 서구주의자라는 비난을 받았고, 국수주의자의 테러를 받아 43세에 사망했다.

16 과학지식보급회는 제2차 세계대전 후 활동이 없다가, 1975년 일본과학협회로 재발족해 청소년 멘토와 체험활동, 과학자 육성사업을 하고 있다. A급 전범이었던 사사카와 료이치(1899-1995)가 만든 일본재단의 지원을 받고 있으며, 사사카와의 이름을 딴 연구지원사업이 있다. 일본의 과학지식보급회는 1934년 윤치호, 이인, 김용관 등이 조직한 조선의 과학지식보급회와는 아무런 관련이 없다.

17 교토대학은 1929년에 베르너 하이젠베르크(1932년 노벨 물리학상)와 폴 디랙(1933년 노벨 물리학상)을, 1937년에 닐스 보어(1922년 노벨 물리학상 수상)를 초청했다. 이는 교토대학 출신의 유카와 히데키와 도모나가 신이치로가 노벨상을 받는 데 도움이 됐을 것으로 보인다.

18 박물관을 황실과 연계한 것은 천황의 권위를 이용해 박물관을 발전시키려는 의도와 박물관을 통해 황실 중심주의 정신을 고취하려는 의도가 맞물려 있다. 일본의

박물관은 '시각에 호소하는 것'을 최대 특징으로 삼는 박물관의 특징을 이용해 천황제 이데올로기를 적극 옹호했다. 그 중심에 1928년 설립된 박물관사업촉진회(1931년 일본박물관협회로 개칭)가 있었다. 박물관사업촉진회의 등장으로 일본의 박물관은 체계적이고 전국적인 조직을 갖춘 국민교화운동기관의 역할을 수행할 수 있었다. 박물관에는 교육회라는 반관반민의 외곽 지원 조직이 있었다. 권력의 말단 기구이자 파시즘 교육 체제를 적극적으로 추진해 가는 조직이었다. 일제강점기 조선에서 은사기념과학관을 운영한 곳도 조선교육회였다.

19 오코치 마사토시는 이화학연구소의 3대 소장(1921-1945)을 역임했다. 연구원의 자율성을 확보하기 위해 주임연구원제도를 마련하고, 연구소의 재정난을 해결하기 위해 특허의 공업화를 추진했다. 제2차 세계대전 때 군수산업과 원자폭탄의 제조 책임을 맡아 A급 전범이 됐다.

20 히로히토 쇼와 천황은 히드로충류를 연구한 생물학자다. 즉위 후 궁 안에 연구실을 마련하고, 바다에 나가 해양생물을 채집하기도 했다. 그러나 순박한 해양생물학자로 보기에는 너무나 끔찍한 일들이 그의 재임 시절(1926-1989)에 일어났다. 난징대학살, 인간생체실험을 위한 731부대의 창설 등이다. 천황의 말이 곧 신의 명령인 시절, 수많은 일본 국민들은 천황의 말에 중일전쟁과 제2차 세계대전에 뛰어들 수밖에 없었다.

21 하치는 사망한 주인을 시부야역에서 9년 동안 기다렸던 개의 이름이다.

22 일본은 진무천황이 기원전 660년 2월 11일 즉위한 날을 건국기념일로 정하고 있다.

23 자원과학연구소는 대동아전쟁 때 대륙의 자원조사를 위해 설립됐으며, 동물, 식물, 지질, 지리, 인류의 5개 연구 분야를 두었다. 1971년 국립과학박물관에 합병됐다.

24 래플스박물관은 1878년 자메이카 태생의 영국인 토머스 스탬퍼드 래플스가 세운 박물관이다. 래플스박물관의 수집품은 리콩치엔자연사박물관으로 옮겨졌다.

25 오사카시립과학관은 오사카시와 간사이전력이 출연한 오사카과학진흥협회에서 1989년에 설립하고 운영을 맡고 있다. 1937년에 설립된 오사카시립전기과학관이 모태며, 일본에서 처음으로 '과학관' 명칭을 사용했다.

26 1964년 도쿄올림픽은 아시아에서 최초로 개최됐다. 텔레비전 방송이 정지궤도 위성을 통해 처음으로 미국에 생중계됐고, 세계 최초의 초고속열차 신칸센이 개통되면서 일본 과학기술을 세계에 알렸다.

27 총리 자문기구인 과학기술회의는 1960년 처음으로 과학기술 대중화정책을 수립하고 과학기술주간(4월)과 일본과학기술진흥재단을 만들도록 했다.

제4부 한반도 과학관의 탄생

제15장 은사기념과학관과 조선인 과학운동

1 조선이 일본에 보냈던 외교사절은 통신사(通信使)였으나, 명칭이 수신사(修信使)로 바뀐 것은 문물을 제공하는 측이 바뀌었기 때문이다. 조선은 1876년, 1880년, 1882년 세 차례에 걸쳐 수신사를 보냈다.

2 통리기무아문은 총리대신이 이끌었으며, 외교·재정·군사를 맡았다. 그 아래에는 병기를 제조하는 군물사, 기계를 제조하는 기계사, 선함 제조를 맡은 선함사를 두고 있었다. 그러나 1882년 폐지돼 실질적인 역할을 하지 못했다.

3 제실박물관은 도쿄국립박물관의 전신인 도쿄제실박물관(1900)을 모방해 만든 것이다. 국권 피탈 이후 이왕가박물관으로 바뀌고, 1938년 덕수궁미술관(1933)과 통합돼 이왕가미술관이 됐다. 해방 후에는 덕수궁미술관으로 불렸다. 우리나라 박물관 역사는 제실박물관에서 시작됐지만, 직제 등 시스템은 조선총독부박물관으로부터 이어받았다. 조선총독부는 1915년 통치 5주년을 기념해 조선물산공진회라는 박람회를 경복궁에서 개최했으며, 이때의 출품작을 중심으로 12월 1일 조선총독부박물관을 개관했다. 조선총독부박물관은 해방 후 국립박물관(현 국립중앙박물관)이 됐다.

4 어원 동물원은 세계에서 36번째로 만들어졌다. 동양에서는 베트남 사이공동물원(1865), 인도 빅토리아가든(1866), 일본 우에노동물원(1882), 교토동물원(1903), 중국 베이징동물원(1906), 미얀마 랑군동물원(1908), 스리랑카 콜롬보동물원(1908)에 이어 8번째다.

5 시모고리야마 세이치는 1908년 어원사무국에서 촉탁으로 일하다가, 1911년부터 창경원 주임이 돼 26년 동안 창경원을 관리했다.

6 도쿄과학박물관의 설립계획이 1921년에 수립됐으나 간토대지진으로 1931년에서야 준공됐다. 이런 이유로 식민지 조선의 은사기념과학관이 '과학관'이란 이름을 가진 일본의 첫 과학관이 됐다. 일본이 이를 홍보한 이유는 스스로에게 자부심을, 한국에게 수치심을 남기려는 의도였다.

7 대한제국 공업전습소(1907)는 조선총독부 공업전습소(1910), 중앙시험소(1912)로 발전했다. 해방 후 중앙공업연구소로 바뀌었으며, 2013년 국가기술표준원이 됐다.

8 조선총독부는 1915년 「조선광업령」을 공포하고, 지질조사소와 연료선광연구소를 설립해 조선의 지질도를 작성하고, 석탄의 이용시험과 탄전 조사를 실시했다. 지질조사소와 연료선광연구소는 해방 후 중앙지질광산연구소로 통합됐으며, 2001년 한국지질자원연구원이 됐다.

9 을식일형정찰기는 일본에서 생산된 최초의 군용기다. 프랑스 샘송사가 1917년 개

발한 단발복엽 정찰기를, 1920년 일본 육군과 가와사키조선소가 복제해 국산화한 것이다. 을식은 프랑스 샘송사를, 갑식은 프랑스 뉴폴사를 지칭했다. 갑식일형훈련기는 미쓰비시가 국산화했다.

10 조선박람회는 1929년 50일간(9.12.~10.31.) 경복궁에서 개최됐다. 조선에 대한 일본인들의 직접투자를 겨냥한 것으로, 조선을 중국 대륙 진출을 위한 전초기지로 삼고자 했다.

11 경성공업전문학교는 1945년까지 졸업생을 1천600여 명 배출했지만, 그중 조선인은 412명에 불과했다. 해방 후 국대안 파동을 겪으며 경성광산전문학교, 경성제국대학 이공학부와 통합돼 서울대학교 공과대학이 됐다.

12 윤치소는 윤보선 제4대 대통령의 아버지고, 윤치호는 윤치소의 사촌 형이다.

13 강인택은 천도교인으로 3·1운동, 민중대회사건으로 복역한 후 조선교육협회, 신간회, 민립대학기성회 등에 참여했던 독립운동가다. 해방 후 체신부장관을 역임했다.

14 조선교육협회가 해산되자, 한규설이 기부한 10만 원이라는 큰돈이 유족에게 돌아왔다. 아들 한양호는 그 돈을 경성여자상업학교(현 서울여자상업고등학교)의 특별교실 건축에 쓰라고 기부했다.

15 일제강점기 조선에서 이과 고등교육을 할 만한 국·공립학교는 경성공업전문학교(1916), 수원고등농림학교(1918), 경성광산전문학교(1939), 경성제국대학 이공학부(1941), 부산고등수산학교(1941), 평양·대구 공업전문학교(1944)뿐이었다. 사립학교로는 연희전문학교(1924), 대동공업전문학교(1938) 등이 있었다.

16 《문교의 조선》은 조선교육회가 1925년 9월부터 1945년 1월까지 일본어로 발행한 교원용 월간 교육잡지다. 필자는 대부분 일본인이었으며, 식민지 황민화교육에 앞장섰다.

17 모리 다메조는 학위가 없어 경성제국대학 예과에서 강사로 근무했다. 1936년 교토대학에서 동아시아의 담수어류 분포에 관한 연구로 이학박사학위를 받았다.

18 경성박물교원회는 1935년 6월 창립했다. 총독부 지원금으로 1938년부터 《경성박물교원회지》를 발간하고 행사도 개최했다. 총독부는 1940년 경성박물교원회를 조선박물교원회로 확장했다. 1940년 전체 회원은 67명, 조선인 회원은 17명이었다.

19 정문기는 전남 순천 출신으로, 한국인 최초로 도쿄제국대학 수산학부를 졸업한 후 조선총독부 수산기수로 일했다. 1934년 《조선의 수산지》와 《조선어명보》에 어류 159종을 보고했다. 1954년에 어류 833종의 분류, 형태, 생태 및 방언 등을 기록한 《한국어보》를 출판했다,

20 이와무라 도시오는 도쿄고등사범학교 지리박물과 출신으로, 1914년 조선교육계에 발을 들여놓은 후 조선인을 일본인화하는 데 힘썼다.

21 고노 소이치는 히로시마사범학교 박물과를 졸업했으며, 경성사범학교 설립에 관여했다.

22 성의경은 숙명고등여학교, 도쿄사범대학을 졸업한 후 모교 숙명여고의 박물교사가 됐다. 훗날 숙명학원 이사장을 역임했다.

23 1927년 조선박물학회장 가와사키 시게타로가 총독에게 보낸 〈조선박물학회 경비 보조 신청서〉를 보면, 조선박물학회는 조선의 천산물(天産物) 연구와 그 지식의 보급을 목적으로 설립됐으며, 박물학 연구와 통속 강연, 전람회, 인쇄물 배포 등 사회교육을 하고 있었다. 조선박물학회장이 소수 회원의 부담으로 운영하는 데 어려움이 있다고 호소하자, 총독부가 지방교화단체의 보조를 목적으로 900원을 보조했다.

24 이덕봉은 해방 후 1955-1961년 고려대학교 교수로 재직했다.

25 1936년 조선박물연구회의 식물부, 동물부의 위원은 다음과 같다. 정태현, 도봉섭, 이덕봉, 윤병섭, 이휘재, 이경수, 한창우, 유석준, 심학진, 원홍구, 조복성, 이덕상, 맹원영, 이헌구, 김교신, 송재준, 이근진, 정문기, 윤정호, 손정순 등.

26 휘문고등보통학교에는 오하이오주립대에서 축산학을 전공한 윤병섭이 있었다. 그는 조선박물학회 조선인 간사를 맡고 있었으며, 1934년 과학지식보급회 발기인 100인에도 참여했다.

27 1908년 대한제국 시절 임업시험소가 설립됐지만, 1910년 폐지됐다. 조선총독부가 1913년 다시 설립한 이유는 조선의 풍토와 일본의 풍도가 다른 점을 인식했기 때문이다. 임업시험소는 조선의 풍토 연구와 조림종 개발을 위해서 1922년 임업시험장으로 확대됐다.

28 이시도야 쓰토무는 삿포로농학교를 졸업한 후 1911년 조선총독부 산림과 기수로 부임했다. 1913년 임업시험소가 다시 세워졌을 때 초대 소장이 됐다. 이시도야는 《동의보감》, 《산림경제》 등 조선의 문헌을 참조하고, 정태현과 같은 조선 연구자와 함께 조선 인삼과 같은 한약재를 연구했다. 1926년 경성제국대학 약리학 교실로 자리를 옮긴 후 1935년 경성제국대학 내에 생약연구소를 설립했다. 그는 1만 5천여 점의 컬렉션을 남겼다.

29 나카이 다케노신이 조선식물을 연구한 최초의 일본인은 아니다. 도쿄대학 식물학과의 마쓰무라 진죠(1856-1928) 교수는 1900년, 1902년 두 차례에 걸쳐 고이시카와식물원의 채집가 우치야마 도미지로를 보내 조선의 식물을 채집해 간 바 있다.

30 정태현은 《조선삼림식물도설》을 출간하면서 고모토 다이겐[河本台絃]이라는 일본 이름을 썼다. 정태현이란 이름을 함께 밝혔지만, 창씨개명한 것이 평생 가슴에 못이 되었을 것이다. 정태현은 5·16민족상으로 받은 상금으로 1968년 자신의 호를 딴 '하은생물학상'을 제정했다. 자연과학 분야의 최초의 개인 학술상이다.

31 오카지마 긴지는 도쿄제국대학 농과대학을 졸업한 후 가고시마고등농림학교의 설

립과 함께 교수가 되어 동물학과 곤충학을 가르쳤다.

32 장형두는 박만규와 함께 1934년 2월 경성식물회(1935년 조선식물연구회로 개칭)를 만들었다. 박만규에 따르면, 그는 "조선 식물상은 조선인 손으로 규명되어야 한다"고 절규하는 민족주의자였고, 동료들로부터 탁월한 분류학적 능력을 인정받았다. 해방 후 서울사범대학의 교수로 재직 당시 사소한 오해로 경찰 조사를 받던 중 고문사했다.

33 박길룡은 조선 최초의 건축기사였다. 조선총독부에서 일했으며, 경성제국대학 본관 건축에 참여했다. 이후 개인 건축사사무소를 열어 많은 조선인 건물을 지었다. 그러나 일제 말기에 내선일체를 추진하고, 국민총력조선연맹의 간부로 활동했다.

34 《과학조선》은 1권에 10전을 받고 판매됐다. 은사기념과학관의 입장료는 성인 5전, 소인 2전이었다.

35 활동사진 상영회는 영사기와 필름이 없어, 은사기념과학관을 이용할 수밖에 없었다. 1933년 은사기념과학관은 자연, 우주, 일본 역사 등 33종의 필름을 보유하고 있었으며, 매주 어린이를 대상으로 활동사진 상영회를 개최하고 있었다. 과학데이 행사 때는 식인도, 흑인, 개의 활동, 바다의 생물, 제철, 라디오, 석유, 가솔린 기관, 생존 투쟁 등이 상영됐다.

36 과학데이는 상상과 일상이 아닌, 현실적 산업으로서의 과학을 표방하고 있었다. 그 아래에는 발명과학기술을 통해 조선을 산업화하고자 했던 발명학회의 과학관(科學觀)이 존재했다.

37 과학지식보급회는 조만식 등 8명을 고문으로 추대하고, 회장 윤치호, 부회장 이인, 이사 김창제 등 16명을 임원으로 선임했다. 과학지식보급회는 일본에도 있었으나, 이와는 관련이 없다.

38 대동공업전문학교는 숭실전문학교에 있었던 문과와 농과를 폐지하고, 광산과와 기계과를 두었다. 7월 1일 개교식 및 입학식에 조선총독부 식산국장과 학무과장이 참석했으며, 황거요배, 국가합창, 칙어봉독, 황국신민서사제창 등이 있었다. 해방 후 대동공업전문학교는 김일성대학교 공학부를 거쳐 김책공업대학으로 바뀌었다.

39 교유(教諭)는 교원채용시험에 합격해 정규 고용된 교사를 말한다.

40 오노 겐이치는 고등시험에 합격한 후 조선총독부 학무과장, 함경북도지사를 거쳐 학무국장을 역임했다.

제16장 근대화와 국립과학관

1 최승만은 일본 도쿄도요대학 철학과를 다녔으며 1919년 2·8독립선언을 주도했다. 이후 미국으로 떠나 매사추세츠 스프링필드대학교를 졸업했다. 1934년 부인 박

승호와 함께 《동아일보》 기자로 근무했지만 일장기 말소사건으로 둘 다 퇴직했다. 해방 후 군정청 교화국장, 제주대학교 초대 총장, 이화여대 부총장을 역임했다.

2 1949년 대통령령에 따라 국립과학관의 관장과 부관장은 기감(技監, 2급 기술직)으로 임명하도록 했다. 또한 각 과장은 서기관 또는 기정(技正, 4급 기술직)으로 임명토록 했다. 부관장은 연구부장을 겸하고 있었으나 1967년 폐지됐다. 2급 을류였던 관장은 1969년 행정관리관(1급) 또는 공업연구관(1급)으로 격이 높아졌다. 한편 연구부장 아래 연구실의 실장은 기감 또는 기정으로 보하도록 했다. 초기 국립과학관에서 연구부장과 실장을 관장과 차이가 없이 기감으로 임명할 수 있도록 한 것을 보면 연구를 존중했던 것으로 보인다.

3 화폐단위 환(圜)은 대한제국 때와 1953년부터 1962년까지 사용했다. 일제강점기 때는 원(圓, 약자 円, 일본어로 엔이라고 읽음)을 화폐단위로 사용했고, 지금의 화폐단위 원은 한글로만 표기하고, 한자로 표기하지 않는다. 중국도 원(圓, 약자: 元, 중국어로 위안이라고 읽음)을 화폐단위로 삼고 있다.

4 원자력원은 1959-1967년에 있었던 정부기관이다. 원자력연구소는 대한민국 최초의 과학기술 연구기관으로 1959년 설립됐다.

5 한국 측 대표위원은 성동준 문교부차관, 최주철 총리실 기획조정실장, 최낙구 국립과학관장 등 관료 7명, 강영선 서울대 교수를 대표로 김정흠, 김창환(이상 고려대) 정연태, 최규원, 홍순우, 최기철, 김봉균, 이두헌, 이재곤, 지창열(이상 서울대), 박만규(가톨릭대), 이영노(이화여대), 원병오(경희대), 이해성(한양대), 이희명(서강대) 등 학계 16명으로 구성됐다.

6 해럴드 쿨리지는 하버드대학교 비교동물학박물관에서 근무했던 동물학자로, 국제자연보전연맹(IUCN, 1948)과 세계자연기금(WWF, 1961)의 창립회원이다.

7 생물학 박사인 딕시 리 레이는 전통적인 전시 위주의 퍼시픽과학센터가 파산 상태에 이르자 체험 중심의 과학센터로 바꿔 회생시켰다. 닉슨 대통령 시절 원자력위원회 위원장을 맡았으며, 워싱턴주에서 최초의 여성 주지사가 됐다.

8 어린이회관 천체투영기는 광화문 천체과학관에서 가져왔다. 광화문 천체과학관은 1967년 4월 29일 서울 광화문전화국 옥상에 세운 우리나라 최초의 천체과학관이었다. 지름 10m의 돔 건물은 2천만 원을 들여 체신저축장학회가 세우고, 6천 개의 천체를 보여 주는 천상의는 일본 고토사가 1966년에 제작한 것으로, 재일교포 이현수 불이무역 사장이 기증했다. 천체과학관은 130명을 수용했으며, 일반인 50원, 학생 30원의 관람료를 받았다. 불이무역은 미국 8대 메이저 영화사의 필름을 독점적으로 한국에 공급하던 일본업체로, 동아극장의 실질적인 소유주였다. 이현수는 미군정 시절 탈세로 쫓긴 바 있었으나, 1965년 박정희 대통령으로부터 공익훈장을 받았다. 우리나라 최초로 천상의가 설치된 곳은 1962년 해군사관학교

로, 400여 개의 별을 볼 수 있는 작은 규모였다.

9 어린이회관 앞 잔디공원과 소동물원이 8월 4일 일반인에게 개방됐다. 소동물원은 400평 대지에 꽃사슴, 꿩, 공작 등 20여 종 194마리를 길렀다.

10 허드슨 교수는 캘리포니아대학교에서 전기공학을 전공했으며, 1956-1966년 동안 경북대학교에서 물리학을 가르쳤다. 한국물리학회(1952)의 첫 외국인 회원이었다.

11 1974년 전라남도학생과학관, 충청남도학생과학관, 부산어린이회관(부산학생과학관은 1983년 설립, 1987년 개관, 현 부산창의융합교육원), 1975년 충청북도학생과학관, 경상남도학생과학관, 전라북도학생과학관, 강원도학생과학관, 경기도학생과학관 등이 개관했다. 제주도학생과학관은 1976년에 마지막으로 문을 열었다.

12 과학기술처는 춘천·강릉에 자연사, 제주·부산·목포·여수에 해양수산, 울산·포항에 신소재·철강·화학, 창원·구미에 기계·전자, 대구에 섬유, 광주에 첨단산업과 자동차, 청주에 우주·항공, 전주에 제지, 천안에 교통과학관을 세울 계획이었다.

13 1967년 박정희 대통령의 출연으로 설립된 과학기술후원회는 1972년 생활의 과학화를 추진하기 위해 한국과학기술진흥재단으로 바뀌었다.

과학관 연표

연도	주요 내용
3만 5천년 전	동물을 그린 동굴벽화 등장
1만 7천년 전	개의 가축화
1만 1천년 전	동물을 조각한 신전 등장
6천500년 전	인공연못에 물고기 양식 시작
5천500년 전	이집트 네크헨 동물원 등장
기원전 3200경	수메르인, 천문 관측으로 황도 별자리 제작
기원전 2000경	지구라트 신전 건립
기원전 7세기	아슈르바니팔 왕, 최초의 도서관 건립
기원전 600경	밀레토스의 탈레스, 호박에서 마찰전기 발견
기원전 600경	바빌론 공중정원 건립
기원전 335	아리스토텔레스, 리케이온(동물원, 식물원) 설립
기원전 334	알렉산드로스 대왕 동방 원정
기원전 284	프톨레마이오스 1세, 무세이온(천문대, 동물원, 식물원) 건립
기원전 150	히파르코스, 로도스섬 천문대 운영, 850개 성도 작성
140	프톨레마이오스, 지구중심설을 주장하는 《수학대계》 저술

연도	주요 내용
751	이슬람에 종이 전래
828	알 마문, 바그다드 스함마시야천문대 건립
830	알 마문, 바이트 알 히크마 건립
1234	고려, 금속활자로《고금상정예문》인쇄
1450경	구텐베르크 금속활자 인쇄술 발명
1492	콜럼버스, 바하마제도 도달(10. 12.)
1543	코페르니쿠스의《천구들의 회전에 관해서》, 베살리우스의《인체의 구조에 관하여》출판
1545	파도바식물원 개원
1576	브라헤, 우라니엔보르천문대 건립
1610	갈릴레오, 목성의 위성 발견
1627	프랜시스 베이컨의 유작《새로운 아틀란티스》출간
1635	파리 왕립약초원 개원
1660	런던왕립학회 설립
1671	프랑스 파리천문대 건립
1675	영국 그리니치천문대 건립
1683	영국 애슈몰린박물관 개관
1687	뉴턴,《자연철학의 수학적 원리》출간
1735	린네, 이명법을 소개한《자연의 체계》출간
1753	영국박물관 설립(1759. 1. 15. 일반인 공개)
1759	영국 큐왕립식물원(큐가든) 개원
1764	영국 하그리브스, 제니방적기 발명
1765	제임스 와트, 증기기관 분리 콘덴서 발명(1769년 특허 출원)
1778	라부아지에, 산소 발견
1785	카트라이트, 역직기 발명
1775-1783	미국 독립전쟁

연도	주요 내용
1786	필라델피아 필박물관 개관
1789	프랑스혁명(7. 14.)
1793	프랑스 국립자연사박물관 설립(6. 10. 공개)
1794	프랑스 국립공예원(기술공예박물관) 설립
1810	훔볼트 형제, 베를린대학교 설립
1812	필라델피아 자연과학아카데미 설립(1828년 공개)
1817	독일 젠켄베르크자연사학회 설립(1907년 박물관 개관)
1824	프랭클린연구소 창립
1828	런던동물원 개관(1847년 일반인 공개)
1830	보스턴자연사학회 설립(1864년 뉴잉글랜드자연사박물관 건립, 1939년 보스턴과학관으로 개명)
1831	영국과학진흥협회(BA) 설립
1841	런던 경제지질학박물관 개관
1846	스미스소니언협회 설립
1848	미국과학진흥협회(AAAS) 설립
1850	옥스퍼드대 자연사박물관 설립(1860년 개관)
1851	영국 런던 만국박람회 개최
1853	캘리포니아과학아카데미 설립
1857	사우스켄싱턴박물관 개관
1859	다윈, 《종의 기원》 출간
1861-1865	미국 남북전쟁
1865	멘델, 유전법칙 발견
1866	노벨, 다이너마이트 발명
1869	뉴욕 미국자연사박물관 설립(1877년 개관)
1874	영국 케임브리지대학교 캐번디시연구소 개소(1974년 건물 이전)

연도	주요 내용
1876	미국 독립 100주년 필라델피아 만국박람회, 영국 과학기구특별대여컬렉션전시회 개최
1876	그레이엄 벨, 전화기 특허 취득
1877	일본 교육박물관 개관, 도쿄대학 설립
1881	파리 국제전기박람회 개최, 런던 자연사박물관 개관
1893	시카고 만국박람회 개최, 시카고컬럼비아박물관 설립 (1905년 필드자연사박물관 개명)
1895	빌헬름 뢴트겐, X선 발견
1897	J. J. 톰슨, 전자 발견
1899	뉴욕 브루클린 어린이박물관 개관(2008년 재개관)
1901	제1회 노벨상 시상
1903	라이트 형제, 비행에 성공
1903	독일박물관 설립(1925년 개관)
1905	아인슈타인, 특수 상대성 이론 발표
1909	조선 어원 동물원·식물원 개원, 런던 과학박물관 개관 (1928년 건물 완공)
1910	국권 피탈
1914-1918	제1차 세계대전
1919	3·1운동, 대한민국 임시정부 수립
1922	독일 예나 광학박물관 개관
1924	옥스퍼드대학교 과학사박물관 개관
1927	조선 은사기념과학관 개관(5.10.)
1929	미국 헨리포드박물관 설립(1932년 일반인 공개)
1930	애들러 천체투영관 개관
1931	도쿄과학박물관(일본 국립과학박물관의 전신) 개관
1933	시카고 만국박람회 개최, 시카고 과학산업박물관 개관

연도	주요 내용
1934	과학데이(4. 19.) 개최, 프랭클린연구소박물관 개관
1935	로스앤젤레스 그리피스천문대 개관
1937	파리 만국박람회 개최, 프랑스 발견궁전 개관, 영국 국립해사박물관 개관, 오사카시립전기과학관(1989년 오사카시립과학관으로 재개관)
1939-1945	제2차 세계대전
1942	북선과학박물관(함경북도 청진) 개관
1945	해방
1945	미군정 국립과학박물관 출범(10. 13.) 개관(1946. 2. 8.)
1948	대한민국 정부 수립
1949	문교부 산하 국립과학관 설립(7. 14.), 과학전람회 개최(10. 20.)
1950	국립과학관 소실(9. 27.)
1951	베이징자연박물관, 캘리포니아과학산업박물관 개관(1998년 캘리포니아 과학센터로 재개관)
1957	소련, 스푸트니크 1호 발사(10. 4.)
1961	가가린, 최초의 우주비행(4. 12.)
1962	창경원 국립과학관 별관 개관(8. 30.), 나고야시과학관 개관
1964	스미스소니언 국립미국역사기술박물관, 뉴욕과학관 개관(1986년 재개관)
1967	과학기술처 신설(3. 10.) 발족(4. 21.)
1968	미국 로런스과학관 개관
1969	미국 샌프란시스코 익스플로러토리움 개관, 국립과학관을 문교부에서 과학기술처로 이관(4. 3.), 아폴로 11호 달 착륙(7. 20)
1970	서울 남산 어린이회관 개관(7. 25.)
1971	경상북도학생과학관 개관(4. 21.), MIT박물관 설립(1980년 개관)

연도	주요 내용
1972	국립과학관 본관 개관(9. 8.)
1977	싱가포르사이언스센터 개관
1980	호주 퀘스타콘 설립(1988년 개관)
1983	맨체스터 과학산업박물관 설립(9. 15.)
1984	영국 국립과학산업박물관법인 출범
1986	프랑스 라빌레트산업과학도시, 타이완 국립자연과학박물관 개관
1988	베이징 중국과학기술관 개관
1989	핀란드 헤우레카 개관
1990	대전 국립중앙과학관 개관(10. 9.)
1991	「과학관육성법」 제정(12. 31.), 홍콩과학관 개관
1992	휴스턴 우주센터 개관
1993	미국 뉴저지 리버티과학센터 개관
1996	말레이시아 쿠알라룸푸르 국립과학센터 개관
1998	하버드자연사박물관 개관
2000	독일 브레멘 우니베르줌 개관
2001	대전시민천문대, 상하이과기관, 일본과학미래관, 노벨박물관 개관
2002	독일 기센 수학박물관인 마테마티쿰 개관(11. 19.)
2003	서울 서대문자연사박물관 개관
2008	국립과천과학관(11. 14.), 중국 광동과학중심 개관
2012	필리핀 마인드뮤지엄, 뉴욕 국립수학박물관 개관
2013	「과학관육성법」을 「과학관법」으로 개정(1. 23.), 국립광주과학관(10. 15.), 국립대구과학관 개관(12. 24.)
2015	국립부산과학관 개관(12. 11.)
2017	국립과천과학관 소속 국립어린이과학관 개관

참고문헌

이 책의 참고문헌은 조금 특별하게 정리하였다. 한국 과학사 연구를 개척해 온 김영식·박성래·송상용이 쓴 《과학사》2013를 보면서, 대중서의 참고문헌은 효용이 적다고 보았다. 다만, 특별히 도움을 받았던 도서와 선행 논문을 다음과 같이 추천한다.

시카고 과학산업박물관장을 지냈던 빅터 대니로프Victor Danilov가 쓴 《미국의 과학박물관America's Science Museums》1990, 미국박물관협회장을 지낸 에드워드 알렉산더Edward Alexander가 쓴 《박물관의 명장들Museum masters: Their museums and their influence》1995과 《움직이는 박물관Museums in Motion: An Introduction to the History and Functions of Museums》2008, 캔사스대학 자연사박물관에 근무했던 존 시몬스John Simmons의 《박물관의 역사Museums: A history》2016, 스미스소니언 미국역사박물관에서 근무했으며 일본과학기술사학회장을 지냈던 다카하시 유조高橋雄造가 쓴 《박물관의 역사博物館の歷史》2008, 조숙경의 《세계의 과학관》2015, 장미경의 《유럽 과학박물관 여행》2016 등은 박물관과 과학관 전반을 다루는 기본도서라고 할 수 있다.

피터 모리스Peter Morris의 《국가를 위한 과학 Science for the Nation: Perspectives on the History of the Science Museum》2016은 영국 과학박물관을 이해하는 데 큰 도움이 됐다. 가네코 아쓰시의 《박물관의 정치학》2009, 문부과학성 과학기술정책연구소장을 지냈던 구니야 미노로國谷実의 《혁신과 과학관イノベーションと科学館》2016과 같은 책은 일본 과학관을 이해하는 데 도움이 됐다.

과학관에 관한 서적은 아니지만, 과학과 역사의 시야를 넓혀 준 책들이 많다. 제레드 다이아몬드의 《총 균 쇠》1998, 유발 하라리의 《사피엔스》2015, 에른스트 곰브리치의 《곰브리치 세계사》2010, 송성수의 《한권으로 보는 인물 과학사》2015, 주경철의 《대항해시대》2008, 김종현의 《영국 산업혁명의 재조명》2007, 김태유·김대륜의 《패권의 비밀》2017, 아리모토 다테오의 《과학기술의 흥망》1997, 아르놀트 하우저의 《문학과 예술의 사회사》2016, 스티븐 와인버그의 《스티븐 와인버그의 세상을 설명하는 과학》2016, 앙드레 모루아의 《미국사》2015, 《영국사》2013, 《프랑스》2016, 고토 히데키의 《천재와 괴짜들의 일본 과학사》2016, 칼 세이건의 《코스모스》2010, 존 앤더슨의 《내추럴 히스토리》2016, 한겐 슐체의 《새로 쓴 독일역사》2000, 데이비드 나이트David Knight의 《이상한 바다에서의 항해 Voyaging in strange seas: The great revolution in science》2014 등은 많은 영감을 주었다.

《과학관의 탄생》은 많은 논문과 언론 자료, 인터넷 자료를 기반으로 한다. 모두 소개할 수는 없지만, 몇 개의 중요한 논문과 국내 과학관 발전을 위해 노력해 온 연구자들의 연구내용을 중심으로 소개하면 다음과 같다논문 페이지는 생략.

국성하(2003). 〈일제강점기 박물관의 교육적 의미 연구〉. 박사학위논문. 연세대학교 대학원.

김근배(2011). 〈식민지 과학기술을 넘어서〉.《한국근현대사연구》, 58.

김성원(2007). 〈식민지 시기 조선인 생물학자 성장의 맥락 : 곤충학자 조복성의 사례〉. 석사학위논문. 서울대학교 대학원.

김화선(2019). 〈과학기술문화의 광장을 지향한 국립중앙과학관 : 설립계획과 초기 운영(1990-2000)을 중심으로〉.《박물관학보》, 37.

변재규(2011). 〈과학기술 정책 변화와 과학문화 확산〉. 박사학위논문. 고려대학교 대학원.

송성수(2008). 〈전(全) 국민의 과학화운동의 출현과 쇠퇴〉.《한국과학사학회지》, Vol.30, No.1.

이경선(2012). 〈식민지에 설립된 제국의 과학관 : 일제강점기 恩賜記念科學館의 과학보급사업, 1925-1945〉. 석사학위논문. 서울대학교 대학원.

이정(2013). 〈식민지 조선의 식물연구(1910-1945) : 조일 연구자의 상호작용을 통한 상이한 근대 식물학의 형성〉. 박사학위논문. 서울대학교 대학원.

임종태(1995). 〈김용관의 발명학회와 1930년대 과학운동〉.《한국과학사학회지》, 17(2).

정인경(2005). 〈한국 근현대 과학기술문화의 식민지성 : 국립과학관사(國立科學館史)를 중심으로〉. 박사학위논문. 고려대학교 대학원.

조숙경(2001). 〈1876년 과학기구 특별 대여전시회 : 런던 과학박물관의 출발과 물리과학의 대중화〉. 박사학위논문. 서울대학교 대학원.

황지나(2019). 〈과학조선 건설을 향하여: 1930년대 과학지식보급회의 과학데이를 중심으로〉. 석사학위논문. 전북대학교 대학원.

한미라·이대화(2018). 〈1930년대 科學館報에 나타난 과학기술의 표상과 특징〉.《문화와융합》, 40(5).

Abt, J.(2006). "The origins of the public museum". *A companion to museum studies.*

Bedini, S. A.(1965). "The evolution of science museums". *Technology and Culture,* 6(1).

Bud, R.(2014). "Responding to stories : The 1876 Loan Collection of Scientific Apparatus and the Science Museum". *Science Museum Group Journal,* 1.

Driscoll, C. A., Macdonald, D. W., & O'Brien, S. J.(2009). "From wild animals to domestic pets, an evolutionary view of domestication". *Proceedings of the National Academy of Sciences,* 106(Supplement 1).

Fehlhammer, W. P. & Fuessl, W.(2000). "The Deutsches Museum: Idea, Realization, and Objectives". *Technology and Culture,* 41(3).

Fhelhammer, W. P. & Rathjen, W.(1999). "The Deutsches Museum: past, present and future". *Arbor,* 164.

Foster, K. P.(1999). "The earliest zoos and gardens". *Scientific American,* 281(1).

Friedman, A. J.(2010). "The evolution of the science museum". *Physics today,* 63(10).

Kohlstedt, S. G.(1988). "History in a Natural History Museum: George Brown Goode and the Smithsonian Institution". *The Public Historian,* 10(2).

MacGregor, A.(2001). "The Ashmolean as a museum of natural history, 1683–1860". *Journal of the History of Collections,* 13(2).

Schofield, R. E.(1989). "The Science Education of an Enlightened Entrepreneur: Charles Willson Peale and His Philadelphia Museum, 1784-1827". *American Studies,* 30(2).

並松信久(2016).「近代日本における博物館政策の展開」.『京都産業大学日本文化研究所紀要』, (21).

山本珠美(1997).「生活の科学化」に関する歴史的考察:大正・昭和初期の科学イデオロギー」.『生涯学習・社会教育学研究』, 21.

椎名仙卓(1977).「教育博物館の成立」.『博物館学雑誌』, 第2巻 第1・2号.

椎名仙卓(1976).「博物館発達史上における「通俗教育館」の位置」.『博物館学雑誌』, 1(2).

戸田清子(2003).「工部省における御雇外国人:明治前期 日本の技術導入をめぐって」.『奈良県立大学研究季報』, 13(4).

弘谷多喜夫, & 広川淑子(1973).「日本統治下の台湾・朝鮮における植民地教育政策の比較史的研究」.『北海道大學教育學部紀要』, 22.

인터넷은 글을 쓰는 데 큰 도움을 주었다. 고려대학교 해외한국학자료센터, 네이버 뉴스 라이브러리, 우리역사넷, 조선총독부 기록물, 한국근현대인물자료 등을 예로 들 수 있다. 그중에서도 britannica.com과 en.wikipedia.org, 구글 학술검색 scholar.google.co.kr의 도움이 가장 컸다. 사진 자료는 직접 찍은 사진이 많으나, Wikimedia Commons, Flickr의 도움을 받았다. 이 책을 보면서, 특별히 참고문헌을 원하는 연구자가 있으면, daegilhong@hanmail.net으로 연락을 주기 바란다.

찾아보기